学前教育专业教育教研成果系列教材

学前儿童发展心理学

主 编 关 青 仝 玲

北京理工大学出版社
BEIJING INSTITUTE OF TECHNOLOGY PRESS

图书在版编目（CIP）数据

学前儿童发展心理学 / 关青，仝玲主编. -- 北京：
北京理工大学出版社，2021.9（2025.1重印）
ISBN 978 - 7 - 5763 - 0385 - 8

Ⅰ. ①学… Ⅱ. ①关… ②仝… Ⅲ. ①学前儿童 – 儿
童心理学 – 发展心理学 – 高等学校 – 教材 Ⅳ.
① B844.12

中国版本图书馆 CIP 数据核字（2021）第 191306 号

责任编辑： 李玉昌		**文案编辑：** 李玉昌	
责任校对： 周瑞红		**责任印制：** 施胜娟	

出版发行 / 北京理工大学出版社有限责任公司

社　　址 / 北京市丰台区四合庄路 6 号

邮　　编 / 100070

电　　话 /（010）68914026（教材售后服务热线）
　　　　　　　（010）63726648（课件资源服务热线）

网　　址 / http：//www.bitpress.com.cn

版 印 次 / 2025 年 1 月第 1 版第 3 次印刷

印　　刷 / 定州市新华印刷有限公司

开　　本 / 787 mm × 1092 mm　1 / 16

印　　张 / 14

字　　数 / 330千字

定　　价 / 42. 50 元

前　言

"学前儿童发展心理学"是学前教育专业的核心课程，是研究学前儿童心理发展规律和心理发展基本理论的一门学科。学好该门课程，有助于学前教育工作者在实践中根据学前儿童的身心发展特点因材施教、科学施教。

为进一步加强"学前儿童发展心理学"课程的深度与广度，编者特撰写了《学前儿童发展心理学》一书。本书将理论与实践进行有效结合，注重更加直观的学习手段，遵循科学性、系统性及时代性相结合的原则，语言简洁凝练，结构清晰明了，内容丰富，知识性强，论述细致深入。

本书共分为十章，从理论入手，由浅入深，逐步付诸实践。第一章主要阐述学前儿童发展心理学概述，包括学前儿童发展心理学的任务、学前儿童发展心理学的研究方法、学前儿童发展心理学的研究意义；第二章主要阐述学前儿童心理发展的影响因素，包括影响学前儿童心理发展的生物因素、影响学前儿童心理发展的环境因素；第三章主要阐述学前儿童心理发展的理论，包括精神分析理论的心理发展观、行为主义理论的心理发展观等；第四章主要阐述婴儿和幼儿心理的发展，包括婴儿的生理发展、婴儿动作的发展、婴儿的认知发展等；第五章主要阐述发展中的学前儿童心理，包括学前儿童认知的发展、学前儿童身体的发展等；第六章主要阐述学前儿童注意和感知觉的发展，包括注意在学前儿童发展中的意义、学前儿童注意的发展等；第七章主要阐述学前儿童言语和记忆的发展，包括言语在学前儿童心理发展中的意义、儿童言语的发生等；第八章主要阐述学前儿童情绪情感发展，包括儿童情绪的发生与分化、学前儿童情绪发展的一般趋势等；第九章主要阐述学前儿童心理发展的基本规律，包括学前儿童心理发展的趋势等；第十章主要阐述学前儿童个性与社会性发展，包括学前儿童个性的形成与发展、学前儿童社会性的发展等。

本书由关青与仝玲共同编写，具体分工为：关青编写第一章、第五章、第六章第一节~第四节，仝玲编写第六章第五节~第七节、第七章~第十章。

本书在撰写过程中，得到了国内一些院校专家老师的指导与支持，参考借鉴了一些国内外最新学前教育的学术理论和研究数据，在此一并表示感谢！此外，撰写书籍是一项艰巨的工作，而对于知识的研究是远没有止境的，对于知识，总会觉得越钻越难，问题越钻越多。

由于作者水平所限，书中难免会有疏漏或错误的地方，诚请广大读者予以批评指正。

目　　录

第 一 章

学前儿童发展心理学概述

教学计划

一、教学目标

（一）知识目标

1. 了解并掌握学前儿童发展心理学所包括的内容。

2. 了解并掌握学前儿童发展心理学的任务、学前儿童发展心理学的研究方法以及学前儿童发展心理学的研究意义。

3. 掌握学前儿童的心理特征以及学前儿童发展心理学的研究方法。

（二）素质目标

1. 掌握幼儿心理特点和规律，树立正确的儿童观，做好幼儿教育工作。

2. 具备良好的职业道德、先进的教育教学理念，具有职业热情和爱心。

3. 具有转化、传递知识的教学水平和育人的教养能力，为幼儿发展提供更加适合的外部和心理环境。

4. 通过学习本门课具有辩证唯物主义思想，丰富和充实心理学的一般理论。

二、课程设置

本章共 3 节课程，课内教学总学时为 6 学时。

三、教学形式

面授，课件。

四、教学环节

1. 组织教学：在新课标中，进行备课。因材施教，了解班上每一个学生的性格、爱好、学习情况。

2. 导入新课：采用图片、音乐、游戏等形式进行课堂导入，吸引学生注意力。

3. 讲授新课：在导入后，讲解新知识，并掌握课堂重难点。

4. 巩固新课：了解学生掌握情况，并按掌握情况及时调整教学。

心理学是一门实用性非常广泛的学科。想要成为有助于孩子健康发展的家长和教师，要深入且具体地了解儿童在各个年龄段的身心发展特点，掌握科学的教育方法。在日常的学习和生活中，结合相关理论知识，根据儿童不同的状态和情境，采取适合的教育及应对方法。

第一节　学前儿童发展心理学的任务

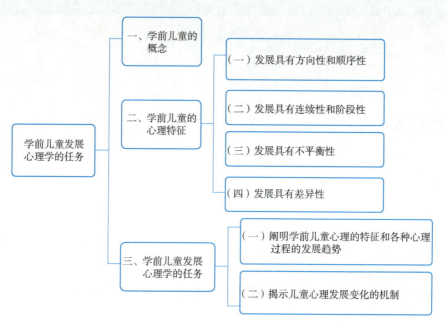

案例：幼儿多动行为纠正

俊俊是一名中班幼儿，男，四岁半，身体发育正常，无身体缺陷。该幼儿家族是三代单传，因此父母非常重视孩子，孩子成为家中的"小皇帝"。孩子父母正处于创业期，主要由奶奶抚养，奶奶事事都依着孩子，一味地溺爱、娇宠，很少对孩子提出应有的要求，使之渐渐成为任性、调皮、好动的个性。据了解，奶奶患有风湿病，行动上有困难。因此，孩子很少到户外活动，更别说与同龄孩子一起玩了，孩子待在家里无所事事，每天重复最多的动作就是在沙发上爬上爬下。俊俊的父母来自不同的省市，普通话都讲得不好，加上与孩子沟通不足，导致他产生语言障碍。当孩子想表达而表达不清时，家长并没有鼓励孩子，而是采取训斥的方式，这不仅伤了孩子的自尊心，还产生了消极的心理暗示，使孩子产生了口吃的毛病。俊俊刚从外省幼儿园转入本园，对周围环境较陌生，没有熟悉的朋友，加剧了多动行为的发生。

教师应做到热爱幼儿、尊重幼儿、了解幼儿。教师在组织幼儿一日生活的各个环节中，要做到尊重、关心和爱护幼儿。这不仅是幼儿教师职业情感的集中体现，也是保护幼儿合法权益应具备的法律常识。

心理学是研究人的心理与行为的学科。1879 年德国心理学家威廉·冯特在德国莱比锡大学建立了世界第一所心理实验室，标志着心理学从哲学中分离出来，成为一门真正独立的学科。

发展至今，心理学已有自己成熟的学科体系，按性质可以把心理学分为两大类：一类是心理学的理论领域即基础心理学，主要目的是通过各种科学的方法和途径，探讨心理活动的规律，包括普通心理学、实验心理学、认知心理学、生理心理学、人格心理学、社会心理学、发展心理学、心理测量学、变态心理学、动物心理学等；另一类就是心理学的应用领域，即应用心理学，主要目的是探讨如何使心理学在生活实践的不同领域中发挥作用，包括教育心理学、临床心理学、咨询心理学、工业心理学、管理心理学、广告心理学、消费心理学、环境心理学和法律心理学等。发展心理学属于基础心理学的分支之一，有广义和狭义之分，广义的心理发展是指心理的种系发展和个体心理发展；狭义的心理发展仅指个体心理发展。个体心理发展是探究在人类个体从胚胎到死亡的全过程中，个体心理是如何从简单的低级水平到复杂的高级水平变化发展的学科，着重揭示各年龄段的心理特征，并探讨个体心理从一个年龄阶段发展到另一个年龄阶段的规律。学前儿童发展心理学是个体发展心理学的一个分支。

一、学前儿童的概念

微课 1-1
学前儿童发展
心理学

按照我国的学制对儿童发展阶段的划分，学前儿童是指正式进入小学阶段学习前的儿童的统称。该阶段又可分为三个分阶段：出生前阶段、婴儿阶段和幼儿阶段。

出生前阶段，是指从受精卵形成到出生，其中胚胎前 9 个月是发展最快的阶段。在这个过程中，有机体由一个受精卵转变为一个能在一定程度上适应周围环境的婴儿。

婴儿阶段，儿童的身体和大脑都出现了巨大的变化：能够独立行走；有较成熟的感知运动能力；基本掌握了母语的口语表达系统；与他人建立了最初的亲密关系。学术界对婴儿概念的界定和婴儿阶段的划分有不同的认识。有人认为，婴儿期应该是指 0~1 岁的儿童，在这个阶段，儿童还没有口头语言的交流能力。也有人认为，将婴儿期定为 0~1 岁，年龄范围过窄，不利于对他们的心理发展进行深入探讨，应当将婴儿期定位在 0~2 岁。近年来，脑科学的发现和心理学研究的进展表明，儿童的脑与神经系统的发展、心理机能的发展，如思维、语言、情感和个性等，都以 36 个月为分水岭，婴儿期应定位在 0~3 岁。这一观点在 20 世纪 80 年代后得到广泛认可，美国还成立了影响深远的 "0~3 协会"。第三种观点被国内许多学者采纳，因此本书将婴儿期定义为 0~3 岁。

幼儿阶段，儿童的身体变长、变瘦，运动技巧更精细，更具自我控制性和自信。幼儿的思维和语言得到惊人的发展，道德感开始发展，并开始与同伴建立关系，该阶段的年龄范围是 3~6 岁。

因此，本书界定的学前儿童概念指的是一个人作为个体，从受精卵开始到 6 岁这一段的生命周期。

二、学前儿童的心理特征

（一）发展具有方向性和顺序性

心理发展是一个过程，遵循从低级向高级的方向，按照固定的顺序进行。例如，在儿童言语发展过程中，总是先会发一些咿咿呀呀的声音，再学会说一些简单的词，最后才能用准确生动的语言与他人交流。就像鲁迅先生所说，"其实即使天才，在生下来的时候的第一声啼哭，也和平常的儿童的一样，决不会就是一首诗。"

（二）发展具有连续性和阶段性

发展虽然是循序渐进的，离不开量的积累，但又不是简单的量的相加，当积累了一定的量变之后就会引起质变。比如，孩子学走路，有一段时间要扶着走，从扶着走到放开手独立迈几步，再发展到跌跌撞撞地蹒跚走，最后到完全独立自如地走路，要经过连续的、日积月累的过程，其中出现小的质变，再积生大的质变，连续性是不可避免的，孩子不可能从站起来开始，突然就能够自如地走路。同时，发展过程中的质变，特别是大的质变，也就意味着心理发展到了一个新的阶段，从而形成心理发展的阶段性。心理发展的每个阶段都有自己特殊的质，阶段与阶段之间有比较明显的差别。比如，学前儿童虽然已经掌握了不少词汇，但是这些词汇常常只能代表具体的事物，并不反映事物的本质属性。学前儿童可能把"蔬菜"理解为绿叶子的白菜、菠菜，把"动物"理解为动物园里的猴子、大象。这种情况反映他们的思维是非常具体的。而学龄儿童就不同了，他们已经初步懂得，对于一个事物来说，外部特征不是最主要的，最主要的是它的本质特征，也就是说，他们的思维开始上升到抽象逻辑水平。具体思维和抽象思维是质上不同的两种思维，这种质的差别使儿童心理发展从大阶段看，可以分为学前期和学龄期。发展虽有阶段性，但阶段与阶段之间又不是截然分开的。每一阶段都是前一阶段发展的继续，同时又是下一阶段发展的准备，前一阶段中总包含有后一阶段的某些特征的萌芽，而后一阶段又总带有前一阶段某些特征的痕迹。例如，小班幼儿的思维明显保留着学前期儿童思维的典型特征即直觉行动性，大班幼儿开始出现抽象逻辑思维的萌芽。心理发展既有阶段性，又有连续性，是阶段性与连续性的辩证统一。

（三）发展具有不平衡性

发展的不平衡性（图1-1）主要是对同一个体而言的。首先，表现在心理的各个组成成分的发展速度是不完全相同的。例如，感知觉在新生儿期就已开始出现，到10岁左右已达到比较成熟的水平。而抽象逻辑思维则要到5~6岁才开始萌芽，青年期方能得到比较充分的发展。可见，各种心理现象都有自己的发展规律，但各心理成分的发展是相互联系、相互影响的。例如，感知觉的发展为思维的发展提供了感性材料的基础。思维的发展又反过来促进感知觉的发展，使之更加精确、完善。发展的不平衡性还表现在个体整个心理面貌变化的非等速性上。一般来说，年龄越小，发展的速度越快。成人3年不见，也许变化不大；婴儿3个月不见，就当刮目相看。有研究资料指出，在人一生的发展中，有两个加速期：6岁之前，整个身心发展非常迅速，称为第一加速期；青年期进入第二加速期。有人认为，3岁、

7 岁、11~12 岁都是发展的"危机年龄"，例如，3 岁儿童常常以"不""就不"来回答成人的任何要求。危机期一般处于两个发展阶段之间的过渡时期，心理变化急剧，特别是儿童的需要发生了很大的变化，成人还用老眼光看待他、要求他，因而引起了儿童的否定性行为。比如，3 岁儿童已具备了基本的生活与活动能力，希望独立做事，而妈妈总觉得他们还是个小孩，一百个不放心，于是在母子（女）之间就出现了矛盾，"就不"成了孩子的口头禅。长此下去，孩子就会变得越来越执拗。如果妈妈能改变态度来适应儿童的变化，危机期很快就会过去，随之而来的会是一个心理发展的新面貌。不良倾向、否定性行为并不是这些年龄段儿童的必然缺点，只要教育得当，所谓危机期也就不成为危机。

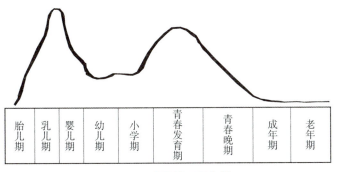

图 1-1 发展的不平衡性

（四）发展具有差异性

尽管儿童心理发展都要按照基本的方向、顺序进行，都会经历共同的路线，但事实上，每个儿童发展的速度、发展的优势领域、最终达到的发展水平等都可能是不同的。有的儿童 2 岁就能背儿歌了，有的才刚刚学说话；有的很小就显示出惊人的数学才能，有的则在音乐方面一枝独秀。个性方面的差异更为明显：有的儿童文静、腼腆，有的活泼、泼辣；有的热情、善交际，有的孤僻、不合群等，如图 1-2 所示。

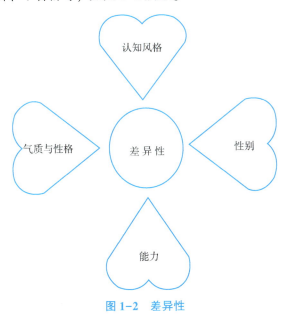

图 1-2 差异性

三、学前儿童发展心理学的任务

学前儿童发展心理指的是一个人作为个体，从受精卵开始到 6 岁这一段生命周期的心理发展过程。学前儿童发展心理学以研究学前儿童的心理发展规律为目的，主要有两个任务。

（一）阐明学前儿童心理的特征和各种心理过程的发展趋势

0~6 岁是人生的初始阶段。学前儿童的身心处于快速的发展中，他们有既不同于成人、也不同于其他儿童期的心理特点。这些特点一方面具有阶段性，明显地反映出初始阶段的特点；另一方面又有持续性，对人的终身发展具有某种后效作用。对于学前儿童来说，各种心理过程都有其发生和发展的规律和趋势。例如，学前儿童认知、情感、社会化的发生与发展以及这些发展对个性最终形成的作用，这些研究能使人们认识学前儿童心理发展的整体性和连续性。

（二）揭示儿童心理发展变化的机制

20 世纪 50 年代以前，儿童心理学偏重于对儿童行为的记录和行为模式的归纳。随着研究的深入，儿童心理学进一步注重于揭示儿童心理为什么会发生、又为什么得以发展、什么因素在推动着儿童心理的发展、儿童心理发展的条件是什么。这些问题就是发展的机制。归纳起来说，这一任务就是要回答以下理论问题：①关于遗传和环境（或称成熟与学习）在儿童心理发展中的关系。②关于儿童心理发展的影响因素（动力）。③关于儿童心理的量变与质变、连续发展与发展阶段的关系。

阐明发展趋势和揭示发展机制这两大任务是不可分割的。第一个任务是基础性的，第二个任务是本质性的。不仅应该"知其然"，更应该"知其所以然"，这样才能根据学前儿童心理发展的需要，有意识地创设一些条件，以便有效地促进其心理的发展。只有完成第一个任务，才有认识儿童的可能；完成第二个任务，才能进一步掌握儿童心理发展的本质规律，才能有效地促进和预测儿童心理和行为的变化。

知识拓展

心理学有着悠久的历史，但却是一门年轻的科学。自 1879 年德国哲学家、生理学家、心理学家冯特在莱比锡大学建立了第一个心理实验室，并应用实验手段研究人的心理现象，心理学才开始作为一门独立的科学从哲学中分离出来。心理学作为一门主要研究人类自身的科学，以研究人的心理现象为主，有着巨大的发展前景和无限的生命力。

心理学既是一门理论性很强的科学，又是一门实践性很强的学科。心理学理论在许多部门得到了广泛应用，产生了许多分支。儿童心理学是心理学的一个分支，科学儿童心理学的诞生以 1882 年德国生理学家和心理学家普莱尔的《儿童心理》一书的出版为标志，普莱尔也因此被誉为科学儿童心理学的奠基人。

 **习 题**

一、选择题

1. 教育叙事研究属于（　　）范式。

A. 质性研究　　　B. 教育行为研究　　C. 个案研究　　　D. 量化研究

2. 下列选项中不属于智力测评工具的是（　　）。

A. 卡特儿童行为问卷　　　　　　B. 斯坦福—比奈智力量表

C. 儿童画人测验　　　　　　　　D. 韦氏学龄前儿童智力量表

3. 随着信息化时代的到来，多媒体作品广泛传播，下列选项中，作为重要他人对学前儿童的心理发展与行为塑造产生越来越大的影响的是（　　）。

A. 家庭成员　　　　　　　　　　B. 幼儿园老师

C. 虚拟偶像　　　　　　　　　　D. 同伴群体

4. 研究学前儿童心理发展，要贯彻的原则不包括（　　）。

A. 客观性　　　　　　　　　　　B. 启蒙性

C. 发展性　　　　　　　　　　　D. 教育性

5. 对孩子积极肯定和接纳，有成熟的要求和理性的控制，这样的父母属于（　　）。

A. 权威型　　　　　　　　　　　B. 专制型

C. 放纵型　　　　　　　　　　　D. 忽视型

二、简答题

1. 简述学前儿童心理发展的研究任务。

2. 简述个案研究的操作步骤。

第二节　学前儿童发展心理学的研究方法

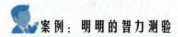 **案例：明明的智力测验**

> 明明，男，6岁2个月。幼儿园教师向明明的家长反映他的语言表达能力和数学计算都不怎么好，也不爱学习，只有两三个玩得好的朋友。家长带明明来做测评，目的在于鉴别他是否有智力缺陷，是否需要上特殊小学。
>
> 教师对明明进行了韦氏学龄前儿童智力量表。明明的言语测试得分：常识为四分，类同为七分，算术为八分，词汇为三分，理解为六分。操作测验得分：图画补缺为十分，几何图形为七分，动物房为七分，迷津为六分，积木图案为五分。言语商数为73分，操作商数为85分，总分为75分。根据查表所得，明明的智力水平处于边界水平，但水平观察表明他的适应行为发展的比较正常，他可能有某方面的学习障碍，建议重新设计评估方案，在收集大量可靠的证据之后再下结论。

一、理论与假设：提出发展问题

"工欲善其事，必先利其器。"要了解学前儿童心理发展的规律和特点，必须使用科学的研究方法进行学前儿童心理发展研究。学前儿童发展心理研究是研究者在学前儿童心理的科学理论的指导下，采用科学的研究方法，探讨学前儿童在不同年龄阶段中的各种心理现象和问题，揭示其规律，进而有效地促进学前儿童健康和谐发展的一种实践过程。事实上，发展心理学家现在仍在研究儿童如何学习语言。还有一些研究者则试图找到诸如下列问题的答案：营养失调对个体之后的智力表现有什么影响？婴儿如何形成与父母之间的关系，进入日托中心是否会破坏这种关系？

为了回答这些问题，发展心理学家像所有心理学家和其他科学家一样，依赖于科学的方法。科学方法是采用谨慎、控制的技术，包括系统化、有条理地观察和收集数据，提出并回答问题的过程。科学方法包括三个主要步骤：第一步，识别感兴趣的问题；第二步，形成解释；第三步，进行研究来支持或者拒绝解释。科学方法包括形成理论，对感兴趣的现象的普遍解释和预期。例如，孩子出生后存在一个形成亲子联结关键期的想法就是一个理论。发展研究者使用理论来形成假设。假设是以一种允许被检验的方式所陈述出来的预测。例如，某人赞成联结是亲子关系的关键因素这一普遍理论，他也许会提出这样的假设：有效联结只有在持续一定时间后才会出现。

二、研究设计

研究假设形成后，进行研究设计，选择研究策略。测量发展变化是所有发展研究者的工作核心。研究者面临的棘手问题之一，是对随年龄、时间产生的变化和差别进行测量。为了测量变化，研究者提出了三种主要的研究设计：纵向研究、横断研究和序列研究。

（一）纵向研究

纵向研究多用于测量个体的变化。例如，了解儿童 3~5 岁的道德发展，最直接的方法是选取一组 3 岁儿童，定期对他们进行追踪测量，直到他们长到 5 岁。这种策略就是纵向研究。在纵向研究中，随着一个或多个研究对象年龄的增长，他们的行为被多次测量。纵向研究考察的是随时间的变化而产生的变化。通过追踪多个个体随时间发展的变化情况，研究者可以理解在某个生命阶段中的一般变化轨迹。纵向研究可以提供随时间产生变化的大量信息，但也存在缺陷。首先，它需要大量的时间投入，因为研究者必须等待被试长大。被试经常会在研究过程中流失；如他们可能丧失兴趣、搬家、生病或者死亡。其次，被反复观察或测量的被试可能会成为"测验能手"，随着对实验程序逐渐熟悉，他们的测验成绩也会越来越好。

（二）横断研究

假设要考察 3~5 岁儿童的道德发展以及他们对正确和错误判断力的变化，不采用纵向研究的方式对同一组儿童进行为期几年的追踪，而是同时给 3 岁、4 岁和 5 岁三组儿童呈现相同的问题，观察他们对问题的反应以及对自己选择的解释。这种研究方法是横断研究的典型例子。横断研究是在同一时间点对不同年龄的个体进行相互比较。横断研究提供的是不同年龄组之间发展差异的信息。横断研究在时间方面比纵向研究更加经济：只在一个时间点上对被试进行测试。但横断研究可能有一个附加的、更基本的弱点：它无法告诉研究者个体身上或群体内部的变化趋势。

（三）序列研究

由于纵向研究和横断研究都具有缺陷，研究者采用了一些折中技术。最常见的是序列研究，它实际上是纵向研究和横断研究的组合。在序列研究中，研究者在不同的时间点考察不同年龄组的被试。例如，一个对儿童道德行为感兴趣的研究者可能会选取三组开始年龄分别为 3 岁、4 岁、5 岁的儿童来开展一项序列研究，研究会在接下来的几年继续进行，每个被试每年都要接受一次测试：3 岁组的儿童在 3 岁、4 岁、5 岁时接受测试，4 岁组的儿童在 4 岁、5 岁、6 岁时接受测试，5 岁组的儿童在 5 岁、6 岁、7 岁时接受测试。这个方法结合了纵向研究和横断研究的各自优势，使得发展研究者可以弄清年龄变化和年龄差异所带来的不同结果。

三、学前儿童发展心理学的研究方法

> 道德的最大秘密就是爱；或者说，就是逾越我们自己的本性，而溶于旁人的思想、行为或人格中存在的美。
>
> ——雪莱（英国诗人）

学前儿童发展心理学的研究方法主要有观察法、调查法、测验法、实验法、作品分析法，如图 1-3 所示。

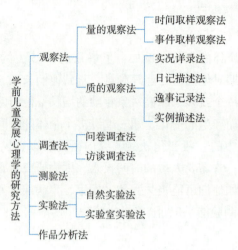

图 1-3　学前儿童发展心理学的研究方法

（一）观察法

观察法是观察、了解、评估幼儿的能力。苏联著名教育学家苏霍姆林斯基告诉人们，对儿童的认识首先是从观察开始的。观察是为了了解，了解是为了发展，只有观察得法，才能知人善教。幼儿教师教育的对象是具有复杂心理活动的儿童。

1. 时间取样观察法

时间取样观察法是指在规定的一段时间内，按照特定的时段观察预先确定的行为，或者按预先规定的行为分类系统将行为归类。它是一种测量行动的方式，在对行为编码的基础上，记录行为是否呈现以及呈现的频率和持续时间。因此观察的行为必须具备两个条件：一是该行为必须经常出现，频率较高，每 15 分钟不低于一次的行为才适合用此方法；二是该行为必须外显，容易被观察。比较经典的运用该方法的实例，是美国研究者帕顿于 1926—1927 年进行的学前儿童在游戏中的社会参与性行为研究。

2. 事件取样观察法

事件取样观察法是指以选取行为或事件作为观察样本的观察取样法。与时间取样法不同，它测量的是行为事件本身，不需要受事件间隔或时段的限制，只要行为或事件一出现就开始记录，并且可以随事件的发展持续记录。它注重的是行为事件的特点、性质。例如，研究者对学前儿童的攻击性行为进行研究，就可以在自然情境下运用事件取样法进行观察，首先对攻击性行为下一个操作定义，然后预先考虑观察记录的内容，如攻击性行为发生的情境、攻击性行为的类型、攻击性行为的持续时间、攻击性行为的结果及之后的反应等，尽可能记录幼儿之间真实的谈话。

3. 实况详录法

实况详录法是观察者不加选择地把观察对象的所有行为细节记录下来。对这些行为进行客观的描述，将主观的推测、解释和评价悬置一旁。这种方法可用辅助摄像手段进行观察。

4. 日记描述法

日记描述法是研究儿童行为的一种古老方法，研究者要在较长的时间里，对同一个或同一组儿童的行为进行追踪观察，持续地记录变化，记录其最新的发展和行为。这种纵向的观察描述主要用于研究儿童的成长和发展，有人形象地称它为"儿童传记法"。1882 年，普莱尔所著的世界上第一本儿童心理学科教科书《儿童心理》，就是在他对自己儿子所记的科学而又详细的日记的基础上完成的。

5. 逸事记录法

逸事记录法是教师常用的一种方法，着重记录观察者认为有价值、有意义的资料和信息，一般是观察对象的典型行为或异常行为。逸事记录法也可以没有主题，如记录一段时间内发生的事情。研究者可用逸事记录法帮助教师考察学前儿童的行为特点，了解每个学前儿童的个性特征，了解他们如何与周围事物发生作用，更深入地站在他们的角度了解他们如何认识世界，探索、揭示他们发展和教育的规律，从而有针对性地采取教育措施，促进他们发展。

6. 实例描述法

实例描述法又称样本描述法，是根据一些预先确定的标准，尽可能地对所发生的行为、事件及其背景做详尽而连续的观察描述。该方法着重于对某一行为、事件做持续的记录，侧重事件本身，要求有更详尽的细节以及提前确定的标准和一定的记录格式。

（二）调查法

调查法是用各种方法与手段，对某种现象进行有计划的、周密的、系统的间接了解与考察，并对收集到的资料进行统计分析或理论分析的一种研究方法。该方法主要有如下特点：首先，收集资料的方法不是观察法研究特定条件下被直接感知的现象，而是向研究对象进行间接的了解，如儿童在家的表现、家长的教育观念与态度、幼儿园的师资水平等；其次，调查研究不受时间、空间的条件限制，研究涉及范围广，收集资料速度快、效率高；再次，调查研究的目的在于考察现状，注重在自然进程中收集材料，不能得出因果关系；最后，调查结果的可靠性主要依赖于被调查者的合作态度与实事求是精神。这种方法可能出现主观偏差，研究者较难控制。

根据调查的手段，调查法主要分为问卷调查法和访谈调查法。

1. 问卷调查法

问卷调查法是根据研究目的，以书面形式将要收集的材料列成明确的问题，让被试回答。更为常用的是将一个问题回答范围的各种可能性都列在问卷上让被试圈定，研究者根据被试的回答分析整理结果。问卷调查法可以说是把调查问题标准化。运用问卷调查法研究学前儿童的心理，调查对象主要是与学前儿童有关的成人，即请被调查者按拟订的问卷作书面回答。问卷调查法也可以直接用于年龄较大的幼儿。幼儿不识字，因此对幼儿的问卷采取口头问答方式。美国教授卡塔尔等人编制了学前儿童人格问卷（1974 年），问题用 AB 选择式，如"你喜欢（A）听好听的音乐还是（B）看两只狗打架"等。问卷的内容更多是属于个性方面的。用同样的问题要求被试回答，报告其在某种情况下的感受或看法，也可以说是一种公式化的谈话。问卷调查法的优点是可以在较短时间内获得大量资料，所得资料便于统计，较易作结论。问卷调查法的缺点是编制问卷并非容易的事情，题目的信度、效度需要经过检验。即使是较好的问卷，也容易流于简单化，其题目也可能被被试误解。研究学前儿童心理问卷的人员往往是家长或一般教师，其中许多人缺乏有关知识和相应训练，不善于掌握回答的标准，往往会影响问答的质量。

2. 访谈调查法

访谈调查法是研究者根据一定的研究目的和计划直接询问研究对象的看法、态度，或让他们做一个简单演示，并说明为什么这样做，以了解他们的想法，从中分析其心理特点。使用访谈法的一个有趣的例子是访谈幼儿园的小朋友，研究者设计了 24 个问题来评价他们对男性和女性刻板印象的了解情况，每个问题都是一个小故事，里面有典型的描写男性的形容词（如攻击性、强有力、粗暴）或典型的描写女性的形容词（如情绪性、易激动），儿童的任务是说出每个故事中所描述的是男性还是女性。研究者发现幼儿园的儿童常常能区分故事中所指的是男性还是女性，而且那些 5 岁的儿童已经具备有关性别角色刻板印象的不少知识。这些结果显示，如果连幼儿园的儿童在思考问题时都已经有了性别角色刻板印象的话，则性别角色的刻板印象一定出现得相当早。

据访谈结构的控制程度，可分为如下类型：结构型访谈，即研究者事先拟好访谈的题目、提问的顺序及问题，访谈时严格按预先拟订的计划和遵循的统一标准进行，对所有的受访者都按照同样的程序问同样的问题；无结构型访谈，事先确定一个谈话主题，鼓励受访者用自己的语言发表自己的看法，适用于探索性研究；半结构型访谈，介于结构型和无结构型之间，研究者事先拟订一个简单提纲，对访谈的结构有一定的控制作用，但同时也给予受访者较大的余地来表达自己的想法和意见。

（三）测验法

测验法是用编制好的心理测验作为工具来测量被试的某一种行为，然后将测得的数值与心理测验提供常模的平均水平相比较，由此可以看出被试的个别差异。在心理学中，测验法常用来测量智力和人格特征。

对学前儿童的测验应注意以下几点：

第一，由于学前儿童的独立工作能力差、模仿性强，因此对学前儿童的测验都是个别测验，不宜用团体测验。

第二，测验人员必须经过专门训练，不仅要掌握测验技术，还要掌握对学前儿童工作的技巧，以取得他们的合作，使其在测验中表现出真实的水平。

第三，学前儿童的心理尚不成熟，其心理活动的稳定性差，因此不可仅以任何一次测验的结果作为判断某个儿童发展水平的依据。一般来说，几次测验中成绩均好便说明被测儿童的发展水平较高，成绩差则可能是发展水平较差或者是测验时受其他因素的干扰。因此，判断某个儿童的发展水平和状况，应用多种方法从多方面进行考察。

（四）实验法

实验法是通过对某些影响实验结果的无关因素加以控制，有系统地操纵某些实验条件，然后观测与这些实验条件相伴随现象的变化，从而确定条件和现象之间的因果关系的一种研究方法。实验法是一种较严格的、客观的研究方法，在心理学中占有重要的地位。

微课 1-2
实验法

实验法可分为自然实验法和实验室实验法两种。

1. 自然实验法

自然实验法是在儿童的日常生活、游戏、学习和劳动等正常活动中，创设或改变某种条件，以引起并研究儿童心理变化的方法。例如，研究不同年龄阶段学前儿童观察力的发展，可以采取正常的教学形式，向不同年龄段的儿童提供相同的实物或图片，请他们讲述；根据记录分析整理，从中找出各年龄阶段学前儿童观察力的基本特点，发现他们观察力发展的趋势。自然实验法的实验整体情境是自然的，因此被试往往可以保持正常的状态，实验获得的结果也比较真实，这与观察法相同。但其与观察法的不同之处在于主试可以对某些条件进行控制，避免自己处于被动的地位。自然实验法兼具观察法和实验法的优点。正因如此，自然实验法和观察法一样，已成为研究学前儿童心理的主要方法。

2. 实验室实验法

实验室实验法是在特殊装备的实验室内，利用专门的仪器设备进行心理研究的方法。实验室实验法在研究初生婴儿时被广泛运用。心理学家为了研究婴儿的某种心理现象，设计了特殊的装置，如为了研究婴儿的深度知觉而设计"视崖"等。该方法最主要的优点就是能严格控制实验条件、通过特定的仪器探测一些不易被观察到的情况，获得有价值的科学资料。例如，利用微电极技术研究新生儿对语音和其他声音刺激的辨别能力。但实验室条件本身往往使学前儿童产生不自然的心理状态，难以研究较复杂的心理现象。

（五）作品分析法

作品分析法是质的研究中一种非常有效的收集资料的方式。观察法是研究者用眼睛在看；访谈法是通过对话探究别人的观点；作品分析法提供的是可见的、描述性的记录。研究者根据被试的作业、日记、试卷或艺术作品来分析他们的观察力、想象力、理解力或兴趣、能力、性格等特点的方法，称为作品分析法。作品可以是幼儿的作品样本，园长、教师、家长的文字记录，家园联系册，影像资料及各种测验及调查结果。

总之，心理学是一门实证性很强的科学。有关学前儿童发展心理的特点和规律只能从收集到的实际材料中分析、综合，而不能凭研究者想当然地发挥。因此，每一个学习心理学的人都要学会正确使用研究方法。心理现象是复杂的，要根据研究对象、研究条件、研究目的来确定研究方法，有时要联合几种方法才能收集到更多方面的资料。研究方法之间不存在孰优孰劣之分，主要看是否适合研究目的。

知识拓展

发展心理学的发展历程

1882 年德国生理学家和心理学家普莱尔的《儿童心理》一书的出版标志着儿童心理学的诞生；20 世纪初美国心理学家霍尔将儿童心理学的研究范围由婴儿期扩大到青春期；20世纪 60 年代精神分析学派荣格提出 40 岁的"中年危机"理论；1957 年美国《心理学年鉴》第一次使用"发展心理学"代替儿童心理学；1980 年德国著名发展心理学家德保尔·巴尔特斯提出"毕生发展观"的理论，标志着发展心理学的完善。

过去的学者把儿童心理学等同于发展心理学，原因是当时人的平均寿命不超过 50 岁，很多人在 30~40 岁之间因为战乱或疾病去世。在当时的心理学家看来，一般人的心理发展在成年以后就不会再发生改变，所以，当时的发展心理学只注重儿童的心理发展。

随着人类平均寿命的延长以及科技的进一步发展，心理学家发现人类在成年以后心理状况仍然会持续发展。针对成年人心理发展的研究如雨后春笋般出现，不少人开始从终生发展的角度来看待人类的心理发展，这就成为了今日所说的毕生发展心理学，即发展心理学。

 习 题

一、选择题

1. 心理学的属性是（   ）。

A. 自然科学　　　　　　　　　　B. 社会科学

C. 自然科学和社会科学的中间学科　　D. 生物科学

2. 心理过程包括（   ）。

A. 认知过程　　　B. 个性心理　　　C. 情感过程　　　D. 意志过程

3. 影响学前儿童心理发展的生物因素包括（   ）。

A. 教育因素　　　B. 遗传素质　　　C. 生理成熟　　　D. 环境因素

4. （   ）是以提问的方式对学前儿童的心理发展进行有计划、系统的考察，通过资料的收集、分析进而得出结论的一种方法。

A. 观察法　　　　B. 问卷调查法　　C. 访谈调查法　　D. 测验法

5. 操作简单易行，节约时间和经费，而且便于分析和统计的研究方法是（   ）。

A. 测验法　　　　B. 问卷法　　　　C. 自然实验法　　D. 谈话法

二、简答题

1. 怎样理解学前儿童心理发展的相关概念？

2. 简述学前儿童发展心理学的研究。

第三节　学前儿童发展心理学的研究意义

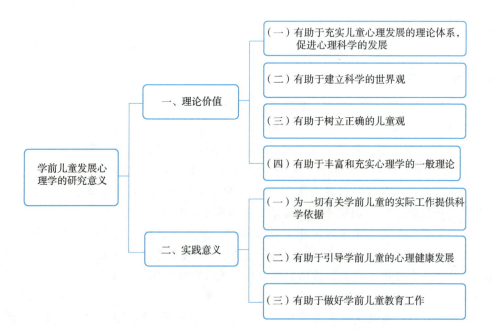

案例：两个不同事件

> 在某幼儿园里，小朋友们正在进行晨间活动，一个小朋友高高兴兴地跑到"积木区"准备拿积木拼搭，一不小心，一筐积木倒翻在地上。老师生气地大声说："你怎么回事，只会调皮捣蛋，真讨厌！快把积木捡起来！"这个孩子呆呆地望着老师，等老师视线转移时，他悄悄地走到活动室一角的桌边……
>
> 在另一个画面里，一个小女孩走出活动室，恰好一个小男孩往里走，小男孩把小女孩撞倒在地上。小女孩忍不住大哭起来，老师忙跑过来对小女孩说："哎呀，他不小心撞倒你了。"接着，老师转向小男孩问："怎么办呢？"小男孩："对不起，我不是故意的。"此时，小女孩想哭又忍住了。老师对小女孩说："脸被泪水弄脏了，来，老师用手帕替你擦擦。"老师帮小女孩擦净脸，整理好衣服后说："让老师看看，呦！真漂亮！"小女孩笑了。
>
> 玩是孩子的天性，游戏是幼儿最喜欢的形式。通过开展各种游戏活动来培养幼儿的自信心、相互之间的协调性，使幼儿与同伴之间能友好地交往，能共同商量互相配合做好某件事情，提高幼儿的生活自理能力和安全防护意识，真正做到保中有教、教中有保。

学习和研究学前儿童心理既有重大的理论价值，也有重要的实践意义。

一、理论价值

（一）有助于充实儿童心理发展的理论体系，促进心理科学的发展

儿童心理学自诞生以来，无数学者运用各种研究方法收集儿童心理发展的基本事实，归纳和揭示了儿童期心理发展的基本规律，总结出各种儿童心理发展的理论，以更好地促进儿童心理学本身的发展。由于理论和研究方法的制约，0~6岁学前儿童心理的研究一直是个薄弱环节。当代发展心理学的研究成果越来越清晰地表明，学前儿童具有出乎意料的心理能力。生命的最初阶段对其今后的心理发展具有重要影响。学习学前儿童发展心理学能准确认识学前儿童的心理特点，从而认识人类意识的起源。宇宙、生命和意识是人类科学努力探索的三大主题。心理学是研究意识的重要学科之一。儿童心理与人类心理的发生发展具有某种程度的相似性。德国思想家恩格斯指出："正如母体内的人的胚胎发展史，仅仅是我们的动物祖先以蠕虫为开端的几百万年的躯体发展史的一个缩影一样，孩童的精神发展则是我们的动物祖先、至少是比较晚些时候的动物祖先的智力发展的一个缩影，只不过更加压缩了。"

（二）有助于建立科学的世界观

学前心理学是心理学的分支。科学的心理学对人的心理现象的研究，证实了辩证唯物主义关于"物质第一性、意识第二性"的基本命题，证实了世界的物质性，即世界上除了运动的物质之外，再没有其他任何东西。人的心理是高度完善的物质——脑的产物。心理学理

论是宣传无神论的有力支柱，是破除唯心主义偏见和迷信观念的强大武器。学习学前儿童心理学知识，有利于学前教育工作者树立正确、科学的世界观。

（三）有助于树立正确的儿童观

进入儿童的世界，会发现他们的内心充满了特殊的东西。儿童与成人是不一样的，他们的心理特点是属于他们自己的，不能用成人的标准去要求学前儿童，不能将他们当作小大人。3~4 岁儿童与 5~6 岁儿童的心理活动是不一样的，当然，他们与小学生也不一样。学习学前儿童发展心理学后，能够明白如何看待学前儿童，能够正确地对待学前儿童、尊重学前儿童，形成正确的儿童观。

（四）有助于丰富和充实心理学的一般理论

人的心理发展是一个连续、完整的过程。人的早期心理的形成与发展，对人的一生都有影响，尤其是影响人的个性心理特征的形成。因此，学前儿童心理学的研究成果对研究其他阶段的心理发展也有积极的意义，可为普通心理学提供资料，为心理学的整体发展做出了积极的贡献。

二、实践意义

（一）为一切有关学前儿童的实际工作提供科学依据

学前儿童发展心理学的研究成果对有关学前儿童的实际工作具有指导作用，可为学前教育提供心理学依据。学前儿童的身心发展具有特殊性，对他们进行保育和教育必须适应他们的发展水平和需要。因此，学前教育机构的环境创设、课程设置、一日生活时间安排、保教活动内容和方法等，都应以学前儿童心理年龄特点为依据，为学前儿童提供科学的学前教育，为他们的心理健康、医疗和保健提供必要的知识。这些知识有助于宣传、普及优生优育的先进理念，维护儿童心理健康发展；有助于评定儿童心理发展水平，诊断和治疗儿童心理方面的疾病，尤其是对儿童智力发育不全和儿童神经、精神病的诊断和治疗；对儿童文学艺术的创作、儿童玩具的设计和制作、儿童服装的设计、儿童食品的开发和调配等具有广泛的指导意义。随着研究的深入，学前儿童发展心理学必将对正确认识儿童的特点、保护儿童的合法权益、促进儿童的和谐发展、提高儿童的生命质量和推进社会文明进步做出应有的贡献。

（二）有助于引导学前儿童的心理健康发展

学前儿童发展心理学的知识可以帮助幼儿教师预见学前儿童心理发展的前景，发现心理发育不良的儿童并及时给予适当的教育治疗，从而有意识地引导儿童的心理健康地发展。

（三）有助于做好学前儿童教育工作

学前儿童发展心理学为今后更好地从事学前教育工作和开展学前教育研究奠定了基础。幼儿教师不仅能应用心理学知识从事教育、教学工作，还可能在此基础上亲自参与心理学的研究工作。幼儿教师与学前儿童朝夕相处，最有机会观察到他们的活动情况，也有条件收集各种研究学前心理所需的资料，为研究工作提供第一手原始素材。幼儿教师也最有可能发现学前儿童在集体生活中反映出来的亟须解释、解决的心理现象，为心理学研究的课题提供线索，使理论研究与实践活动更紧密地结合起来，从而完善理论，使理论对实践活动起到更大的指导作用，更好地对儿童因材施教。

 知识拓展

1929 年，美国心理学家格塞尔对一对双生子进行实验研究，他首先对双生子 T 和双生子 C 进行观察之后，认为他们的发展水平相当。在双生子出生后第 48 周时，对 T 进行爬梯训练，而对 C 则不予相应训练。训练持续了 6 周，其间双生子 T 比 C 更早地显示出某些技能。到了第 53 周，当 C 达到能够学习爬梯的成熟水平时，对他开始集中训练，发现只要少量训练，C 就达到了 T 的熟练水平。进一步的观察发现，在 55 周时，T 和 C 的能力没有差别。

格塞尔得出结论：儿童的学习与发展取决于生理的成熟，生理成熟之前的早期训练对最终的结果都没有显著作用，即学习依赖于成熟所提供的准备状态。

一、选择题

1. （　　）的学前儿童已经有了语言和表象功能，能够凭借语言和各种示意手段来表征事物。

　　A. 感知运动阶段　　　　　　　　　　B. 具体运算阶段

　　C. 前运算阶段　　　　　　　　　　　D. 形式运算阶段

2. 成熟势力说是（　　）的代表学说。

　　A. 朱智贤　　　　　B. 陶行知　　　　C. 华生　　　　　　D. 格塞尔

3. 学前儿童开始具体明显的自我意识是在（　　）。

　　A. 0~1 岁　　　　　B. 1~3 岁　　　　C. 3~4 岁　　　　　D. 4~5 岁

4. （　　）是自觉的、有预定目的的注意，需要一定的意志努力。

　　A. 无意注意　　　　　　　　　　　　B. 有意注意

　　C. 有意后注意　　　　　　　　　　　D. 不随意注意

5. 学前儿童心理发展的基本规律包括（　　）。

　　A. 从简单到复杂　　　　　　　　　　B. 从凌乱到成体系

　　C. 从具体到抽象　　　　　　　　　　D. 从被动到主动

二、简答题

1. 简述学前儿童发展心理学意义。

2. 简述杜拉社会学习理论的主要观点。

第二章

学前儿童心理发展的影响因素

 教学计划

一、教学目标

（一）知识目标

1. 了解学前儿童心理发展的影响因素。

2. 了解并掌握影响学前儿童心理发展的生物因素和环境因素。

3. 了解并掌握家庭环境、幼儿园环境对学前儿童心理发展的影响。

（二）素质目标

1. 在熟悉和掌握影响学前儿童心理发展的遗传和生理成熟因素的基础上，为学前儿童的发展创造良好的基础。

2. 在熟悉和掌握家庭教养、学校教育和社会传媒等环境因素对学前儿童心理发展影响的基础上，为学前儿童创造有利于其发展的生活环境。

二、课程设置

本章共2节课程，课内教学总学时为4学时。

三、教学形式

面授，课件。

四、教学环节

1. 组织教学：在新课标中，进行备课。因材施教，了解班上每一个学生的性格、爱好、学习情况。

2. 导入新课：采用图片、音乐、游戏等形式进行课堂导入，吸引学生注意力。

3. 讲授新课：在导入后，对新知识进行讲解，并掌握课堂重难点。

4. 巩固新课：了解学生掌握情况，并按掌握情况及时调整教学。

第一节 影响学前儿童心理发展的生物因素

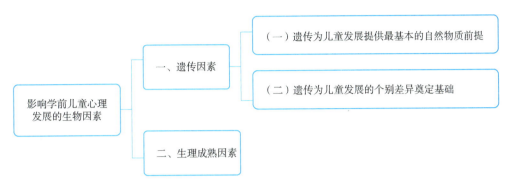

 案例：发展迟缓的原因

> 木木，五岁，爱看动画片，是一个懂礼貌的孩子。可是木木的脖子上每天都围着一条围巾；走路时总是用脚尖走，身体也不平稳，只要一走快就像芭蕾舞蹈员在跳舞，上下楼梯时很容易往前栽；动作不灵活，做操时双手虽然能抬高但举不直，手脚同时做动作时跟不上音乐节拍，而且总是比别的小朋友慢一拍。注意力也不集中，语言发展缓慢，四岁才开始说话，平时也只敢和家人说话。
>
> 木木是一位脑瘫儿童，有运动障碍，不能像正常孩子一样到处走动。脑瘫影响了木木的脑干网状结构、边缘叶等组织的发育，大脑皮质没有发育成熟，兴奋和抑制过程没有得到充分发展，不能长时间跑；不能保持一定的优势兴奋中心，所以木木的注意力不集中。脑瘫也影响了木木的语言能力。大多数正常孩子在一岁半以后能开始说话，而木木却在四岁时才开始说话。木木在人际交往中表现得胆怯退缩，除了自己的家人外，他不敢对别人提要求。
>
> 了解孩子的生理、心理、年龄特点及孩子的需求。因材施教，因人而异，使每个幼儿的潜能得到发挥，教师要面向全体实施正面教育、激发每一个孩子参与活动的欲望，引导他们开展游戏和各项活动，发扬他们的优点，耐心帮助他们改正不足。

先天和后天因素都不能独立解释大部分的发展现象。遗传和环境因素的交互作用是复杂的，因为一些遗传决定的特征并不直接影响儿童的行为，而是首先塑造儿童的生活环境。例如，儿童很爱哭泣的特质可能是遗传因素决定的，也可能因为它使得父母对持续的哭声具有高度敏感性，会匆匆赶去安慰，从而影响儿童所处的环境。因此，父母对儿童因遗传所决定的行为的敏感反应，变成了对儿童日后发展的环境影响。虽然遗传背景让人们倾向于表现出特定行为，但这些行为在缺乏适当环境的情况下也难以发生。拥有相似遗传背景的个体（如同卵双胞胎）可能具有相去甚远的行为方式，而具有完全不同遗传背景的人在特定情况下也会有相似的行为。

其中，影响儿童心理发展的生物因素主要包括遗传因素和生理成熟因素。

一、遗传因素

遗传是一种生物现象，是指祖先的生物特性传递给后代的现象。祖先的生物特性主要是指那些与生俱来的解剖生理特点，如人体的形态、构造、血型、头发和神经系统等的特征。其中神经系统的结构与机能对学前儿童的心理发展具有重要意义。遗传特性也叫遗传素质，是儿童心理发展的物质前提。儿童正是在这种生物的物质前提下形成了自己的心理特征。遗传作为基本的物质前提，对儿童的心理形成与发展有着非常重要的影响。例如，一粒要生根发芽的种子，如果这粒种子是坏的，就会影响到它的正常发芽和生长。环境和教育对儿童心理的作用在一定程度上也不能离开遗传的条件。有研究表明，即使具有优越的环境，先天生理障碍也会使儿童智力发展迟缓。例如，一个先天失明的儿童，想要训练他掌握绘画的基本技能就很难。

遗传对儿童心理发展的作用主要表现在以下两个方面。

微课 2-1
影响儿童心理
发展的生物因素

（一）遗传为儿童发展提供最基本的自然物质前提

人类在进化的过程中，形成了高度发达的大脑和神经系统，这是人的心理活动最基本的物质前提。心理活动是大脑的机能。正常的大脑和神经系统是儿童心理发展的基础。研究表明，黑猩猩在最好的训练和精心照顾下，其心理水平仍然很低，因为它只有动物的大脑和神经系统，而没有人的大脑和神经系统，这也就决定了它的心理水平永远也达不到人的心理水平。由此也可以证明，正常的遗传素质是儿童心理发展最基本的物质前提。

（二）遗传为儿童发展的个别差异奠定基础

心理学研究表明遗传素质的不同是造成个别差异的重要基础。它决定了每个儿童心理不同的发展可能性。由于遗传素质不同，每个儿童出生时的心理发展已经存在不同的可能性，具有各自心理发展特点的基础。英国心理学家西里尔·伯特（Cyril Burt）为研究遗传与环境对人智力的影响进行了一系列的调查。他的调查结果表明，同卵双生子有近乎相同的智力；而在一起长大的、没有血缘关系的儿童，其智力的相关性很小。有血缘关系的儿童，其智力的相关性则依其家族谱系的亲近和生活方式的接近而增高。其中，同卵双生子的相关性最高。美国教育心理学家詹森对 8 个国家 100 多种有关不同亲属关系者的智商相关的研究材料做了总结，也得出类似的结论：儿童与亲生父母的智商相关高于与养父母的；异卵双生子与一般兄妹间的智商相关相似；同卵双生子的智商相关最高。遗传关系越近，智力发展越相似。遗传素质的个别差异也为儿童将来的智力、个性等差异奠定了最初的基础。例如，儿童气质类型的生理基础是儿童高级神经活动过程的特征，即由强度、平衡性和灵活性决定。多血质的儿童容易形成敏捷的思维品质和活泼乐观的性格，而抑郁质的儿童易于形成较深刻的思维品质和忧郁内倾的性格。

总之，遗传素质提供人类心理发展的最初自然物质前提和可能性。在环境特别是教育的影响下，最初的可能性会变为最初的现实性，这个现实性又将成为向更高层次发展的前提和可能性。

二、生理成熟因素

儿童生理的发育成熟也是影响儿童心理发展非常重要的因素。生理成熟指身体生长发育的程度或水平，也称生理发展。

儿童的生理发展是有一定顺序的。头部发育最早，其次是躯干，再是上肢，最后是下肢。儿童动作发展的顺序是先会抬头，其次会翻身，再会坐、会爬、会站，最后才会用腿走路；先发展臀部动作，后发展手指动作。生理成熟的顺序性为儿童心理活动的出现与发展的顺序性提供了基本前提，如儿童没有学会坐、爬、站时，他就不会走路。儿童不是生下来就会说话的，需要在一定的生理发育成熟时，即1岁左右才开始说话，可以说，生理没有成熟就不会产生语言能力。儿童生长发育速度也遵循一定规律。总的来说，儿童在出生的头几年即婴幼儿期生长发育很快，以后会减慢，到了青春期，又出现一个迅速生长的阶段。在此基础上，儿童的心理变化发展也很快。由此说明，儿童心理活动的产生与发展是在一定生理成熟的基础上实现的。

生理成熟为儿童心理发展提供自然物质前提，使心理活动出现或发展处于准备状态。若在某种生理结构和机能达到一定成熟时，适时地给予适当的刺激，就会使相应的心理活动有效地出现或发展。如果机体尚未成熟，即使给予某种刺激，也难以取得预期的结果。例如，美国心理学家格塞尔所进行的著名的双生子爬楼梯实验证明，人的生理成熟对儿童学习技能有明显的制约作用。这个实验说明，提前学习对儿童并没有多大作用，因为他的生理成熟还没有达到所需要的水平。技能的学习在某种程度上依赖于儿童生理的成熟水平。脑和神经系统的成熟是儿童心理发展最直接的自然物质基础。

知识拓展

心理学研究指出，根据儿童心理发展的不平衡性，2~3岁是学习口头语言的最佳时期，4~5岁是开始学习书面语言的最佳年龄，10岁以前应开始外语学习，5岁左右开始学习乐器为最佳。

习题

一、选择题

1. （　　）年龄阶段是学前儿童大脑发育的关键时期。

A. 2~3岁　　　　　B. 3~4岁　　　　　C. 4~5岁　　　　　D. 5~6岁

2. 格塞尔的双生子爬梯实验表明，影响学前儿童动作发展的重要因素是（　　）。

A. 成熟　　　　　B. 遗传　　　　　C. 抚养方式　　　　　D. 训练程度

二、简答题

1. 简述学前儿童神经系统的发展特点。

2. 简述影响学前儿童大脑功能发展的不良因素。

三、论述题

试分析学前儿童的生理发展对其心理发展的影响。

第二节　影响学前儿童心理发展的环境因素

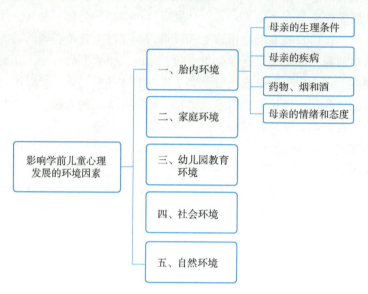

案例："管理"孩子

> 婷婷特别喜欢看电视，每天回家，要做的第一件事就是把电视打开，搜索自己喜欢的动画片，直到妈妈喊吃饭，才恋恋不舍地离开电视。妈妈觉得特别省心，孩子看电视的时候特别听话，还可以做自己喜欢做的事情，于是，每天就这样把孩子交给了电视。

环境因素指儿童周围的客观世界，包括自然环境和社会环境。阳光、空气、水和花草树木等都是保证儿童身心健康发展的自然环境因素。儿童所处的社会、生活水平、生活方式、家庭状况等都是影响他们心理形成与发展的社会环境因素。教育作为社会环境中最重要的因素，在一定程度上对学前儿童的心理发展水平起着主导作用。

教师要有创造良好的育人环境的能力。我国著名儿童教育家陈鹤琴认为"怎样的环境，就得到怎样的刺激，就得到怎样的印象""教育上的环境，在教育的过程中，起着一定的作用"。创设良好的育人环境，对促进幼儿发育有着重要的作用。幼儿只有在与教育相适应的环境中，才能得到良好的熏陶，这就要求幼儿教师要具备创设环境的能力。环境的创设应体现幼儿不同年龄层次，不同发展水平的需要。

一、胎内环境

环境对儿童发展的作用从受精卵就开始了。儿童出生前的胎内环境也是影响个体生长发育的一种重要环境。近年来，许多研究证明，孕妇的身体健康状况（如接触烟酒、毒品及其他药物）、怀孕时的年龄、孕妇的情绪状态以及分娩状况（如早产或难产）等都可能直接或间接地影响胎儿心理的发展。胎儿在胎内的环境对其生长具有特殊的重要性。影响胎内环境的因素有以下几种。

（一）母亲的生理条件

妇女生育的最适合年龄是 20~35 岁，过早或过晚生育容易使胎儿的发育和生存出现危险。母亲的营养状况与胎儿的发育有着非常密切的关系，怀孕早期母亲营养不良，能引起胎儿生理缺陷，后期营养不良有可能生出低体重儿。

（二）母亲的疾病

许多病毒能透过胎盘的保护屏障影响胎儿。例如，风疹、伤寒、白喉、霍乱、肝炎以及梅毒、淋病、毒血症等，都会给胎儿带来脑或其他方面的各种毒害。因此，母亲在怀孕期间一定要采取适当的预防措施。

（三）药物、烟和酒

很多药物（如反应停、性激素、抗生素和镇静剂）都会对正在发育中的胎儿有潜在影响。孕妇用药一定要小心谨慎。酒精能抑制胎儿大脑的增长和脑机能的发展。母亲饮酒过多，胎儿易患酒精综合征，导致胎儿生理缺陷，并影响其心理发展。母亲吸烟，会妨碍胎儿正常供氧，从而减慢胎儿的新陈代谢和正常发育。

（四）母亲的情绪和态度

尽管母亲和胎儿在神经系统上不存在直接的关联，但母亲的情绪能影响胎儿的反应和发展。这是因为母亲的愤怒、恐惧、忧愁等情绪会使其自主神经系统活动起来，把某些化学物质如乙酰胆碱、肾上腺素等分离出来送进血液。这些化学物质被送进胎盘，使胎盘的血循环系统发生变化并直接刺激胎儿。同时，一些激素也会使细胞新陈代谢发生变化。例如，孕妇发怒时，体内会分泌大量的肾上腺素，引起血压上升，使子宫胎盘血循环系统发生暂时性障碍，结果使胎儿一时性缺氧。胎儿具有识别母亲情绪变化的能力。母亲情绪安定时，胎儿就产生安全感；当母亲处于焦躁或激怒状态时，胎儿就会表现出明显的不安状态。这些不良状态对胎儿、新生儿的发育产生不良的后果，甚至引发致死性疾病。

事实证明，许多心理行为障碍、先天缺陷并不完全由遗传决定，有可能是由家庭环境造成的。

二、家庭环境

家庭对学前儿童的心理发展具有重要的影响作用。一些研究表明，不良的家庭环境和有问题的教养方式，常常导致学前儿童学业不良、品德偏差或行为异常，还影响学前儿童的社会性发展。儿童青少年学习不良、反社会行为、违法犯罪行为，与家庭教育气氛、父母教养方式等家庭环境密切相关。还有一些研究证明，家长的抚养行为、亲子互动、家庭环境质量对儿童早期智力发展有显著影响。气质与性格也受父母的态度和教养方式的影响。目前国际上经常使用的"家庭环境观察［评价］量表"（Home Observation for Measurement of the Environment, HOME），就是用来评价家庭养育环境的。

家庭的自然结构影响学前儿童心理学的发展。家庭社会学理论认为，家庭是一个系统，由家庭成员构成。家庭是儿童出生的摇篮，是其人生的奠基石；家庭对儿童成长的影响是长远和深刻的。家庭结构是在婚姻关系和血缘关系的基础上形成的共同生活关系的统一体，主要包括代际结构与人口结构，是二者的统一体。根据家庭代际层次与亲属关系，我国的家庭结构大致可以分为四种：核心家庭、主干家庭、联合家庭和单亲家庭。核心家庭是父母及未结婚子女组成的家庭；主干家庭是两对或以上夫妻组成，每代最多不超过一对夫妻，且中间无断代的家庭，如父母和已婚子女组成的家庭；联合家庭是指家庭中任何一代含有两对以上夫妻的家庭，如父母和两对或两对以上已婚子女组成的家庭，或是兄弟姐妹婚后不分家的家庭；单亲家庭是指由父亲或母亲一方和子女组成的生活联合体。美国社会学家研究表明，离婚家庭中有37%的孩子学习不好，20%不守纪律，9%离家出走。据我国黑龙江省少年犯管教所的调查表明，女性单亲家庭的青少年犯罪占总数的38.3%，男性单亲家庭青少年犯罪占总数的32.5%。英国心理学家调查了许多不同类型的家庭后发现，在品德不良的学生中，有58%来自残缺家庭。

三、幼儿园教育环境

幼儿园对学前儿童的心理发展起主导作用。幼儿园作为有目的、有计划、有系统的影响机构，是一种特殊的人造社会环境。幼儿园有明确的教育目的与教育内容，在影响学前儿童心理发展的各因素中居于主导地位。幼儿园教育教学的水平越高，对学前儿童心理发展的主导作用越大，越能促进儿童心理向教育所指导的方面发展；相反，如果教育不当，不仅不能促进儿童心理的正常发展，反而会抑制或摧残儿童心理。

促进学前儿童心理的发展，必须按照儿童心理发展的规律和特点进行教育。学前教育要促进和影响儿童心理发展，必须在幼儿园教育工作中，以教师为主导，以儿童为主体，充分发挥儿童的主动性、积极性和独立性；根据心理各方面发展相互联系并相互制约的特点，使儿童的各种心理过程和个性心理特征得到全面的发展，要积极引导儿童在各种实践活动中能动地发展智能，培养良好的心理素质。根据心理发展具有不同平衡性和个体差异的特点，学前教育必须按照学前儿童心理发展的不同水平和个别特点，进行不同的心理发展教育。

四、社会环境

社会是影响学前儿童心理发展的重要环境因素，这主要指整个社会环境，包括宏观社会环境和微观社会环境。宏观社会环境包括一个国家、民族的社会生产方式、科学文化水平、社会政治法律、思想意识形态、社会风俗习惯和历史文化传统，以及与其他民族国家在经济、政治、文化、军事上的交往程度等。微观社会环境包括人际交往圈、家庭、幼儿园、学校、工作单位、居住区域等。

传媒对学前儿童心理发展具有不容忽视的影响。传媒主要指大众传媒，目前学前儿童接触的媒介主要有电视、报纸、广播、录音、图书、杂志、电影、电子游戏机、录像、网络

微课 2-2
环境对幼儿的影响

等。有研究指出，目前儿童平均每天接触 4 种左右的媒介，每天每种媒介接触时间平均为半个小时左右，尤其是与电视、网络的接触更为突出。大众传媒越来越成为学前儿童生活中不可缺少的组成部分，对学前儿童身心发展的影响越来越大。有研究发现，男性在黄金时段电视剧以及儿童节目中出现的次数要大大超过女性，常被描绘得强劲有力，往往占据主角地位；女性经常被描绘为年轻、迷人、富有爱心、情绪化的形象，更多是出现在爱情和家庭类的节目中，有时甚至是暴力行为的受害者。性别角色定型在针对儿童的娱乐节目中尤其严重。例如，卡通片中的男性角色往往是无往不胜的，而女性则通常是孩子般的甜蜜的花朵。

五、自然环境

自然环境提供儿童生存所必需的物质条件，如阳光、空气、水和养料等。自然环境对儿童的心理发展有着极大的影响。由于自然环境的影响，人的心理发展会反映出某些特征。例如，热带地区的人比较早熟；山区的人强壮耐劳。环境污染日益加剧，儿童健康防治工作尤为重要，如中国儿童普遍缺铁现象应该成为受重视的问题。

俄罗斯教育心理学家乌申斯基说过，一个听不懂自然语言的人，一个不热爱大自然的人，一定不会是个有智慧的人。大自然不仅开阔儿童的眼界，更开阔儿童的思想和心灵。大自然有更丰富的哲理，有知识，有启迪，是开发儿童智力的好老师。大自然是人类生活的基础。人类要保护好自然环境，让大自然更好地成为儿童的活教材。

总之，先天和后天的问题非常具有挑战性，归根结底，应将其看作一个连续体对立的两端，特定行为会存在于这两者之间的某个位置。

知识拓展

苏联心理学家维果茨基的"最近发展区"理论认为，学生的发展有两种水平：一种是学生的现有水平，指独立活动时所能达到的解决问题的水平；另一种是学生可能的发展水平，也就是通过教学所获得的潜力。两者之间的差距就是最近发展区。维果茨基的"最近发展区"理论和我国教育家朱智贤的"教育与发展"两个概念相近，但是又有所不同，"最近发展区"阐述的是心理发展的潜力，朱智贤的观点则指明了挖掘这种潜力的途径。

习　题

一、名词解释
1. 家庭教养
2. 发展的连续性
3. 客体永久性

二、简答题
1. 简述影响学前儿童心理发展的环境因素。
2. 简述儿童产生惧怕的原因。

第 三 章

学前儿童心理发展的理论

 **教学计划**

一、教学目标

（一）知识目标

1. 了解学前儿童心理发展的相关理论。
2. 了解并掌握精神分析理论的心理发展观、皮亚杰的心理发展观。
3. 了解并掌握皮亚杰的心理发展观和认知发展阶段论。

（二）素质目标

1. 促进学前儿童身体健康发育。
2. 培养学生自我学习的习惯、爱好和能力。

二、课程设置

本章共 6 节课程，课内教学总学时为 12 学时。

三、教学形式

面授，课件。

四、教学环节

1. 组织教学：在新课标中，进行备课。因材施教，了解班上每一个学生的性格、爱好、学习情况。
2. 导入新课：采用图片、音乐、游戏等形式进行课堂导入，吸引学生注意力。
3. 讲授新课：在导入后，对新知识进行讲解，并掌握课堂重难点。
4. 巩固新课：了解学生掌握情况，并按掌握情况及时调整教学。

第一节　精神分析理论的心理发展观

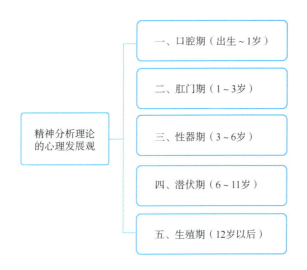

精神分析理论的心理发展观
- 一、口腔期（出生～1岁）
- 二、肛门期（1～3岁）
- 三、性器期（3～6岁）
- 四、潜伏期（6～11岁）
- 五、生殖期（12岁以后）

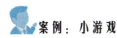 **案例：小游戏**

　　丁丁是一个四岁的小男孩儿，每次生病去医院打针时，他都特别害怕。但爸爸妈妈发现他和其他小朋友一起玩游戏时，总是扮演"医生"，给由布娃娃扮演的"生病的小朋友"打针。

　　【案例分析】根据精神分析的观点，游戏能使学前儿童摆脱现实环境的约束和限制，从而为那些危险的、恐惧的、不能被现实世界所接受的、被压抑到潜意识里的精神冲动，提供一个安全的宣泄途径。丁丁扮演医生给布娃娃打针，就是帮助自己克服在打针时产生的恐惧和无奈。学前儿童在游戏中反复重演现实生活中的内心冲突与焦虑性事件，可以降低紧张程度，缓解心理危机，还可以医治心灵创伤。

　　西格蒙德·弗洛伊德（Sigmund Freud）是奥地利精神病学家，精神分析学派创始人。精神分析理论是西方现代心理学的主要流派之一，又称弗洛伊德主义，它包括古典弗洛伊德主义和新弗洛伊德主义。他革命性的观点不仅对心理学和精神病学领域影响非凡，而且对西方的思想产生了普遍而深远的影响。

　　弗洛伊德的精神分析理论认为无意识驱力决定了个体的人格与行为。对于弗洛伊德来讲，无意识是人格中未被觉察的一部分，包含婴儿时期所隐藏的原始希望、愿望、需求和需要，由于他们具有令人烦扰的本质，因此被隐藏于有意识的觉知背后。弗洛伊德认为无意识是人们很多日常行为发生的原因。

微课 3-1
本我、自我和超我

　　弗洛伊德认为每个人的人格都包含三个部分：本我、自我和超我。本我是出生时人格中不成熟的、无组织的部分。它代表与饥饿、性攻击和非理性冲动相关的原始内驱力。本我遵循快乐原则，追求的目标是满足的最大化和压力的缓解。自我是人格中理性与理智的部分，作为外部世界和本我的缓冲器。自我遵循现实原则，其机能是抑制原始本能的冲动从而维持个体的安全，并帮助个体融入社会。超我代表个人的良知，用来判断什么是对、什么是错。超我在个体五六岁时开始发展，从父母、教师和其他重要他人那里习得而来，如图3-1所示。

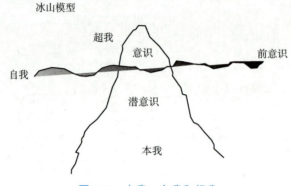

图 3-1　本我、自我和超我

弗洛伊德强调儿童期的人格发展，他认为性心理的发展是儿童经历一系列不同阶段的过程，每个阶段都通过一种特定的生物功能和身体部分获得愉悦感或满足。根据力比多发展过程的"性感区"标准，力比多的发展分为五个阶段，即口腔期、肛门期、性器期、潜伏期和生殖期。学前儿童的年龄阶段主要处于口腔期、肛门期、性器期。

一、口腔期（出生~1岁）

口腔期应引导幼儿吮吸乳房和奶瓶的行为。如果口腔的需要未能得到适当满足，将来可能形成诸如吮吸手指、咬手指甲、暴食和成年以后抽烟的习惯。

二、肛门期（1~3岁）

学步幼儿和学龄前幼儿从憋住大小便然后排泄的举动中获得快感，上厕所成为父母训练幼儿的主要内容之一。在这一时期，弗洛伊德特别要求父母注意对儿童大小便训练不宜过早、过严。

三、性器期（3~6岁）

自我冲突转移至性器官时，幼儿会发现性刺激的快感。弗洛伊德认为3岁后的所谓"性生活"主要是指儿童依恋异性父母的俄狄浦斯情结，即男孩产生恋母情结、女孩产生恋父情结。

四、潜伏期（6~11岁）

这一期间性本能消失，超我进一步发展，儿童从家庭以外的成人和一起玩耍的同性伙伴那里获得新的社会价值观念。儿童逐渐放弃俄狄浦斯情结，男孩和女孩开始各自以同性父母为榜样来行事，弗洛伊德把这种现象称为"自居作用"。

五、生殖期（12岁以后）

潜伏期的性冲动再度出现，如果前面的阶段发展得顺利的话，就会顺利过渡到结婚、性生活与生育后代的阶段。

弗洛伊德认为，快感的产生从最初的口腔（口腔期）转移到肛门（肛门期），最后转移到生殖器（性器期和生殖期）。如果儿童在特定时间不能充分满足自我或者得到过量的满足，将会发生固着。固着是指由于冲突未被解决，从而表现出某个早期发展阶段的行为方式。例如，固着在口腔期可能导致成人经常做出嘴部的吮吸行为——吃、讲话或嚼口香糖。弗洛伊德还指出，固着也会通过一些象征性的口头活动表现出来，如使用讽刺挖苦的语言。

总之，弗洛伊德所认为的无意识影响行为的观点是一项不朽的成就，这种无意识观点广泛地渗透到西方文化思维的方方面面。

 习 题

一、选择题

1. 根据弗洛伊德对儿童心理发展阶段的划分，1~3岁儿童处于（　　）。

A. 口腔期　　　　　　B. 肛门期　　　　　　C. 性器期　　　　　　D. 潜伏期

2. 根据艾里克森的心理社会发展阶段理论，3~6岁儿童所面临的矛盾冲突主要是（　　）。

A. 基本的信任对不信任　　　　　　B. 自主对怀疑与羞怯

C. 主动对内疚　　　　　　D. 勤奋对自备

3. 提出"教学应当走在发展的前面"这一教育思想的心理学家是（　　）。

A. 桑代克　　　　　B. 斯金纳　　　　　C. 罗杰斯　　　　　D. 维果茨基

4. 弗洛伊德的心理社会发展理论有（　　）。

A. 本我　　　　　　B. 自我　　　　　　C. 超我

5. 儿童性欲的发展呈现出一种停滞或退化的现象是（　　）。

A. 潜伏期　　　　B. 口腔期　　　　C. 肛门期　　　　D. 生殖期

二、简答题

1. 试分析说明弗洛伊德的人格精神分析理论。
2. 简述弗洛伊德的精神分析论。

第二节 行为主义理论的心理发展观

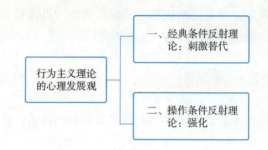

行为主义理论的心理发展观
— 一、经典条件反射理论：刺激替代
— 二、操作条件反射理论：强化

 案例：小华与古典音乐的渊源

> 最初小华并不喜欢古典音乐，但他的父亲是一位古典音乐爱好者。他希望小华也喜欢古典音乐，所以专门在小华最喜欢的星期六演奏古典音乐。过了一段时间，小华也开始喜欢这种类型的音乐了。

一、经典条件反射理论：刺激替代

微课 3-2
行为主义

美国行为主义心理学家华生在《行为主义》一书中写道："给我一打健康的婴儿，一个由我支配的特殊的环境，让我在这环境里养育他们，我可担保，任意选择一个，不论他父母的天赋、喜好、倾向和能力如何，他父母的职业及种族如何，我都可以按照我的意愿把他们训练成为任何一种人物——医生、律师、艺术家、商人，甚至是乞丐和小偷。"

华生是最先提倡行为理论的美国心理学家之一，对行为观点进行了全面的总结。华生认为，可以通过研究构成环境的刺激来全面理解发展过程。事实上，华生认为，通过有效控制个体的环境，就有可能塑造任何行为。华生经典条件作用发生于当有机体学会用一种特定的方式对中性刺激进行反应的时候。例如，当铃声与肉同时呈现时，狗就能学会对单独的铃声表现出类似于对食物的反应——分泌唾液并兴奋地摇动尾巴，这种行为是条件作用的结果。条件作用是学习的一种形式，指的是与某种刺激（食物）相关联的反应又与另外一种刺激建立了联系——在这个例子中，另一种刺激是铃声。同样的经典条件作用过程可以解释人们如何习得情绪反应。例如，在被狗咬伤的受害者的案例中，华生认为一种刺激被替换成了另一种刺激：受害者原本不愉快的情绪指向特定的一只狗（原始刺激），被转移到其他狗身上，并泛化至所有宠物。

华生认为心理学不应该研究意识，只应该研究行为，行为的基本要素是刺激与反应（Stimulus-Response，S-R），心理学的研究方法必须废除内省法，而采用观察法、实验法。华生是环境决定论者，其心理发展观是机械主义的发展观。他否认遗传的作用，认为从刺激可以预测反应，从反应可以预测刺激，行为的反应是由刺激所引起的，刺激来自客观而不是来自遗传，因此行为不可能取决于遗传。华生承认机体在构造上的差异来自遗传，但他认为，构造上的遗传并不能证明机能上的遗传，由遗传而来的构造，其未来形式如何，要取决于所处的环境。华生从 S-R 公式出发，片面夸大环境和教育的作用，认为构造上的差异及幼年时期训练上的差异就足以说明后来行为上的差异。

二、操作条件反射理论：强化

除了经典条件作用以外，行为观点还包括其他类型的学习过程，特别是行为学家关注的操作性条件作用。伯尔赫斯·弗雷德里克·斯金纳（Burrhus Frederic Skinner）是美国心理学家，新行为主义心理学的创始人之一，操作性条件反射理论的奠基者。斯金纳根据自己创制的斯金纳箱对白鼠和鸽子进行实验，提出了操作性条件反射理论，如图 3-2 所示。

图 3-2　操作条件反射

经典行为主义主张"刺激—反应"理论，认为"没有刺激便没有反应"。斯金纳承认这种主张在解释个体的某些行为时是正确的，但认为"刺激—反应"更多发生在动物身上。人类与动物的最大不同是，人类的学习更多是在做出某种行为后，受到环境或教育的某种强化而形成。斯金纳把那种只是由外在刺激而引发的反应称为"应答性反应"；把个体主动发出的、受到强化的反应称为"操作性反应"。前者常常是个体无意、随意、不自觉的行为；后者大多数是有意、有目的的行为。斯金纳认为，个体从事的绝大多数有意义的行为都是操作性的，在学习中占有主导地位。例如，幼儿的读书、写字、唱歌、跳舞、礼貌待人、常规建立等，都可以通过操作性条件反射来形成。操作学习理论认为，如果在一种操作反应后，无论事前是否有引发这一行为的刺激，伴随着环境与教育的强化，那么，这种反应的频率就会增加，幼儿就逐渐习得了某种被强化的行为。在斯金纳看来，重要的刺激是跟随在反应之后的强化物，而不是在反应之前的刺激物，因此操作性条件作用的学习方式就是反应—刺激（R-S），而不是经典行为主义所主张的刺激—反应（S-R）。

斯金纳的强化原理特别强调两个方面：一是他认为强化并不一定都与令人愉快的刺激相联系。他区分了两种类型的强化：正强化（又译为积极强化）和负强化（又译为消极强化）。当在环境中增加某种刺激，个体某种反应概率增加，这种刺激就是正强化物；而当某种刺激（通常是令人感到厌烦的刺激）消退或消失时，个体反应概率增加，这种刺激就是负强化物。因此，负强化物常常是个体力图避开的那种厌恶性刺激。二是斯金纳指出了强化的个体差异性与情境性。在一种情境中起强化作用的刺激，在另一种情境中并不一定能起到强化作用。例如，对某个幼儿来说能起到强化作用的糖果，却对另一个家里有许多糖果的幼儿来说没有什么效果，相反，教师所提供的小红花或红五角星则对他起到重要的强化作用。因此，为了使强化物对幼儿产生作用，必须事先了解每个幼儿的兴趣与需要，有针对性地强化。

正强化是当幼儿做出某种积极行为时得到了教师、家长或他人的奖励性刺激；负强化是当幼儿做出某种积极行为时，他原先不喜欢的厌恶性刺激（如原来被教师禁止和小朋友一起玩游戏）得到了解除。在这里，无论是正强化，还是负强化，都是当幼儿做出积极行为时得到的满足与快乐。惩罚与负强化完全不同，惩罚是剥夺幼儿获得奖励性刺激，或是当幼儿做出不适宜行为时给予厌恶性刺激的一种"教育"方式，即负惩罚和正惩罚；而负强化则是当幼儿做出适宜行为时，取消厌恶性刺激的方式。惩罚往往与幼儿的消极情绪体验相联系，而负强化则与幼儿的良好情绪相联系，如图3-3所示。

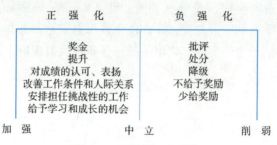

图3-3　正强化、负强化

强化程序

强化程序是指反应受到强化的时机和频次。强化程序可分为连续强化程序和间隔强化程序，如图3-4所示。

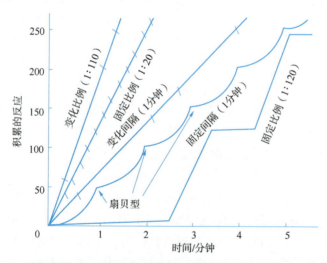

图3-4　强化安排对反应速度的影像图（给强化物时以短的对角线表明）

1. 连续强化程序

连续强化指每一次理想行为出现时，都给予强化。例如，一开灯就亮。连续强化在新反应出现时最为有效。

2. 间隔强化程序

间隔强化指间隔一定时间或比例才给予强化。间隔强化又分为时间式和比率式两类。时间式又分为定时强化和变时强化。比率式又分为定比强化和变比强化。

（1）定时强化，即强化的时间间隔是固定的。例如，每隔10分钟给予一次强化，每周三给予一定奖励，每月五号发工资。定时强化由于有一个时间差，强化后随以较低的反应率，但在时间间隔的末了反应率上升，出现了扇贝效应。例如，学生在期终考试时临时抱佛脚就证明了这一点。

（2）变时强化，即强化的时间间隔是变化的。例如，随时给予的强化，随堂测验。

（3）定比强化指间隔一定的次数给予强化。例如，计件工作、集齐5张卡片兑换奖品。定比强化对稳定的反应率比较有益。

（4）变比强化指每两次强化之间间隔的反应次数是变化不定的。例如，抓娃娃机、买彩票等。变比强化对维持稳定和高反应率最为有效。

强化总结见表3-1。

表 3-1　强化总结

强化类型		名称	关键词	例子
连续强化		连续强化	每个反应强化	一开灯就亮
间隔强化	时间	定时强化	固定时段	固定时间发工资、每月1号考试
		变时强化	不固定时段	随时可能发资金、随堂测验
	比率	定比强化	固定反应次数	计件工作
		变比强化	不固定反应次数	抓娃娃机、买彩票等

习　题

一、选择题

1. 认为环境和教育是儿童行为发展的唯一条件的是（　　　）。

A. 华生　　　　　　B. 斯金纳　　　　　C. 弗洛伊德　　　　D. 皮亚杰

2. 提出"强化"的人是（　　　）。

A. 华生　　　　　　B. 斯金纳　　　　　C. 弗洛伊德　　　　D. 皮亚杰

3. 提出观察学习、榜样学习的是（　　　）。

A. 班杜拉　　　　　B. 斯金纳　　　　　C. 弗洛伊德　　　　D. 皮亚杰

4. 强化分为（　　　）。

A. 直接强化　　　　B. 替代强化　　　　C. 自我强化　　　　D. 超我强化

5. 提出环境决定论，否认遗传的作用的是（　　　）。

A. 华生　　　　　　B. 斯金纳　　　　　C. 弗洛伊德　　　　D. 皮亚杰

二、简答题

1. 简述行为主义学习理论。

2. 简述行为主义理论基本观点。

第三节　皮亚杰的心理发展观

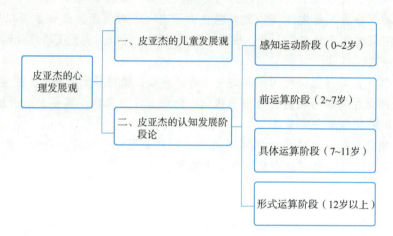

案例：老师最喜欢你

> 　　瑶瑶是小班新来的小朋友，她很安静，不爱讲话，其他小朋友在活动的时候，她总是站得远远的。有一次户外活动，小朋友都两两结伴游戏，只有瑶瑶孤零零地站在一边。小静老师坐到她的旁边，悄悄问她："老师和你一起玩这个游戏可以吗？"瑶瑶面带喜悦，小静老师又说："老师忘了怎么玩了，你教我吧。"瑶瑶快乐地跟老师玩了起来。玩完游戏后，小静老师夸奖瑶瑶："你真棒。瑶瑶，你知道老师最喜欢谁吗？"瑶瑶摇头，小静老师说："老师最喜欢你。因为你听话、爱学习，是个乖孩子。"瑶瑶高兴地笑了，慢慢地也变得开朗活泼起来了。
>
> 　　幼儿教师要努力钻研业务，在教孩子知识的过程中，要一丝不苟，勤于钻研，善于思考，勇于发现问题，提出自己的见解，不断积累经验，不断更新教育观念，不断提升自己专业水平。

一、皮亚杰的儿童发展观

　　瑞士儿童心理学家让·皮亚杰（Jean Piaget）认为儿童心理既不是起源于先天的成熟，也不是起源于后天的经验，而是起源于主体的动作。这种动作本质是主体对客体的适应。儿童心理发展的真正原因就是主体通过动作对客体的适应，即儿童心理发展实质上就是低一级水平的图式不断完善达到高一级水平的图式，从而使心理结构不断变化、创新，形成不同水平的发展阶段的过程。所谓图式，是指动作结构和运算结构，后者是前者的内化，它们是人类认识事物的基础。图式主要指动作中能重复和概括的东西。例如，"用棍棒去推动一个玩具"这类动作，经过重复执行这一动作，儿童就会概括出一个"以某物推动某物"的格局，儿童随后就可以把它运用于其他客体上。人最初的图式来源于先天的遗传，表现为一些简单的反射，如抓握反射、吸吮反射等，因此也称为"遗传性图式"。在适应环境的过程中，原有的图式不断地改变，进而丰富起来，也就是说，低级的动作图式通过适应逐步建构出新的图式。例如，婴儿在吃奶时看到妈妈的形象、听到妈妈的声音、接触妈妈怀抱的姿势等，于是感觉图式逐渐变化为表象图式，在以后的成长过程中，由于多种图式的协同活动和不断内化，逐渐建构出运算图式等。

皮亚杰认为儿童心理发展的真正原因就是主体通过动作对客体的适应。至于适应，皮亚杰是从生物学的角度提出的，适应的本质在于取得机体与环境的平衡，达到平衡的具体途径是同化和顺应。二者是相互联系、相互依存的。在同一个认知活动中常常包含两个过程，在某些活动中同化占支配地位，在另一些活动中顺应占支配地位。个体通过同化和顺应这两种形式来达到机体与环境的平衡。平衡就是个体保持认知结构处于一种稳定状态的内在倾向性。这种倾向性是潜藏在个体发展背后的一种动力因素。当某种作用于儿童的信息不能与其现有的认知结构相匹配时，就会引起一种不平衡的状态，其内部感受是一种不协调、不满足感。儿童会努力克服这种消极感受，以恢复旧的平衡或建立新的平衡。这种不断地从平衡到不平衡到平衡的过程就是适应的过程，也是儿童心理发展的本质和原因。

二、皮亚杰的认知发展阶段论

作为发生认识论的重要组成部分，皮亚杰依据自己多年的实验研究结果提出了认知发展阶段理论，这一理论揭示了人类智力发展的一般规律。皮亚杰的认知发展阶段论是一种单向的发展模式：儿童的认知发展表现为四个连续的阶段，每一个阶段是前一个阶段的延伸，是在新的水平上对前一个阶段的改组，并以不断增长的程度超越前一个阶段，表现出与前一阶段不同的质的特点；在认识成长的过程中，所有儿童都毫不例外地按照固定的顺序通过每一阶段，他们不能跃过某一阶段，也不会反方向发展；发展中的个体差异表现为儿童通过每一阶段的速率有所不同，发展水平有所不同，每一阶段达到的年龄也是相对的。

皮亚杰将儿童的认知发展分为以下四个阶段：

第一阶段为感知运动阶段（0~2岁）。在这个阶段，婴儿的学习限于最简单的身体动作和感官知觉方面，如视觉、触觉、嗅觉、味觉和听觉。儿童还没有严格意义上的语言和思维，还没有形成物体永存性的概念。

微课3-3
认知发展四阶段

第二阶段为前运算阶段（2~7岁）。该阶段儿童能保持不在眼前的物体的形象、语言和符号的初步掌握，使得体验超出直觉范围（这一阶段是动物能达到的极限），出现直觉思维（4~7岁）或表象思维。

第三阶段为具体运算阶段（7~11岁）。该阶段儿童开始具有逻辑思维和运算能力，对大小、体积、数量等能进行推论思考；把概念体系用于具体事物；逐渐能够运用保守原则。在这一阶段中，最重要的一种运算是分类。

第四阶段为形式运算阶段（12岁以上）。这一阶段儿童不再依靠具体事物来运算，能够脱离具体事物进行抽象概括，能够做出几种假设，推测并通过象征性的操作来解决问题；达到了认知发展的最高阶段；与成年人的思维能力相当。

知识拓展

皮亚杰提出认知发展的实质是适应，儿童的认知是在已有图式的基础上，通过同化、顺应和平衡，不断从低级向高级发展。

其中，图式是指儿童对环境进行适应的认知结构；同化是指个体利用已有的图式把新的刺激纳入到已有的认知结构中的过程；顺应是指儿童改变已有的图式或形成新的图式适应新刺激的认知过程，通过顺应个体的认知能力达到新水平；平衡指同化和顺应间的均衡。同化是图式发生量变的过程，顺应是图式发生质变的过程。

举例说明：比如在床边放一个玩具，当小孩看到时会伸手去抓它，多次之后最终拿到玩具，这就是同化的过程；如果将玩具放入靠近床中心的位置，这时小孩看到时仍然会用手去抓（即是他原有的认知结构），但多次抓取之后他未能拿到玩具，这时他发现把床单拽着抖动时玩具会往床边滚（即形成了新的认知结构），这时他便拿到了玩具，这就是顺应的过程。过后他就会想"当玩具在床边时，我只需伸手去抓就可得到，而当玩具在床中间时就需通过抖动床单来获得"，这时便建立起同化—顺应之间的平衡。

 习 题

一、选择题

1. 三山实验是由（　　）提出的。

A. 斯金纳　　　　　　B. 桑代克　　　　　　C. 维果斯基　　　　　　D. 皮亚杰

2. 教师拿出两个苹果又拿出一个苹果，问幼儿有多少个，幼儿都知道有 3 个，但是教师问 2+1 等于多少，幼儿答不出来，这说明幼儿处于（　　）。

A. 感知运动阶段　　B. 前运算阶段　　　　C. 具体运算阶段　　D. 形式运算阶段

3. 儿童开始出现"守恒"是在（　　）。

A. 感知运动阶段　　B. 前运算阶段　　　　C. 具体运算阶段　　D. 形式运算阶段

4. 前运算阶段幼儿是（　　）。

A. 0~2 岁　　　　　　B. 2~4 岁　　　　　　C. 4~6 岁　　　　　　D. 2~7 岁

5. 出现以自我为中心是在（　　）。

A. 感知运动阶段　　B. 前运算阶段　　　　C. 具体运算阶段　　D. 形式运算阶段

二、简答题

1. 简述皮亚杰的认知发展理论。

2. 简述皮亚杰认知发展理论对教育心理学的贡献。

第四节　维果茨基的心理发展观

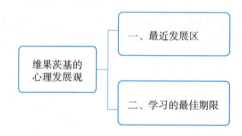

案例：教学任务应该难度适中

在某幼儿园的教育研讨会上，教师们在讨论一个问题："教育活动任务的设置是简单好还是难点好？"教师们纷纷表达观点，最后一致认为：教学任务应该难度适中，能使儿童积极思维，促进儿童发展。

幼教事业的内在要求是团结协作、取长补短。其基本要求是：谦虚谨慎，尊重同事，互相学习，互相帮助，维护其他教师在幼儿中的威信，维护集体荣誉，共创和谐园风。

一、最近发展区

微课 3-4
最近发展区

"最近发展区"是苏联心理学家维果茨基提出的一个非常重要的概念。他认为，对儿童的教学至少要明确儿童心理发展的两种水平。第一种水平是儿童现有的发展水平，指儿童在独立的活动中所达到的解决问题的水平。第二种水平是儿童在有指导的情况下，借助成人的帮助所达到的解决问题的水平。这两者之间的差距，即儿童的现有水平与经过他人帮助可达到的较高水平之间的差距，就称为最近发展区。最近发展区的思想注重儿童发展的可能性，并向传统教育学中的"量力性"或"可接受性"等教学原则及"成熟决定论"等提出了挑战。维果茨基指出，面向儿童发展的昨天的教学是没有积极作用的，它不会引起发展过程，只是充当发展的尾巴，教学应该面向儿童未来的发展可能，如图 3-5 所示。

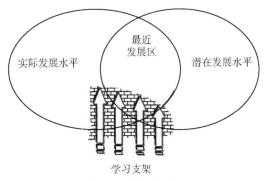

图 3-5　最近发展区

根据最近发展区的思想，维果茨基提出了教学与发展之间的关系，即"教学应走在发展前面"。这个结论有两层含义：第一，教学在发展中起主导作用，它决定着儿童的发展，决定着发展的内容、水平、速度以及智力活动的特点；第二，教学创造着最近发展区，即儿童的第一发展水平与第二发展水平之间的动力状态是由教学决定的，这一理论体现了教学的主观能动性。教学一方面应适应学生的现有水平，另一方面更重要的是发挥教学对发展的主导作用。

二、学习的最佳期限

维果茨基认为发挥教学最大作用的途径就是抓住"学习的最佳期限"。儿童若脱离学习的最佳期限，过早或过迟的学习均不利于发展，会成为儿童智力发展的障碍。教学需以成熟为前提，但更重要的应使教学建立在正在开始但尚未形成的心理机能之上，走在心理机能形成之前。对一切教学和教养过程而言，最重要的恰恰是那些处于形成阶段但还未到教学时机的过程，只有在此时施以适当的教育，才能最大限度地发挥教育的作用，促进儿童心理发展。

 知识拓展

维果茨基认为，儿童对世界的理解是通过他们与成人及其他儿童一起解决问题的互动中获得的。当儿童和他人一起游戏与合作时，他们学到了什么是自己所处社会中重要的东西，同时也提高了认知能力。因此，为了理解发展的过程，必须思考对于一个特定文化中的成员来讲什么是有益的。与其他理论相比，社会文化理论更加强调：发展是儿童与其所处环境中的其他个体之间的相互交流。维果茨基认为，人与环境都会影响儿童，儿童也反过来影响人与环境。这种模式将无休止地循环下去，儿童既是社会化影响的接受者，也是社会化影响的来源。

 习题

一、选择题

1. 维果茨基的心理发展观认为（　　　）。

A. 心理发展是指低级心理机能的发展

B. 人的高级心理机能是由社会文化历史因素决定的

C. 心理发展是一个外化的过程

D. 心理发展取决一个人的成长经历

2. 维果茨基认为，高级心理机能所使用的工具是（　　　）。

A. 语言　　　　　　B. 中介　　　　　　C. 动作　　　　　　D. 交流

3. 对支架式教学模式有重要贡献的学习理论是（　　　）。

A. 行为主义　　　　B. 认知主义　　　　C. 建构主义　　　　D. 人本主义

4. 主张把教育心理学当作一门独立学科的分支进行研究，并提出了"文化发展论"和"内化论"的学者是（　　　）。

A. 乌申斯基　　　　B. 卡普列杰夫　　　C. 巴甫洛夫　　　　D. 维果茨基

5. "教学应该走在发展的前面"是根据（　　　）提出的。

A. 社会历史文化理论　　　　　　　　B. 最近发展区

C. 皮亚杰认知发展阶段　　　　　　　D. 内化学说

二、简答题

简述维果茨基的"最近发展区"理论及启示。

第五节　布朗芬布伦纳的社会生态学理论

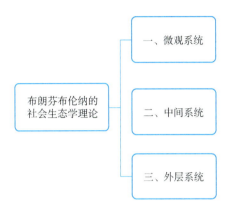

案例：彬彬不受欢迎的原因

> 彬彬，男孩，5岁8个月，是个乖巧听话的孩子。由于父母的工作变动，彬彬随父母从北方某个城市迁入南方某个城市，并在附近的一个幼儿园上大班。刚开始的几个月，彬彬的表现都很好。但是最近幼儿园老师总是向彬彬的妈妈反映，彬彬在幼儿园里人缘不好，经常打其他小朋友，以至于其他小朋友都不喜欢他。彬彬妈妈感到很诧异：自己的孩子以前不是这样的呀，现在怎么变成这样了呢？周末的时候，妈妈带着彬彬拜访一位儿童教育专家，专家与彬彬交流后发现了彬彬打人的原因。

美国著名心理学家布朗芬布伦纳的社会生态学理论由里到外依次为微观系统、中间系统、外层系统、宏观系统和动态变化系统构成。布朗芬布伦纳认为，自然环境是人类发展的主要影响源，这一点往往被在人为设计的实验室里研究发展的学者所忽视。他认为，环境（或自然生态）是"一组嵌套结构，每一个嵌套在下一个中，就像俄罗斯套娃一样"。换句话说，发展的个体处在从直接环境（如家庭）到间接环境（如宽泛的文化）的几个环境系统的中间或嵌套于其中，每一系统都与其他系统以及个体交互作用，影响着发展的许多重要方面。

一、微观系统

环境层次的最里层是微观系统，指个体活动和交往的直接环境，这个环境是不断变化和发展的。对大多数婴儿来说，微观系统仅限于家庭。随着婴儿的不断成长，活动范围不断扩展，幼儿园、学校和同伴关系不断被纳入婴幼儿的微观系统中。对儿童来说，学校是除家庭以外对其影响最大的微观系统。

布朗芬布伦纳强调，认识这个层次儿童的发展，必须看到所有关系都是双向的，即成人影响着儿童的反应，但儿童决定性的生物和社会的特性——其生理属性、人格和能力也影响着成人的行为。例如，母亲给婴儿哺乳。婴儿饥饿的时候会以哭泣来引起母亲的注意，影响母亲的行为；如果母亲能及时给婴儿喂奶，则会消除婴儿哭泣的行为。当儿童与成人之间的交互反应很好地建立并经常发生时，会对儿童的发展产生持久的作用。当成人与儿童之间关系受到第三方影响时，如果第三方的影响是积极的，那么成人与儿童之间的关系会更进一步发展；反之，儿童与父母之间的关系就会遭到破坏。例如，婚姻状态作为第三方影响着儿童与父母的关系。当父母互相鼓励其在育儿中的角色时，每个人都会更有效地担当家长的角色；相反，婚姻冲突是与不能坚守的纪律和对儿童敌对的反应相联系的。

二、中间系统

第二个环境层次是中间系统，指各微观系统之间的联系或相互关系。布朗芬布伦纳认为，如果微观系统之间有较强的积极的联系，发展可能实现最优化；相反，微观系统间的非积极的联系会产生消极的后果。例如，儿童在家庭中与兄弟姐妹的相处模式会影响到他在学校中与同学间的相处模式。如果在家庭中儿童处于被溺爱的地位，在玩具和食物的分配上总是优先，那么一旦在学校中享受不到这种待遇则会产生极大的不平衡，就不易于与同学建立和谐、亲密的友谊关系，还会影响到教师对其指导教育的方式。

三、外层系统

第三个环境层次是外层系统，代表了更一般的影响，包括诸如地方政府、社区、学校、宗教场所、地方媒体等社会机构。这些社会机构对个人发展可能产生直接、重要的影响，影响微观系统和中间系统的运转，如图3-6所示。

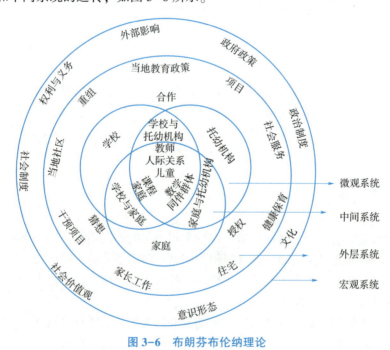

图3-6　布朗芬布伦纳理论

知识拓展

微课 3-5
生态系统理论

宏观系统

第四个环境系统是宏观系统，指的是存在于以上3个系统中的文化、亚文化和社会环境。

宏观系统实际上是一个广阔的意识形态。它规定如何对待儿童，教给儿童什么以及儿童应该努力的目标。

在不同文化中这些观念是不同的，但是这些观念存在于微观系统、中间系统和外层系统中，直接或间接地影响儿童知识经验的获得。

时间系统

布朗芬布伦纳的模型还包括了时间纬度，或称作历史系统，把时间作为研究个体成长中心理变化的参照体系。

他强调了儿童的变化或者发展将时间和环境相结合来考察儿童发展的动态过程。婴儿一出生就置身一定的环境之中，通过自己本能的生理反应来影响环境，如哭泣来获得生存所必需的物质。另一方面，婴儿也会根据外界环境来调节自己的行为，如冷暖适宜时会发出微笑。

随着时间的推移，儿童生存的微观系统环境不断发生变化。引起环境变化的可能是外部因素，也可能是人自己的因素。人有主观能动性，可以自由地选择环境，而对环境的选择是随着时间不断推移，个体知识经验不断积累的结果。布朗芬布伦纳将这种环境的变化称为"生态转变"。

习题

一、选择题

1. 社会生态学理论是由（　　　）提出的。
A. 斯金纳　　　　B. 班杜拉　　　　C. 维果茨基　　　　D. 布朗芬布伦纳

2. 依据布朗芬布伦纳的社会生态学理论，对0~6岁幼儿产生较大影响的社会生态环境有（　　　）和托幼机构。
A. 家庭环境　　　B. 社区环境　　　C. 同伴　　　　D. 社会环境

3. 幼儿的寝室应干燥、通风，空气应流通，建立定期消毒等卫生制度，配置适宜幼儿使用的床铺，墙面以（　　　）为主。
A. 暖色调　　　　B. 冷淡色调

4. 幼儿园物质环境从范围来看可以分为园区环境、教室环境和（　　　）。
A. 区角环境　　　B. 自然环境　　　C. 社会环境　　　D. 家庭环境

5. （　　　）不属于学前儿童的性别差异。
A. 玩具偏好的差异　　　　　　　B. 游戏和玩伴选择的差异
C. 思维方式的差异　　　　　　　D. 抚育性方面的差异

二、简答题

简述布朗芬布伦纳的人类发展生态系统论。

第六节　劳伦兹的关键期理论

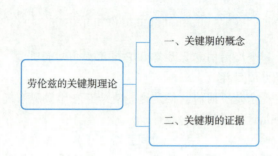

 **案例：哈洛的选择**

> 哈洛将刚出生的猴宝宝与母猴分开，放在已经有两个人造母猴在内的笼子里，一只母猴是用金属网做的，另外一只母猴是用绒布做的。
>
> 哈洛发现，幼猴紧紧地搂着绒布做的母亲，很少会和金属网做的母猴在一起，尽管只有金属网做的母猴提供奶！当遭遇惊吓时，幼猴把绒布母亲作为安慰处。而当探索新的刺激物时，幼猴则把绒布母亲当作基地。当恐惧的刺激物（比如敲鼓的玩具熊）出现时，幼猴会跑回绒布母亲那里。当新奇的刺激物出现时，幼猴会逐渐地冒险去探索，但在进行探索前会回到绒布母亲那里去。

什么时候教孩子数数？什么时候教孩子学外语？诸如此类的问题都涉及关键期的问题。关键期理论是早期教育的重要依据。关键期的发现使 21 世纪人类的学习产生了巨大改变。奥地利心理学家康罗德·劳伦兹（Konrad Lorenz）因此获得了诺贝尔奖。

一、关键期的概念

关键期是指一个系统在迅速形成阶段，对外界刺激特别敏感的时期。在这段时间内，某些外部刺激对有机体的影响可以比其他任何时候都大。研究认为，关键期既包括有机体需要刺激的时期，也包括有机体对某种刺激最脆弱的时期。关键期也叫敏感期、最佳期。美国心理学家斯考特曾经指出，在心理和行为发展的关键期中，外部刺激通常采取更为特定的形式。它主要有两种形式：一是外部刺激触发有机体进一步正常发展的过程；二是外部刺激在有机体的后续发展中可能产生一种不可挽回的结果。研究者试图对关键期进行分类，以便进一步明确关键期的概念。一般来说，关键期既可以指在某一时期某种特定的刺激对个体正常发展是有益的甚至是必需的，又可以指在此期间有机体特别易受所接触的有害刺激的不良影响，这两种时期都有"关键期"的含义。弗克斯用"关键期"一词代表正常发展需要激发的时期，而用"敏感期"一词代表有机体对有害刺激特别脆弱的时期。莫尔兹提出了"关键期"和"最佳期"的区分，区分的标准是在关键期后经过处理某种能力是否能够恢复。他用"关键期"一词特指以后不可能恢复的时期，即此时期的损失是无法挽回的；用"最佳期"一词特指以后有可能恢复的时期。凯罗生也提出了类似的分类，他将关键期分为"强式关键期"和"弱式关键期"，其差异在于关键期结束以后在发展的系统中保留下来的可塑性的数量。在强式关键期之后，系统内没有留下任何可塑性；而在弱式关键期之后，系统仍然有可能发展，即保留了某种可塑性。

二、关键期的证据

"关键期"这个概念最早是从动物行为的研究中提出来的。在 20 世纪五六十年代，动物学家劳伦兹发现，小鹅或小鸡仔出壳后一两天内追随它第一次见到的活动的事物，他称这种现象为"印刻现象"。这种印刻学习是有时间限制的，一般是在孵出后 4 天左右。如果在孵出后 4 天之内将幼禽同母禽分开，幼禽将永远不会追逐母禽。劳伦兹发现，这种印刻使幼禽长大以后知道自己属于什么物种。如果幼禽出壳后看到的不是自己的母亲，而是其他活动的事物，那么就会产生错记，即错误的印刻。错误的印刻将会导致什么样的结果呢？例如，动物学家莫里斯发现，一只在乌龟馆里长大的雄孔雀，不理睬新来的雌孔雀，却频频向乌龟献媚。由此，印刻期的确是一个关键期。例如，狗有一种"将剩余食物埋在土中的能力"。这种能力的发展也有一定的关键期。实验表明，如果仔狗幼年待在不能埋藏食物的房间里，狗的这一能力就永远地消失了。科学家们还对猫的视觉发展的关键期进行了研究，实验结果表明，这一关键期的时间是仔猫出生后的四五天。如果在这一时间内用手术缝上仔猫的眼睑，仔猫就不能区别形状和颜色，成为盲猫。

 知识拓展

劳伦兹的实验是关于孵化小鸭子的。劳伦兹在进行这项实验时，让刚刚破壳而出的小鸭子不先看到母鸭子，而首先看到劳伦兹自己，劳伦兹在小鸭子前面走着，身后跟随着几只小鸭子。小鸭子将劳伦兹当成了自己的母亲。这种现象叫作幼禽的印刻现象。

微课 3-6
劳伦兹的实验

这项实验的意义在于，儿童成长都有"关键期"，就是环境对个体影响能起到最大作用的时期。比如 2 岁是口头语言发展的关键期，2~3 岁是计数能力发展的关键期等。

教师要具有一定的组织能力，合理计划，科学安排儿童的教育教学。教育组织能力是在学习和工作中有意识地锻炼而逐步提高的。

 习 题

一、选择题

1. 劳伦兹通过（   ）证明了"关键期"。

A. 双生子爬梯实验　B. 视觉实验　　　　C. 印刻实验　　　　D. 量杯实验

2. 儿童口头语言发展的关键期是（   ）。

A. 2 岁　　　　　　B. 4 岁　　　　　　C. 5 岁以前　　　　D. 5 岁以后

3. 教育者要在儿童发展的关键期施以相应的教育，这是因为人的教育具有（　　）。

A. 顺序性和阶段性　　　　　　　　　B. 不均衡性

C. 稳定性和可变性　　　　　　　　　D. 个别差异性

4. 生物学家劳伦兹的关键期理论为儿童（　　）教育提供了重要的理论依据。

A. 成熟期　　　　B. 关键期　　　　C. 晚期　　　　D. 早期

5. 朱熹在《大学章句·序》中的"一有聪明睿智能尽其性者出于其间，则天必命之以为亿兆之君师"，体现的是（　　）。

A. 神话起源论　　B. 生物起源论　　C. 心理起源论　　D. 劳动起源论

二、简答题

1. 简述劳伦兹的关键期理论。

2. 分析关键期理论对教育的启示。

第 四 章

婴儿和幼儿心理的发展

 **教学计划**

一、教学目标

（一）知识目标

1. 了解婴儿和幼儿心理的发展。

2. 了解并掌握婴儿的生理发展、婴儿动作的发展、婴儿的认知发展。

3. 了解并掌握脑与脑功能的发展、胎儿和新生儿的思维和记忆。

（二）素质目标

1. 促进幼儿终身发展。

2. 促进幼儿心理成熟化。

3. 提高个体适宜的生存能力、基本品质的训练。

二、课程设置

本章共 7 节课程，课内教学总学时为 14 学时。

三、教学形式

面授，课件。

四、教学环节

1. 组织教学：在新课标中，进行备课。因材施教，了解班上每一个学生的性格、爱好、学习情况。

2. 导入新课：采用图片、音乐、游戏等形式进行课堂导入，吸引学生注意力。

3. 讲授新课：在导入后，对新知识进行讲解，并掌握课堂重难点。

4. 巩固新课：了解学生掌握情况，并按掌握情况及时调整教学。

第一节　婴儿的生理发展

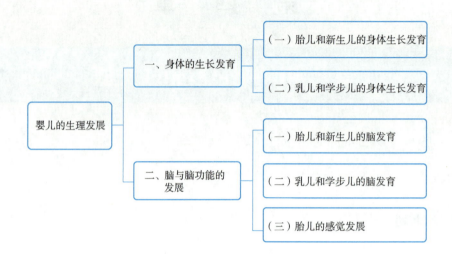

 案例：雯雯的表现

　　雯雯是一名中班幼儿。一天雯雯的妈妈向雯雯的老师咨询，"张老师您好，我有些不明白。最近雯雯在家总是不听话：叫她睡觉，她不肯；叫她好好吃饭，她也不肯。教了她很多次，饭前便后要洗手，她也总是说不会做。现在她越来越不服管，以前她不是这样的啊，我该怎么办呢？她以后会不会越来越难管教。"

　　张老师笑了："您别担心，孩子的很多我们成人看不惯的表现，其实是与他们年龄相符的正常行为。孩子的很多行为是有阶段性的，有些是他们内心感受的表现，有些有着他们自己隐藏的动机。面对这些行为，我们不用如临大敌，只要了解这些行为发生的原因，就能够很轻松地引导孩子。"

　　幼儿教师要尊重幼儿家长，热情为家长服务，认真听取家长的意见和建议，积极向家长宣传科学的教育思想和教育方法，帮助家长确立正确的教育观；强化服务意识，时时处处设身处地地为家长着想，为家长解除后顾之忧；使学校教育和家庭教育形成合力，共同促进幼儿的健康成长。尊重家长、热情服务是做好幼教工作的一个重要方面。

一、身体的生长发育

（一）胎儿和新生儿的身体生长发育

胎儿期发展，完成了从无到有、从产生手指形状到具备一切器官和肢体的巨变过程。

1. 胎儿的身体生长发育

每个人都是由无数个独立单元——细胞组成的。在每个细胞内部有细胞核，核内有染色体，它是由一种叫脱氧核糖核酸（deoxyribonucleic acid，DNA）的化学物质组成的。基因是染色体中DNA的一个片段。基因的独特之处在于能够进行自我复制。这种能力使得单细胞受精卵发展成为一个由无数细胞组成的复杂的人这一过程成为可能。人类染色体大约有十万种基因序列，每一基因均不同于其他基因。

（1）胎儿的产生。在怀孕的时刻，两个配子——精子和卵子结合在一起，新的个体就出现了。配子是独一无二的，通过减数分裂而成，因此它只含有23条染色体，是普通体细胞的一半。来自精子的23条染色体和来自卵子的23条染色体组成23对染色体，其中22对是常染色体（与性别无关），第23对是性染色体，它决定新个体的性别。

（2）胎儿的发展阶段。受精后，受精卵开始复制，到第四天，就形成了一个被称为胚泡的中空且充满液体的球。内部细胞或胚胎盘将变成新机体，外部细胞将提供保护性的外膜。在第一个星期末，胚泡开始植入子宫壁，产前发育开始了。怀孕38周所发生的主要变化可分为三个阶段：合子期、胚胎期和胎儿期。

（3）胎儿发展的敏感期。胎儿在发展过程中，同样存在着敏感期。敏感期是一个有限度的时间区间。在这段时间中，胎儿的身体部位或行为已在生物学意义上做好了快速发育的准备，但是胎儿相对于其周围的环境还是显得很脆弱。如果环境是有害的，那么就会发生那些本来不会发生的损害，而且这些损害很难甚至不可能被发现。

2. 新生儿的身体生长发育

新生儿是指从出生至1个月的婴儿。新生儿身体外形呈现的最大特点就是头在整个身体中占据1/4的比例。

（二）乳儿和学步儿的身体生长发育

在人的一生发展中，乳儿期和学步儿期的身体生长发育较其他阶段迅速。

乳儿期和学步儿期的婴儿，其身体生长发育遵循下列原则和规律。

（1）"头尾发展"的原则。学前儿童的身体各比例的生长遵循"头尾发展"原则。新生儿的头特别大，占整个体长的1/4，而腿长只占体长的1/3。然而值得关注的是，身体的躯干在第一年生长最为迅速，之后腿部的生长速度不断加快。到婴儿2岁时，头仅占整个体长的1/5，而腿却接近整个体长的一半。

（2）"近远发展"的原则。学前儿童身体的生长同时遵循"近远发展"原则（从中心到四周）。例如，在胎儿期，胸腔和内部器官最先形成，然后才是胳膊和腿，最后是手和脚。在整个乳儿期和学步儿期，婴儿胳膊和腿的生长速度继续快于手和脚的生长。婴儿运动能力的发展也遵循着相同的发展趋势。

（3）身体系统发展不同步。婴儿的身体发育是一个不同步的过程。不同的身体系统有它们唯一的、时间特定的成熟方式。身体外部构造的大小和各种内部器官一样，都遵循相同的成长方式，即在乳儿期发育很快，在学步儿期的早期和中期生长比较缓慢。与身体的其他部位相比，大脑和头部的发展更为迅速，更早地达到成年时期的比例，神经系统在学龄前已达到90%的成熟度，这说明早期教育是有现实基础的和可行的。生殖器从出生到4岁仅有细微的生长，紧接其后的整个学前儿童期都变化很小。淋巴组织的发育水平仅次于神经系统，在学前期时已经超过成人后的水平，然后下降。

二、脑与脑功能的发展

微课 4-1
影响幼儿生长
发育的因素

在胎儿后期，神经系统和脑的基本结构已经形成，支配生命活动的脑低级中枢已基本发育成熟，但脑和神经系统作为个体思维、智慧和语言的器官，在出生时没有发育成熟。胎儿期的最后 3 个月和婴儿出生后的头两年被称作 "大脑发育加速期"，因为成人大脑一半以上的重量是在这段时间获得的。从胎儿期的第 7 个月开始到 1 岁期间，大脑每天增重约 1.7 克，或者说每分钟增重 1 毫克多。

（一）胎儿和新生儿的脑发育

为了更好地理解胎儿和新生儿脑的发育，将从以下三个角度对其进行考察：神经元的发育、大脑皮层的发育和皮层抑制机能的发展。

1. 神经元的发育

大脑由神经元构成，人脑中含有 1 000 亿到 2 000 亿个神经元，也叫神经细胞。婴儿出生时，神经元已超过 1 000 亿个。婴儿期神经元迅速增长，1 岁时达到最高峰，其数量已相当于成人水平。神经元具有接收、传递和处理信息的功能。一个神经元与另一个神经元彼此接触的部位叫突触，它是信息传递和整合的关键。神经元通过突触来释放一种叫作神经递质的化学物质，从而将信息传送至另一个神经元。

在胎儿后期和新生儿早期，神经元和神经纤维迅速被一层类似电线绝缘体的蜡质磷脂所覆盖，这称为髓鞘化。

2. 大脑皮层的发育

大脑皮层，又称大脑皮质，位于端脑表面，属于脑乃至整个神经系统进化上最晚出现、功能上最为复杂的一部分。大脑皮层由多层次细胞组成，它是由椎体神经元和局部电路神经元（又称中间神经元）在水平方向上铺展开来而形成的。这些神经元在垂直方向上排列成柱状而且在水平及垂直维度上相互联系，共同承担着和外部共同的功能。

大脑皮层的发育主要在新生儿出生前后完成。在大脑皮质板层形成以后，神经细胞逐步形成树突、轴突和突触，并在胶质细胞的帮助下逐渐建立起细胞之间的联系，随着神经元体积的增大，轴突和树突数量的增多，以及相互间连接的增加，大脑皮层的表面积也相应增加。为适应较为狭小的大脑体积，皮层会褶皱起来，胎儿在 21 周到 40 周之间，形成皮层脑回。

由于新生儿期大脑皮层兴奋点较低，易被激活，丰富的外界刺激容易使其疲劳，从而进入睡眠状态，因此，新生儿大部分时间都在睡眠（每昼夜睡眠为 18~20 小时）。随着年龄的增长和大脑皮层的逐渐发育，睡眠时间渐渐缩短。

3. 皮层抑制机能的发展

皮层抑制即中枢抑制或内抑制的发展，是大脑机能发展的主要标志之一。皮层抑制机能的发展，使大脑更细致地综合分析外界刺激成为可能。从儿童心理发展角度讲，皮层抑制机能是儿童认识外界事物和调节、控制自身行为的生理前提。

皮层抑制机能分为两大类：无条件抑制和条件抑制。新生儿已经有无条件抑制，那是与生俱来的。无条件抑制有两种形式：外抑制和超限抑制。条件抑制是出生后逐渐形成的，只能产生于大脑皮层。大约在新生儿后期，皮层抑制机能开始出现。条件抑制是一种内抑制，主要有消退抑制和分化抑制。

（二）乳儿和学步儿的脑发育

1. 神经元和大脑皮层的发育

婴儿的脑神经系统和大脑皮层的发育是极为迅速的。

（1）神经元的发育。研究发现，婴儿对世界的知识比想象的要多。出生才一天的婴儿会观察他所处的环境，研究他周围的客体，凝视他人的眼睛。有研究表明，学习始于出生后的几个小时，随着新经验的到来，婴儿的大脑通过在神经元之间形成并被强化的数以兆计的神经键或神经结来作出反应。

在经历和外界刺激的作用下，0~3岁期间神经键的形成非常迅速，3岁婴儿的神经键的数量是他们成年期的两倍。随着脑组织的发育，神经元的数量和长度也在不断增加，这就为婴儿的脑发育提供了物质基础。由于发育不成熟，神经元的兴奋和抑制过程很容易扩散并泛化，所以婴儿都比较易激动、易疲倦，精神也不集中、不稳定。同时，从出生时起，某些从未被激活和使用的神经元及突触的消亡也开始在某些区域发生。大脑中的小神经胶质细胞能"修剪"神经元之间的连接，从而留出空间给那些最有效的连接，让它们变得更强健，并形成特定的网络连接。在婴儿2~3岁时，"修剪"的现象逐渐明显。

在生命早期，大脑的发展不单纯是成熟程序的展开，而是生物因素和早期经验两者结合的产物。经验可以改变和调整发展着的神经系统，这就是人类具有独特的可塑性、适应性和个体差异性的原因。

（2）大脑皮层的生长发育。根据空间位置，大脑皮质被分为额叶、顶叶、颞叶和枕叶。额叶负责计划、思维，与个体的情感和需求相关。顶叶与逻辑和数学相关，响应味道、压力、温度、疼痛、触摸的感觉。颞叶负责处理听觉信息，也与情感和记忆有关。枕叶负责抽象概念、动作感觉、语言及视觉。

大脑皮层最后发育（神经元联系和髓鞘化）的部分是额叶，这个部分管辖人的思考和意识。从2岁开始，这一区域发挥功能更有效率，婴儿此时会变得更加爱说爱动，但额叶的完全成熟需要很多年的时间，并且会在这个过程中不断增加新的功能，直到生命中的第二个和第三个十年（即二三十岁时）。

2. 婴儿大脑发育的特点

婴儿大脑发育的特点是：处于脑发育的敏感期，具有可塑性，已出现偏侧优势和大脑结构发育的非同步性。

（1）脑发育的敏感期。在大脑皮层产生后，婴儿的大脑发育处于敏感期。有研究表明，人的大脑的不同部分，在不同的时间以不同的速度成熟起来。虽然大脑的发展贯穿人的一生，但却是有阶段的。当密集的神经线路交织于某一特定的大脑部分时，这个部分的可变性特别大，也就面临着极大的发展机会和危险，这就是著名的"临界点"（或阶段）理论。一个微小的刺激会产生极大的影响，多种刺激的剥夺甚至会影响整个大脑的生长发育。

（2）大脑的可塑性。虽然大脑各分区的特化现象在生命的早期就开始了，但是它尚未完成。一些研究者发现，刚出生的孩子，大多数神经元的树突只有第1、第2层分枝。出生后，由于婴儿的触觉、味觉、听觉、视觉以及其他感觉运动经验的作用，树突分枝生长，在6月龄之前，脑组织中有大量的第3、第4层分枝；在2~3岁时，第5、第6层分枝已很普遍。这种分枝在两个半球中的发展并不一致，36个月的婴儿右半脑的树突更长、分枝更多，尤其是控制吮吸、吞咽、微笑、哭泣和其他表情的区域；而8~18个月的婴儿左半球（大部分人控制语言的半球）的树突比右半球生长得更长，树突分枝更多。

（3）大脑的偏侧优势。大脑的偏侧化是指某方面的认知功能和感知功能位于大脑的某一半球上。大脑的每个半球都有独特的功能优势，左半球负责言语能力（如口语和书面语言），主要用语言来处理信息，控制着知识、思考、判断等。左半球和显意识有密切的关系，把看到、听到、触到、嗅到及品尝到的信息转换成语言来传达。右半球不仅支配着对非语言声音及音乐旋律的感知，还支配着视觉和空间技能。右半球和潜意识有关，将收到的信息以图像形式处理，处理速度快，能够把大量的信息一并处理，速读、心算等即为右半球处理信息的表现方式。另外有研究发现，在对情绪的处理中，左侧额叶为处理积极情绪的优势半球，右侧额叶为处理消极情绪的优势半球，如图4-1所示。

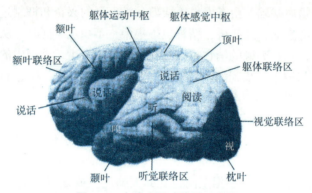

图4-1 大脑皮层功能区示意图

（4）大脑结构发育的非同步性。大脑结构生长发育的过程遵循着自下而上的原则，即从最原始的脑干等部分向最复杂的顶叶、额叶等部分逐步推进。大脑充分发展的第一领域是脑干和中脑，它们支配着维持生命的最基本的身体机能，被称为植物神经功能。在婴儿出生时，神经系统的底部已经非常发达，而较上层的区域（边缘系统和大脑皮质）仍然是相对原始的。新生儿的大脑已经可以控制很多事情，如呼吸、吃饭、睡觉、看、听、闻、制造噪声、体验感觉、认识接近他们的人。更高部位的脑区域的活动，如情绪调节、语言和抽象思维，这些区域依赖一些化学信使（如神经递质和激素）将信息传递给大脑和身体的其他部位，从而实现其特定的功能，这一系列功能需要在接下来的10~20年间逐渐完善。

（三）胎儿的感觉发展

超声波和其他监测技术的应用，为人们提供了研究子宫内胎儿行为发展的途径。根据研究结果，发现了这样一个事实：胎儿已有各种感觉，出生不久的新生儿活动也有其视觉探索的特点。

胎儿最早形成的是肤觉，其次是听觉。进入第一个智力发展关键期后，其触觉、听觉、视觉、味觉、嗅觉均已达到相应水平。胎儿在胎龄5个月时，其中耳及内耳的构造已与成人相同，开始对声音产生兴趣。强音刺激能引起胎儿产生身体紧张反应，产生痉挛性胎动，与胎儿惊跳相似。胎龄6个月时，胎儿可以听到母亲有节奏的心跳声音和血流声，以及外界的音乐、噪声，甚至当母亲与人争吵时，小生命会拳打脚踢，好像助威一样。

1. 触觉的发展

大约 3 个月胎龄的胎儿就有了触觉，胎儿通过自身的活动感受触觉刺激。开始时，当胎儿碰到子宫中的一些组织，如子宫壁、脐带或胎盘时，会像胆小的兔子一样立即避开。研究发现：在胎儿活动过程中，胎儿的手和身体其他部分建立了联系，胎儿会抓握脐带，也会抚摸自己的脸。随着胎儿的成长，他们踢子宫壁的次数也会增多。

2. 味觉的发展

味觉产生与味觉细胞有关，一定数量的味觉细胞和支持细胞（50~100 个）组成一个味蕾。味蕾是由上皮分化形成的特殊结构，具有感受酸、甜、苦、咸等功能。胚胎在 78 周时形成味蕾，13~15 周时味蕾在形态上接近成人，此时味蕾中的微绒毛可以接受羊水中的味觉刺激。胎儿在宫内吞咽羊水，足月时胎儿每日主动吞咽约 1 升羊水。孕妇孕期常吃的食物味道可以进入流动的羊水中，孕妇所吃食物的种类即是胎儿对食物味道的一种体验。

3. 视觉的发展

胎儿眼部的肌肉和视觉系统在母亲怀孕早期已经开始发育。尽管只有一点光线能渗透到子宫，但这使得子宫内并非漆黑一团。有研究表明，对着母体的腹部照射明亮的灯光，胎儿会有反应，但是有关胎儿的视觉经验的研究很难进行。

4. 痛觉的发展

疼痛感是一种有意识的大脑活动，它是皮下中枢和大脑皮层内对伤害性刺激作出反应的组织之间不间断地进行神经信号交换形成的。有研究表明，人类的伤害感受器在受精 7 周时就出现在口周黏膜和皮肤，20 周时已经分布到全身的皮肤。胎儿对于疼痛的反应主要表现为肌肉收缩运动、植物神经反射、激素和新陈代谢改变等。由于疼痛调节系统尚未发育完善，最初的发育只表现为单纯的反射，而且这些反射与刺激的类型无关。

由此可见，胎儿的触、味、视、听觉等都发育到了相当的程度，能够感觉到一些外界活动。这时候，如果能以一定方式进行胎教，可以促进胎儿身心健康发展。

知识拓展

在学前期，儿童的大脑两半球开始显示不同的作用——左半球和右半球开始执行不同的功能。一般来说，左半球处理的信息是关于每一个条目本身的内容；右半球处理的信息是关于各个条目之间的关系或联系。这种功能之间的区别是相当明显的，举例如下。

1. 关于视觉方面

让儿童观察一张很简单的画。如果你要求他们把画一点一点地描下来（强调条目），则把画放在右侧视觉区做得更快、更正确；如果要求他们把此画同另一幅画比较（强调模型），把两幅画都放在左侧视觉区做得更好。

2. 关于听觉方面

让儿童把一个听筒放在耳朵上，然后播放不同的声音。如果播放的是一列数字（强调条目），右耳的功能更好些；如果播放的是一首乐曲（强调模型），则左耳的功能更好些。

3. 关于触觉方面

给学前儿童一个简单的三面体，如木制积木，放在一个袋子里，不让他们看，而让他们摸。一般来说，儿童感觉出它的完全的形状（强调模型），通过左手更容易些；如果数这个积木有全少个角（强调条目），通过右手更容易。

以上实验充分说明大脑两半球的分工在学前期儿童已经很明显，而且说明了对侧支配的问题。

 习 题

一、判断题

1. 无机物（主要是钙盐）赋予骨骼弹性，有机物（主要是蛋白质）赋予骨骼硬度。

（   ）

2. 成人骨组织的无机物约占 1/3，有机物约占 2/3；婴幼儿骨组织的无机物和有机物则分别占 1/2。 （   ）

3. 婴幼儿的颅骨骨化尚未完成。 （   ）

4. 婴幼儿期，脊柱生理弯曲已经形成，并完全定型。 （   ）

5. 在婴儿期，髋骨还不是一个整体，容易在外力作用下发生位移。 （   ）

二、简答题

1. 简述婴儿情绪社会化的表现。

2. 分析依恋与儿童心理发展的关系。

第二节　婴儿动作的发展

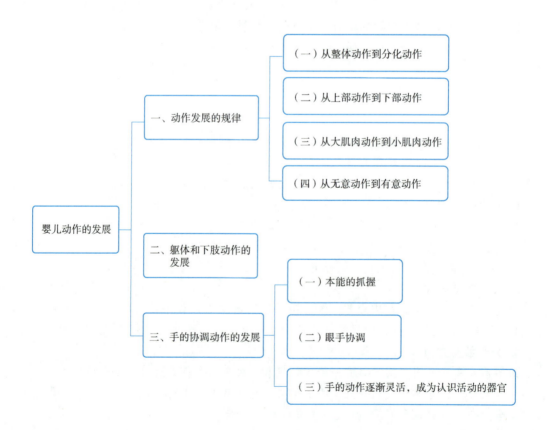

案例：欣欣画小猫

　　欣欣是幼儿园中班的一个小女孩。一天，她拿起纸和笔画画，在画前她自言自语地说，"我想画小猫咪。"接下来，她先画了猫的头部和耳朵，又画了猫的眼睛。然后她又画了一根线，说这是草地，并在上面画了绿草和小花。接着她又画了一只小兔，边画边说："哎呀，不像，像什么呀？像小火车。"这时，她突然想起："小猫还没有嘴巴呢，也没有胡子！"于是，她又开始画了起来。

一、动作发展的规律

微课 4-2
儿童动作发展

　　婴儿的动作发展受身体的发育，特别是骨骼肌肉的发育顺序及神经系统的支配作用所制约。动作发展遵循一定的规律。

（一）从整体动作到分化动作

　　儿童最初的动作是全身性的、笼统的、非专门化的，"牵一发而动全身"，这是运动神经纤维一开始没有髓鞘化的结果。后来这种泛化性的全身动作才逐渐分化为局部的、准确的、专门化的动作。

（二）从上部动作到下部动作

　　婴儿最先发展起来的是头部动作，然后自上而下，学会俯撑、翻身、坐、爬、站，最后才学走路。这体现了身体动作发展的首尾方向。

（三）从大肌肉动作到小肌肉动作

　　大肌肉动作比小肌肉动作发展早，其表现为儿童躯体的动作比四肢动作发展早，手指动作发展最迟。这一发展顺序与身体发展的近远方向（中心到边缘）相一致。

（四）从无意动作到有意动作

　　婴儿的动作起初是无意的，当他做出各种动作时，既无目的也不知道自己在干什么。后来逐渐出现有目的的动作。6个月以后，才开始意识到自己所做的动作。

二、躯体和下肢动作的发展

　　身体和大脑的不断发育，使婴儿有可能学习、掌握一些人类的基本动作。2~3个月的婴儿已经不再手脚乱动，开始出现一些局部的动作，如学会抬头。1~5个月学翻身，5~6个月学坐，特别是6个月以后，婴儿的动作发展更明显，连续学会坐、爬、站、走。婴儿这些动作的发展顺序是不变的。尽管因营养和训练等条件的不同，使婴儿在动作发展的快慢上存在个别差异，但他们的动作都是依照抬头、翻身、坐、爬、站、走的顺序来发展的。

三、手的协调动作的发展

手是人进行活动的主要器官，也是人认识事物的重要器官。在人类进化过程中，由于直立行走，才使人的双手得到解放，从而促进了人脑的高度发达。研究证明，训练儿童手指的动作，可以加速大脑的发育。

婴儿认识周围事物的能力在很大程度上是和双手动作的发展相联系的。手的动作从不灵活到灵活有其特定的发展规律。

（一）本能的抓握

3~4个月前的婴儿，抓握物体还带有无条件反射的性质，即先天就有的抓握反射在这段时间里仍然影响着婴儿手的抓握动作。这种抓握的特点如下：

第一，没有目标，没有方向，偶然接触到什么就抓什么。

第二，手指配合不当，拇指和其余四指方向一致，整只手弯起来，好像一个大钩子，无论什么物体，都是一把抓。

第三，手的动作不能同视线协调起来，看见眼前的物体，伸出手却抓不准。

（二）眼手协调

婴儿要想准确地抓住物体，必须通过视觉、触觉、运动觉的密切配合联合行动，这种将各个不同系统的行动合而为一的能力在5~6个月开始形成。婴儿在视觉引导下，能有目的地抓取物体，说明视力在很大程度上支配着双手活动。研究表明，婴儿的感觉器官和作为手的动作基础的触觉、运动觉的发展，主要是在视觉的参加下实现的。眼手协调动作，即看见东西并能抓住它，亦即眼睛控制手的活动，并把手准确地伸向物体所在的方位，可以作为婴儿心理发展的重要标志。眼手协调动作的发展经历以下三个阶段：

第一，先学会看物体。婴儿在抓握之前必须看清物体的形象，判断出物体的空间位置。

第二，当婴儿看见物体之后，必须快速而准确地将手伸出，为了抓住物体，他必须决定将手张开还是紧闭，特别是五指的相互配合。在学习取物动作之前，随着视力的发展，婴儿必须学习手的动作及手指的张开和紧闭。儿童掌握人类特有的抓握动作是在与成人的交往中产生的，是学习的结果。

第三，当婴儿拿到物体后，会用眼睛仔细地观察它的颜色和形状，用手不断地玩弄，使其发出声响，还可能用嘴去咬，以便更详细地了解物体的硬度、重量、大小等特性。这既满足了求知欲望，又发展了视觉及手的动作。

婴儿眼手协调动作有以下几个特点：

第一，眼手配合，能按照视线去抓取物体。

第二，既能无意地摇动物体，又能做出一些简单而有效果的动作。例如，把东西拉过来，推开它，晃动手里的发响玩具，使其发出声音等。

第三，动作虽有目标，但还伴随一些不相干的动作。例如，拿皮球的时候，不仅动手，还动起脚来，这是因为他还分不清哪些是必要动作，哪些是多余动作。

第四，不会用两手分别抓取物体。当婴儿手里拿着一块积木时，再给他一块积木，他们会把手里的积木丢掉，去拿刚看见的积木，或者用手里的积木敲打旁边的积木，而不会用另一只手去拿。双手之间似乎存在一个"神秘的中线屏障"。

眼手协调和坐的姿势有密切关系。当坐起来时，婴儿的视线往往自然地落在自己的手上，并且容易使手的活动范围和视线范围相一致。因此，当婴儿学会坐起来的时候，眼手动作明显地协调起来。

（三）手的动作逐渐灵活，成为认识活动的器官

出现眼手协调动作之后，儿童手的动作日渐灵活，出现了双手的配合活动，如他们会把物体从一只手倒向另一只手，手在认识活动中的作用也越来越大。

从 6~8 个月开始，婴儿在与物体反复接触中，兴趣中心逐渐从自身的动作转移到动作的对象。这时他们会将各种东西乱敲、乱投、乱撕，或扔到地上，想以此来了解自己的动作能带来什么影响。这个年龄的婴儿喜欢做重复的动作。

9 个月以后，婴儿手的动作进一步复杂化，他们似乎知道可以借用工具来达到目的。例如，婴儿想拿玩具，但是自己够不着，他们会抓住成人的手，朝玩具的方向拉；如果玩具被布遮住，他们会拉着成人的手，让成人去揭开那块布；如果他们的东西掉在地上，他们会"啊啊"地叫着，让成人帮他们捡起来。在这之前，儿童只有行动的目的，即看见东西知道去拿，这个阶段婴儿有了行动的方法。另外，他们也开始模仿成人的一些动作，如抱娃娃睡觉、用小勺吃饭、拿手绢擦鼻涕等，这是人运用工具最初的苗头，也是游戏活动的萌芽。

 **知识拓展**

儿童动作发展的阶段

1. 反射阶段（0~4 个月）——吸吮、觅食、抓握、蹬脚、挥臂。
2. 最初动作阶段（4 个月~2 岁）——抬头、翻身、坐、爬、站、走等。
3. 基础动作阶段（2~7 岁）——控制性、稳定性、自由性。
4. 专门化动作阶段（7~14 岁）——形成各种运动所需要的专门化动作技能，如投篮动作、踢球动作等。

 习题

一、选择题

1. 婴儿看见物体时，先是移动肩肘，用整只手臂去接触物体，然后才会用腕和手指去接触并抓取物体。这体现了儿童动作发展中的（　　）。

    A. 近远规律   B. 大小规律

    C. 首尾规律   D. 从整体到局部的规律

2. 关于幼儿对时间概念的掌握，下列说法正确的是（　　）。

    A. 对一日时间延伸的认识水平高于对当日之内时序的认识

B. 对一日时间延伸的认识水平低于对当日之内时序的认识

C. 对过去认识的发展水平高于对未来的认识水平

D. 对未来认识的发展水平高于对当日的认识水平

3. 美国华盛顿儿童博物馆的格言"我听见就忘记了，我看见就记住了，我做了就理解了"，主要说明了在教育过程中应（　　　）。

A. 尊重儿童的个性　　　　　　　　B. 培养幼儿积极的情感体验

C. 重视儿童学习的自律性　　　　　D. 重视儿童的主动操作

4. 小班集体教学活动一般都安排 15 分钟左右，这是因为幼儿有意注意时间一般是（　　　）。

A. 20~25 分钟　　　B. 3~5 分钟　　　C. 15~18 分钟　　　D. 10~12 分钟

5. 某 5 岁儿童画的西瓜比人大，画的两排尖牙齿在人体上占了大部分，这表明此时儿童画画的特点是（　　　）。

A. 感觉的强调与夸张　　　　　　　B. 未掌握画面布局比例

C. 表象符号的形成　　　　　　　　D. 绘画技能稚嫩

二、简答题

1. 简述婴幼儿动作发展的规律。

2. 简述婴儿精细动作的发展及训练顺序。

第三节　婴儿的认知发展

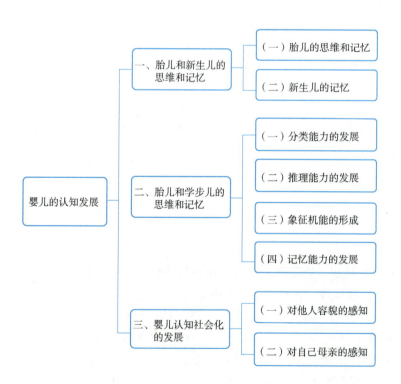

**案例：星星爱玩滑梯**

> 　　星星快两岁了，她最近对各种各样的滑梯很感兴趣。听姥姥说，星星昨天在肯德基店里的滑梯上滑了五十多次。今天星星发现活动室中间的小象滑梯并开始滑。
> 　　到了室外，她对一个坡度很陡的滑面产生了兴趣，先是在姥姥的帮助下小心地往下滑，三四次以后她放松了些，脸上的表情也由严肃变得欢快。最后姥姥觉得孩子不能只玩一种玩具，就叫她到别的地方玩，但是星星坚持："再玩一次，再玩一次。"

一、胎儿和新生儿的思维和记忆

　　随着科学的进步，心理学对人类自身的研究日趋深入，对胎儿的思维和记忆的研究令人注目。

（一）胎儿的思维和记忆

　　人类胎儿思维的证据来自习惯化和去习惯化的研究。习惯化指对反复或持续出现的刺激的反应频率下降。去习惯化是指又接受新的刺激的过程。

　　长时记忆和记忆保持也得到了相关研究的证明。例如，让一组怀孕 37 周的孕妇给他们的胎儿念押韵文，一天三次持续四个星期。结果发现，与听别的从没听过的诗相比，这些胎儿在听到与之前的押韵文类似的诗时心跳下降，这似乎表明胎儿对这些押韵文有记忆痕迹。

　　还有的研究表明：怀孕 4 个月起，胎儿的内耳发育基本成熟，可听到宫外的声音；怀孕 5 个月起，胎儿的大脑开始有记忆功能。

（二）新生儿的记忆

　　一些研究揭示了新生儿期与胎儿期记忆的关联。研究证明，许多新生儿在不安宁时，投入母亲的怀抱就能停止哭闹并较快入睡，这或许与他们在胎龄 6~8 月时开始记忆感觉信息和情绪信息有关。胎儿辨别母亲心音节奏的能力已被实验所证实。这说明母亲的心音节奏能稳定新生儿的情绪，其他人的心音节奏则难以使新生儿情绪平静，同时也证明新生儿在母体中记住了母亲的心音。这种习惯了的心音意味着爱抚与安全。因此，新生儿一听到母亲的心音，便唤起了胎儿期的记忆，进而产生安全感等情绪体验。

二、胎儿和学步儿的思维和记忆

　　出生伊始，婴儿的思维和记忆随着生命的成熟而日趋发展，其中分类能力、推理能力、象征机能和记忆能力的发展尤为显著。

（一）分类能力的发展

乳儿和学步儿的分类能力主要表现在两个方面：对图形和对物体进行辨识。

1. 对图形的辨识

研究发现，3 个月大的婴儿可能已有对图形进行认知和辨识的能力。例如，将悬挂在床上方的各种图形和系在婴儿腿上的绳子连接起来，让3个月大的婴儿可以通过系在脚上的绳子拉动有条形图案的玩具卡片，不需要多长时间，婴儿就会在看到相同条形或图案的时候继续拉；如果改成环形、人脸、方格等其他图案，婴儿就不再做相同的动作了。这说明，婴儿可能已具有对这些图形进行信息加工和辨识的能力，从而可以对这些图形进行归类，并与自己的踢腿动作联系起来。

2. 对物体的区分

3个月左右的婴儿只具有知觉性分类能力，仍然是非概念有机体；7个月左右的婴儿能够进行意义性分类，这时婴儿已经成为概念有机体。生命最初的3~7个月是概念发生发展的关键时期，对知觉信息的重新描述是概念产生的机制。

乳儿期的婴儿对物体的区分诉诸感性，即基于相似的整体外观或物体的明显部分；学步儿期，婴儿对物体的区分开始变成概念性的，即基于共同的功能和行为。例如，虽然动物和交通工具这两类物体的外形差异不大，但学步儿已能够对图片上所显示的鸟和飞机加以区分。

（二）推理能力的发展

婴儿时常用相似性推理和类比性推理。有些研究也表明人类在婴儿期就已经具备意图推理的能力。

微课 4-3
推理能力

1. 相似性推理

当婴儿接触到新异客体时，能利用与已知物体的相似属性来进行推理。在一项研究中，向3岁婴儿呈示四个积木，实验者将其中两个称为"按钮"，另两个称为"非按钮"。在婴儿的注视下，实验者将一个"按钮"放在机器上，机器马上变亮，并播放出歌曲。然后要求婴儿指出另一个能启动机器的积木。3岁婴儿包括一些2岁的婴儿，能预测只有"按钮"才会使机器变亮，因此，他们会选择看来是"按钮"的那个积木。

2. 类比性推理

不断增长的知识，极大地拓展了学步儿的类比推理能力。婴儿能够以非常简单的方式进行类比推理。例如，10~12个月的婴儿从对父母的观察中，学会了：移开一个障碍物（一个盒子），拉动一块蓝布，就可以拿到上面的一条黑绳子，然后拉动黑绳子可以拿到他想要的一辆红色小汽车。他们能把这组关系迁移到与最初的设定看起来十分不同的问题情境中，例如以五彩马作为目标物，其他物品也分别换成了棕色绳子、黄白相间的条纹布和蓝色盒子。

3. 意图推理

意图推理的能力在婴儿半岁时就已经出现。研究者通过习惯化、神经科学等方法和手段对其进行了探讨，但这种能力究竟与先天遗传还是后天经验有关，始终没有得到统一的答案。

（三）象征机能的形成

象征机能是指用象征来替代真实性的机能，如用别人的东西代替不在眼前的东西，以别人或自己代替不在眼前的人物。象征行动之所以能够成立，是因为幼儿已能运用表征功能。所谓表征，是指信息在心理活动中表现和记载的方式。外部客体在心理活动中能以具体形象、语词和概念的形式表现出来。表征既代表外界客体，又是对客体信息的加工。信息表征有形象、语词或概念等多种形式，不管形式如何，它们有一个共同的特征，那就是都是客体的心理符号。心理符号虽然是客体的代表，却不等同于客体，而是一种象征性的表征。

在皮亚杰的认知发展理论中，象征性游戏被看作儿童表征能力形成的源泉，因此，它的作用举足轻重。

1. 装扮与相关的现实生活环境日益分离

起初，婴儿只是利用现实物体，如用玩具电话来讲话，或用一个杯子来喝水。到 2 岁左右，他们使用一些现实程度小的玩具，如用一个木块作为电话的接听器，而且更频繁。不久以后，婴儿开始利用身体的一部分来代表物体，如用一根手指代表一把牙刷。到 3~5 岁，即使在没有任何现实支持的条件下，婴儿在对物体和事情的想象方面表现依然很好。游戏的象征物不再需要与它所指向的物体相配对，这表明他们的描述变得更灵活了。

2. 以"婴儿自己"的身份加入游戏

当第一次出现假装游戏时，它是直接指向自己的，即婴儿只是假装给自己喂或清洗。不久以后，当婴儿喂洋娃娃时，假装行为开始直接指向其他物体。在 3 岁左右，物体成为有用的代理，婴儿不再是直接的参与者，如他们会让玩具娃娃自己喂自己，或玩具娃娃父母喂玩具娃娃宝宝。这一发展次序表明，当婴儿认识到角色扮演活动的代理者和接受者能独立于他们而存在时，假装行为就逐渐成为一个非自我中心的活动。

（四）记忆能力的发展

研究表明，婴儿的记忆带有很大的内隐性。记忆的主要功能在为行为的目的提供指导，以适应周围环境。婴儿早期经历与当前行为之间的非直接性、非目的性特征，与成人、健忘症病人等的内隐记忆特征十分相似。这使研究人员推测，婴儿的记忆在性质上属于内隐记忆。婴儿记忆与成人内隐记忆具有相似性的证据之一，来自使用传统的习惯化和新颖性偏好或去习惯化范式对婴儿记忆能力的研究。婴儿对新异刺激的注视时间多于对熟悉刺激的注视时间，表明他们具有再认能力。当婴儿能够对某一刺激的信息进行编码并将其贮存在记忆中时，就"认出了"熟悉刺激，就可能降低对熟悉刺激的兴趣。婴儿的这种再认具有内隐性，因为这是一种不要求对过去的刺激进行有意识回忆的再认。有研究表明，婴儿在出生时就已经出现对信息的编码和保持，而且随着记忆痕迹持久性和复杂性的增长，在生命的第一年得到相当大的提高。

三、婴儿认知社会化的发展

婴儿的认知社会化，是指婴儿在与他人的接触中进行社会性认知的过程。新生儿从出生起就投身于人文环境，在心理发展过程中，婴儿的认知社会化主要表现在对人的认知上。

（一）对他人容貌的感知

下面将围绕"婴儿究竟是从什么时候开始对他人容貌有所感知？经历了怎样的发展过程？"展开探讨。

1. 面孔的感知

婴儿在出生后不久，就喜欢看人的脸，并能长久地注视。面孔偏好和吸引力偏好是新生儿面孔识别中两种重要的偏好现象。面孔偏好是指呈现面孔和非面孔刺激时个体偏好面孔的现象。吸引力偏好是指呈现面孔刺激时个体偏好有吸引力面孔的现象。研究者向新生儿呈现成对的刺激图片，相对于旋转后的面孔图片，新生儿对典型的、正立的面孔图片更感兴趣，这一研究证明了新生儿的面孔偏好。

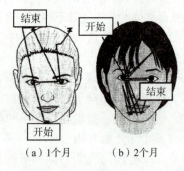

（a）1个月　　（b）2个月

图4-2　婴儿对人脸的注视

如图4-2所示，1个月的婴儿对人脸的注视范围广，从下巴开始到头发，视觉探索处于粗框架阶段。这是由于1个月的婴儿的视觉探索能力有限，还不能对脸的内部特征进行视觉探索。2个月的婴儿的视觉探索就主要集中于脸的中间部分，特别是眼睛和嘴之间，构成了视觉三角形探索。2个月的婴儿的视觉探索，正好和母亲的视线相对，可以进行目光交流，这促进了母婴之间的关系。

2. 对特定面孔—声音的匹配

有学者研究了关于婴儿观察、学习和记忆陌生成人完整的面孔与声音匹配能力的发展。研究者分别让2、4、6个月的婴儿熟悉两个相同性别的成人面孔和说话声音后，让他们接受面孔和声音错误匹配的测验，结果显示：4个月和6个月的婴儿发现了面孔与声音配对中的变化，2个月的婴儿在控制研究中能对面孔和声音进行辨别。后续的匹配程序结果显示，只有6个月的婴儿显示出对面孔—声音关系的匹配和记忆。这一发现表明，婴儿发现陌生成人特定的面孔和声音关系的能力出现在2个月，然而对这些关系的匹配和记忆出现得晚一些，也许在4~6个月。

（二）对自己母亲的感知

母亲对于婴儿来说有着特别的意义，而这一切关系的建立都基于婴儿对母亲的感知。

1. 对母亲发出信号的感知

当两个人进行交流时，双方所交换的信号是令人惊奇的。为了使交流顺利进行，总是一方先给对方发出信号，另一方先是注意听，接收到信号后，再以适当的时机向对方发送信号。这样的信号交换方式看起来比较复杂，但出生后不久的新生儿与母亲之间已存在这种信号交换的原始方式。

2. 对母亲情感变化的感知

有研究者每周一次观察从出生到3个月的婴儿在母婴面对面交流中的发展性变化。从母婴交流时的婴儿面部表情发展轨迹可以看到，婴儿从没有其他情感表达的简单注意，到在动作和情感上积极关注母亲。婴儿从最初几周无选择地看其他地方和对母亲投以简单的注意，变为积极的交流者，其中包括集中注意、微笑和发出"喔啊"声。这些都发生在2~3个月。

 知识拓展

国外出生前心理学的研究发展很快，出生前心理学认为胎儿具有思维、感觉和记忆的能力，尤其胎龄7个月以后更是如此。

美国纽约大学教育中心托马斯·伯尼博士在他的著作中讲了一段真实的故事。

在巴黎的某医院，有一位叫托马蒂斯的语言心理学教授接待了一位名叫奥迪尔的4岁患儿，奥迪尔患有孤独症，不爱讲话。不论父母怎样启发开导都无济于事，只好把她送到医院求助于教授。开始教授用法语和患儿交谈，她毫无反应。经过一段时间的治疗和观察，教授发现了一个奇怪的现象：每当有人同这位患儿讲英语时，奥迪尔的兴趣就出现了，表示出既爱听又喜欢开口和别人交谈，每当这时病就好了。教授发现了这个现象后找来了她的父母了解他们在家里是否经常讲英语，可他们的回答是在家里几乎不讲英语，教授又问他们曾经什么时候讲过英语。这时患儿的母亲突然回忆起自己在怀孕期间曾在一家外国公司工作，因为那里只允许用英语讲话，所以她在怀孕时一直讲英语，教授这时才恍然大悟说："胎儿意识的萌芽时期是怀孕后 7~8 个月，这时胎儿的脑神经已十分发达！"

以上这段真实的故事告诉人们由于胎儿意识的存在，因此，孕妇自身的言语、感情、行为均能影响胎儿，直到出生后。

 习　题

一、选择题

1. 人生最早出现的认识过程是（　　　）。

A. 想象　　　　　B. 记忆　　　　　C. 思维　　　　　D. 感知觉

2. 孩子看到桌上有个苹果时，下列所说的话中直接体现"感知觉"活动的是（　　　）。

A. "真香！"　　　　　　　　　　B. "我要吃！"

C. "这是什么？"　　　　　　　　D. "这儿有个苹果！"

3. 婴儿出生时，最发达的感觉是（　　　）。

A. 痛觉　　　　　B. 听觉　　　　　C. 味觉　　　　　D. 视觉

4. 在嘈杂的环境中人们能够敏感地听见有人喊自己的名字，这是知觉的（　　　）。

A. 理解性　　　　B. 整体性　　　　C. 选择性　　　　D. 恒常性

5. 漫画家画人物时仅勾勒数笔，别人就能看出画的是谁，这里反映的知觉特征是（　　　）。

A. 选择性　　　　B. 恒常性　　　　C. 理解性　　　　D. 整体性

二、简答题

1. 简述学前儿童心理发展的一般规律。

2. 简述皮亚杰的认知发展阶段划分和特点。

第四节　婴儿心理发展的特点

案例：怡怡的表现

怡怡是这学期班里来的新生，或许是陌生环境所致，刚入园的她腼腆内向，总是安安静静地坐着，可用餐、午睡等各种常规活动都能较为快速地完成。一段时间后，在入园时表现……

"老师，她打我。""老师，她抢我的玩具。""老师，她说我坏话……"相信每一个幼儿教师，都遇到过孩子们的这种告状行为。

一、亲子关系与婴儿心理的发展

微课 4-4
幼儿亲子关系

（一）母子交往在婴儿心理发展中的作用

儿童心理的发展，一不能随着身体发育而自然成熟，二不能像小动物那样，只靠积累自身适应环境所取得的直接经验。儿童的心理是在与环境的相互作用中，汲取人类历史上积累下来的文化财富而发展起来的。成人是文化的传播者。没有成人的教育，不与成人交往，儿童的心理就不可能正常发展。"兽孩"以及因其他原因失去与成人交往机会的儿童的材料，已充分证明了这一点。

在婴儿的发展中，母亲起着举足轻重的作用。母亲是婴儿生活环境中的核心因素。由于他们的机体的软弱性，在生活中一刻也离不开母亲。母亲不仅是他们一切生理需要的直接满足者，也是他们与客观物质世界的"中间人"。婴儿与环境的接触，以及对这个世界的认识，都是通过直接照顾他们的成人而实现的。因此，母亲也是婴儿心理发展需要的直接满足者。

剥夺婴儿与母亲的交往，使其失去形成亲子关系的可能，会给儿童造成心理发展上的重大损害。

1. 婴儿失去与母亲的交往，也就失去了被爱与爱的权利

爱这种情感需要，是促进儿童心理发展的一种内部力量。同时，爱与被爱的体验，会使儿童产生一种安全感；失去它，儿童就会变得焦虑、烦躁、神经质，对这个世界产生恐惧。

2. 母亲是婴儿与客观世界的"中间人"

婴儿虽已具有反映现实的感知能力，但如果没有母亲抱他们四处走动，没有母亲向他们呈现各种刺激，婴儿所能接触的事物就会极其贫乏。丰富的感觉刺激，是婴儿心理发展，特别是智力发展的精神营养。充满爱心、温柔体贴、善于理解婴儿各种要求的母亲容易建立积极的亲子关系；而粗心、冷淡、急躁、过于关心自己的母亲，与婴儿建立的关系多是消极的。因缺乏交往而建立的消极的亲子关系，不利于儿童的发展。

（二）婴儿交往行为的发展

在母子交往、亲子关系中，母亲固然是关键的一方，但婴儿的作用也不可等闲视之。他们虽然是被照料者，却不是亲子关系中的被动者。由于机体的软弱性，他们需要母亲的照顾，产生了与母亲交往的需要和对母亲的感情；同时，由于他们生而具有的比较发达的感觉

和一些本能反应，也就有了交往和表达感情的手段。事实上，婴儿也往往是母子交往和母子情感关系的发动者、维持者和促进者。

新生儿末期，明显的交往行为——"天真活跃反应"出现了。当成人的脸出现在婴儿的视野中，他们便中止原来的动作，注视成人的眼睛，进行片刻目光交流，然后开始微笑、发声，并手舞足蹈，表现出欢快的样子。

半岁左右，婴儿开始主动地与成人交往。当母亲不在时，婴儿已能自觉地发出各种信号呼唤成人，其中最常用的手段是哭。这时，婴儿的啼哭并非是因为饥饿或身体不适，只是因为无人理睬，母亲只要把脸凑过来和他们讲话，哭声就停止了。

半岁到1岁，在与成人的交往中，婴儿开始学习人类特有的动作和语言。婴儿与人交往的愿望更加强烈，交往行为也更复杂。

二、婴儿的心理发展与教育

婴儿期是新生儿期的继续，婴儿的营养、睡眠、卫生保健仍是成人首先要注意的问题。但在对婴儿的保育中，不可忽视教育问题。

针对婴儿心理发展的特点，父母及婴儿的照料者应注意以下几方面。

（一）善于辨别婴儿发出的各种"信号"，及时满足他们的需要

这是保持婴儿良好情绪状态的重要条件。父母均有爱子之心，都希望儿童健康、活泼、愉快。但不少父母在婴儿啼哭时感到束手无策，不知他是饿了、渴了、尿布湿了，还是有别的原因，因而不能及时排除婴儿的痛苦。父母必须细心，尽快了解婴儿生理活动的规律，学会分辨他们用不同的哭声表达的不同要求，及时满足他们。保持婴儿良好的情绪状态是婴儿心理得到健康发展和接受教育的基础。

（二）多和婴儿交往

成人不要以为婴儿不懂事就不理他们，要和婴儿面对面地讲话。成人的笑脸和温柔的声音会使婴儿愉快，并能促进其视觉、听觉的发展，提高与人交往和说话的积极性。不要怕抱婴儿，不少人认为这会"惯坏"婴儿，对此要正确看待。抱婴儿会使他们感到舒适，从而体验到抚爱；抱婴儿走动能扩大他们的视野，使其接受更多的外界刺激，有利于婴儿空间知觉的发展；抱婴儿时引起的动觉会促进其愉快情绪中枢系统的发育，所以抱小婴儿是有利于他发展的。当婴儿能坐能爬了，就可以少抱，抱惯了的婴儿不抱就会哭，可以通过和他一起玩，引导他对玩具和其他物体产生兴趣。婴儿对母亲产生依恋是正常的，也是必要的，但过度地依恋一个人则会妨碍他们与其他人的交往，也会妨碍他们对物质世界的探索。因此在婴儿期，母亲一方面要与婴儿建立依恋关系，另一方面要让他们接触更多的人。同时，也要注意培养他们对物质世界的兴趣，其方法就是让他们和其他婴儿一起进行实物活动。

知识拓展

亲子关系通常被分为三种类型：民主型、专制型及放任型。不同的亲子关系类型对幼儿的影响是不同的，研究证明，民主型的亲子关系最有益于幼儿个性的良好发展。

1. 民主型

父母对孩子是慈祥的、诚恳的，善于与孩子交流，支持孩子的正当要求，尊重孩子的需要，积极支持孩子的爱好、兴趣；同时对孩子有一定的控制，常对孩子提出明确而又合理的要求，将控制、引导性的训练与积极鼓励儿童的自主性和独立性相结合。

在这样的家庭中，父母与孩子的关系融洽，儿童的独立性、主动性、自我控制、信心、探索性等方面发展较好。

2. 专制型

父母给孩子的温暖、培养、慈祥、同情较少；对孩子过多的干预和禁止，对孩子态度简单粗暴；甚至不通情理，不尊重孩子的需要，对孩子的合理要求不予满足，不支持孩子的爱好、兴趣；更不允许孩子对父母的决定和规定有不同的表示。

这类家庭中培养的孩子或是变得驯服、缺乏生气，创造性受到压抑，无主动性；情绪不安，甚至带有神经质，不喜欢与同伴交往，忧虑，退缩，怀疑；或是变得自我中心和胆大妄为，在家长面前和背后言行不一。

3. 放任型

父母对孩子的态度一般关怀过度，百依百顺，宠爱娇惯；或是消极的，不关心，不信任，缺乏交谈，忽视他们的要求；或只看到他们的错误和缺点，对孩子否定过多，或任其自然发展。

这类家庭培养的孩子，往往形成好吃懒做、生活不能自理、胆小怯懦、蛮横胡闹、自私自利、没有礼貌、清高孤傲、自命不凡、害怕困难、意志薄弱、缺乏独立性等许多不良品质。

 习 题

一、选择题

1. 幼儿园的幼儿处于学龄前，是心理发展的 (　　)，也是各种心理行为问题的萌芽期。

A. 早期　　　　　　B. 中期　　　　　　C. 活跃期　　　　　　D. 关键期

2. 学龄前儿童神经系统调节 (　　) 过程占主导，容易被误以为是"多动症"，实际是此时幼儿的心理特点。

A. 兴奋　　　　　　B. 呆板　　　　　　C. 逆反　　　　　　D. 安静

3. (　　) 是儿童语言迅速发展的关键时期。

A. 1～3 岁　　　　B. 2～4 岁　　　　C. 3～6 岁　　　　D. 1 岁前

4. 不是影响幼儿心理发展的因素的是 (　　)。

A. 人际关系　　　B. 物理因素　　　C. 社会环境　　　D. 过度要求

5. 学龄前的游戏主要是 (　　)。

A. 合作游戏　　　B. 规则游戏　　　C. 练习游戏　　　D. 象征性游戏

二、简答题

1. 简述婴儿期的心理发展特点。

2. 简述儿童发展心理学。

第五节　幼儿的生理发展

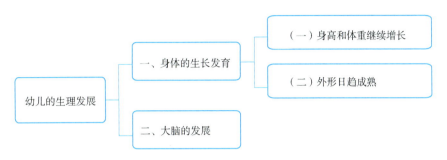

案例：宝宝被咬

　　宝宝上幼儿园的第一天，就带回来一个特殊的纪念，脸上有两个深深的牙齿印——他被别的小朋友咬了。妈妈问他："你今天被人咬了？""是的"，宝宝委屈地回答。妈妈又问他："为什么有人会咬你的脸呢？"他半天也没有开口，可能他还太小，说不清楚或者根本就不会说。妈妈猜测或许是宝宝和其他小朋友发生了争执，就被人咬了，于是也就没有深究下去。

　　出乎意料的是，第二天，老师告诉妈妈，宝宝在幼儿园里一天之内居然咬了三个人。妈妈非常担忧，怎么自己的孩子有这么野蛮的攻击性行为，不知该怎么教育才好……

　　教师应把学前教育理论与保教实践相结合，突出保教实践能力；研究幼儿，遵循幼儿成长规律，提升保教工作专业化水平；坚持实践、反思、再实践、再反思，不断提高专业能力。

　　幼儿的身体变化是显著的，不仅外形日渐趋于成人，而且智慧与能力的增长也常常令父母感到惊讶，这与其生理上的成熟是分不开的。本节将分别从身体和大脑两个方面来探讨幼儿的生理发展。

一、身体的生长发育

　　幼儿的身体发育速度虽然不如婴儿那样迅猛，但仍然保持着日新月异的态势。其生长发育的主要特点是日趋成熟。

（一）身高和体重继续增长

　　从两岁起，虽然幼儿身体成长的速度已经慢下来，但是与生命中的其他阶段相比，身体仍然在迅速地发展。此阶段的幼儿，每年身高增长 5~7.5 厘米，体重大约增加 3 千克。

（二）外形日趋成熟

　　幼儿"从头到尾"和"从躯干到四肢"的成长原则继续发挥作用，具体表现为身躯变长，手脚也变大。在学前期，儿童开始消耗掉一些幼年存留的脂肪，看起来不是肚子圆圆的样子，虽然他们的头部比例还是相当大，但是身体的其余部分已逐渐赶上，随着四肢的充实，身体比例稳定地趋向成人的形状。

二、大脑的发展

幼儿大脑的发育速度比身体的其他部分都要快，大脑细胞相互间的联结数量增多，使神经元之间更为复杂的通讯成为可能。

胎儿和婴儿的大脑发展一直十分迅速，到幼儿期大脑的发育逐渐放慢。虽然幼儿期不再形成新的神经元，但脑部仍然在发育，脑的重量在继续增加。幼儿3岁以前，脑部的发育已达到成人的80%左右；5岁时，脑重已达1 280克，相当于成人的90%。在3~5岁，幼儿脑部成长的部位主要是在连接脑的各个部位，这种成长能控制自发性的运动，逐渐会有警觉、注意与记忆等能力。神经元在整个幼儿期继续髓鞘化，脑部的不同区域变得更为特异化。

到学前期结束的时候，幼儿大脑的某些部分完成了特别重要的发育，如胼胝体，连接左右脑半球的神经纤维束，变得更厚，发展出8亿个单独纤维，帮助协调左右半球的大脑功能。

 知识拓展

微课 4-5
婴幼儿大脑
的发展

科学家用猫和鼠做实验证明：如果出生后把它们立即放入一个极单调的环境中，它们的大脑皮层就会萎缩，脑重量减轻，神经细胞之间的联系也明显减少。研究发现，被严重忽视的孩子，其脑部扫描图中负责情感依附的大脑区域根本没有得到适当的发育。3岁以后，大脑停止发育。虽然这并不意味着大脑发育的过程完全停止，但此时大脑本身的复杂性与丰富性已基本定型。

平时一些自然而又简单的动作，如搂抱、轻拍、对视和对话，都会刺激孩子的成长，玩藏猫猫这类简单的游戏则可引导孩子学会如何面对面沟通。聪明的父母对孩子大脑早期开发十分关注，他们善用孩子天生的好奇心，开动他们天生的学习机器。早期教育的精髓并非是灌输各种知识，而是聆听、指导孩子认识真实的世界，包括学习和妈妈说再见，和别人友好相处，勇敢地探索周围环境，所有这些支持性的关爱与护理都能使人类大脑的结构得到健康发展。

 **习 题**

一、选择题

1. （   ）的发展是人发展最关键、最迅速的时期，一直受到教育学家和心理学家的广泛重视。

　A. 婴儿　　　　　B. 幼儿　　　　　C. 婴幼儿　　　　　D. 儿童

2. 一般来说，新生儿期属于（   ）。

　A. 婴儿期　　　　B. 先学前期　　　C. 学前期　　　　　D. 幼儿早期

3. 幼儿教师选择教育教学内容最主要的依据是（   ）。

　A. 幼儿发展　　　B. 社会需求　　　C. 学科知识　　　　D. 教师特长

4. 新生儿的心理，可以说一周一个样；满月以后，是一月一个样；周岁以后发展速度就缓慢下来；两三岁以后的儿童，相隔一周，前后变化就不那么明显了。这表明学前儿童心理发展进程的一个基本特点是（　　）。

A. 发展的连续性　　　　　　　　B. 发展的整体性

C. 发展的不均衡性　　　　　　　D. 发展的高速度

5. 3 岁幼儿常常表现出各种反抗行为或执拗现象，这说明幼儿心理发展处于（　　）。

A. 最近发展区　　　　　　　　　B. 敏感期

C. 转折期　　　　　　　　　　　D. 关键期

二、简答题

1. 简述幼儿动作与运动能力发展的规律。

2. 简述 1~3 岁儿童心理发展的特征。

第六节　幼儿的认知发展

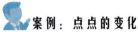 **案例：点点的变化**

　　同学家的儿子叫点点，今年两岁半了，很是可爱。因为工作的原因，平常大家不在一块，我每次回家都过去看看他，每次回家都能感受到他有很大的变化。国庆节回家，我去看他，不过这次我感觉他和我疏远了。以前回家，小家伙总是愿意被我牵着或抱着到处走，很乐意让我给他剥糖果吃……可是现在，每当我牵他的手出去玩时，小家伙总是表现出很不情愿的样子。以前他会将糖果塞到我的手里让我给他剥开吃，现在却说："我剥，我会剥。"和家人交流知道小家伙的变化已经有半年多了，他喜欢自顾自地做自己喜欢做的事，爱表达自己的意见，像个小大人似的，不过做事情还不是很协调，经常出洋相……比如把稀饭弄到身上，或是说话发错音……

> 在幼儿园，观察了解孩子是教师必备的教育技能，也是教师需要履行的一项工作职责。现在提倡教师写观察记录，通过观察了解孩子的发展现状、心理需求和存在问题，制订教育工作计划，确定教育措施。通过在日常生活、游戏、教育活动过程中对孩子的观察，把教育工作做在前头，收到较好的教育效果。

思维是指人脑对客观事物间接和概括的反应。在幼儿的思维中，想象位于中心地位。想象是经过加工、改造形成新形象的心理过程。婴儿期儿童的感知觉主要是针对"此时"、"此地"进行的，而幼儿期的儿童则把自己的认知扩大到"不在此时""不在此地"的想象世界中。

一、象征机能的发展

象征机能在婴儿阶段开始形成，在幼儿阶段又有新的发展。

（一）游戏复杂性不断提高

婴儿可以假装直接从一个杯子中喝水，而不包括结合倒和喝的动作。到2岁半时，儿童开始协调假装方案，特别是在社会戏剧性游戏中，以这种方式扮演他人角色。在4~5岁时，儿童能有效地建立相互的游戏主题，在一个精心策划的游戏中创造并扮演多种角色，同时对故事线索有了更深的理解。

（二）空间符号思维的出现

与绘画紧密相关的是空间符号。当幼儿理解了照片、模型或地图与每天生活中的情况是一致的时候，他们就用它来获得关于物体和没有经历过的地方的信息，并以符号来表达他们内心独特的思维。由于象征机能的形成，幼儿摆脱了婴儿期现实世界的束缚，在精神世界里自由地想象。

例如，在幼儿画人物时，幼儿最熟悉的是自己的父母。然而，这时期幼儿所把握的只是父母的象征符号，圆形的头、圆形的眼睛、圆形的鼻子、圆形的嘴巴……在幼儿眼中，妈妈是胖胖的，爸爸是瘦瘦的，自己当然是最小的了。至于人体中的手、脚等是否应当画出来，就全不顾及。即使画手脚，也是用一条竖线表示脚，一条横线表示手。

二、知识的建构

幼儿知识的建构需要幼儿从外界获得一定的脚本知识，也需要自己在探索性操作活动中能动地建构。

（一）脚本知识的获得

脚本知识，是指幼儿对以一定形式、根据时间的顺序而展开的系列性行动或事情的认识。脚本知识的获得与象征机能的形成一样，都是幼儿期儿童心理发展的重要内容，是想象能力显著发展的标志之一。例如，象征性游戏中有"去超市"的游戏，幼儿根据平时和父母一起去超市的经验，就会在幼儿园的游戏中，凭借脚本知识构成"去超市"的一系列时间序列活动：推小车—提着购物篮子—到各个货架上取物—付款—拿东西—回家。幼儿的脚本知识随着生活经验的增加而日益丰富，并且各个脚本知识的内容会日趋精密和复杂。

（二）知识能动的建构

研究表明，幼儿对世界的认识是感性的、具体的、形象的。幼儿思维常常需要用动作来帮助进行。他们对物质世界的认识必须以具体的事物和材料为中介和桥梁，借助于对物体的直接操作。在探索性操作活动中，幼儿主动作用于操作对象，在人与物的相互作用中积极地观察、操作和实验，在反复的探求、协调、修正中获得体验。在此基础上，原有的经验与现实的感受相互作用，构建起新的知识经验。幼儿在亲身经历中形成的具有主观性的"天真幼稚的认识"与"非科学性"的知识经验，往往要比通过传授式学习获得的知识更深刻、更确切，也更有利于幼儿对知识的理解和内化。

三、幼儿智力的发展

在对学前儿童的智力发展研究中，人们最关注的问题是智力如何随着年龄的增长而发展。了解各种智力观和主要的智力测验方法对学前儿童智力的研究有帮助。

（一）智力的定义

智力源于古希腊哲学家的"三分说"，即人的心理过程有知、情、意三种分类。进入20世纪后，心理学家对"智力"有各种定义。

开智力测验之先河的英国心理学家查尔斯·斯皮尔曼（Charles Spearman）和法国实验心理学家比奈·阿尔弗雷德（Binet Alfred）把智力视为心理要素的综合。

美国教育心理学创始者桑代克（Thorndike）和第一个把比的智力测验付诸实践的美国心理学家推孟（Terman），把智力视为是一种对环境的反应和适应能力。

韦克斯勒量表编制者韦克斯勒（Wechsler）则下了这样一个定义：智力是一个人有目的地行动，合理地思维和有效地处理环境的总括和综合能力。

多元智能理论的提倡者加德纳（H. Gardener）的观点与上述把智力看成是全人类共通的要素和能力的定义不同，他提出：智力是一种在文化情景中有用的技巧和发现问题、制造问题的能力。

综上所述，智力是人类心理活动中各要素的综合体，是人在与环境的相互作用中所具有的适应环境、解决问题等的综合心理能力。

微课 4-6
智力发育的
关键期

（二）智力三元理论

智力三元理论是美国耶鲁大学的心理学家斯腾伯格（Sternberg）提出的。斯腾伯格从信息加工的观点出发，提出人的智慧行为包括三个方面的成分，即情景、经验和信息加工。

1. 情景成分

斯腾伯格所言的"情景"，主要是指社会文化环境。这个情景包括三个方面：人所处的社会文化条件、人所处的历史时代和人的不同年龄时期。这三个方面是评价人的智力的重要依据，也就是说，对人的智力的评价测定必须放在一定的社会文化和历史条件下进行，也必须按照人的心理发展的各个阶段来进行。

2. 经验成分

斯腾伯格认为，经验是制约智力高低的因素之一。经验包括以下两个方面：其一，对新事物或新任务的反应，它要求人的主动性、敏感性和意识程度；其二，反应的自动化水平或信息加工的效率，即对熟悉事物进行加工时，经验使人节省脑力和精力。

3. 信息加工成分

良好的信息加工体现在实际工作中，就是有效地选择解决问题的策略。智力不仅指对问题回答得正确，更重要的是有效地使用这些策略去解决实际问题。

虽然斯腾伯格的智力三元理论与加德纳的多元智能结构论提出的立场不同，但有共同点：这两个理论都强调了智力的实用性和文化的特殊性，对以往认为智力是一成不变、具有绝对普遍意义的思维能力的观点进行修正；使智力与社会、文化、历史结合起来，并定义为一种综合性的能力。

 知识拓展

刺激指尖可以开发右脑

开发右脑，国外学者主张从儿童做起，如苏联著名教育家苏霍姆林斯基认为，儿童的智力发展表现在手指尖上。他将双手比喻为大脑的"老师"。人体的每一块肌肉在大脑皮层中都有着相应的"代表区"——神经中枢，其中手指运动中枢在大脑皮层中所占的区域最广泛。许多父母让孩子练习弹琴，就是很好的指尖运动。随着双手的准确运动把大脑皮层中相应的活力激发出来，尤其是左右手并弹的钢琴、电子琴。

 习 题

一、选择题

1. 无论是清晨、中午还是傍晚，我们都会把中国的国旗看作是鲜红色的，这是知觉的（　　）。

　　A. 恒常性　　　　　B. 选择性　　　　　C. 理解性　　　　　D. 整体性

2. 某5岁儿童画的西瓜比人大，画的两颗尖牙也占了人脸的大部分，这段时期儿童画的特点是（　　）。

　　A. 未掌握画面布局比例　　　　　B. 绘画技能稚嫩

　　C. 感觉的强调和夸张　　　　　D. 表象符号的形成

3. 下列关于幼儿的听觉偏好趋向的表述中，正确的是（　　）。

　　A. 就人声和物声而言，新生儿趋向物声

　　B. 就母亲声音和陌生人声音而言，新生儿趋向新鲜的陌生人声音

C. 就声音音调来讲，新生儿趋向低音调

D. 新生儿爱听柔和的声音

4. 婴儿在地上捡起一些物体就会往嘴里送，这是孩子的（　　）。

A. 痛觉的探索方式 　　　　　　　　B. 不良的生活习惯

C. 触觉的探索方式 　　　　　　　　D. 动觉的探索方式

5. 幼儿期对颜色的辨别往往和掌握颜色的（　　）结合起来。

A. 名称 　　　　B. 明度 　　　　C. 色调 　　　　D. 饱和度

二、简答题

1. 简述幼儿认知发展的基本规律和特点。

2. 简述幼儿形成认知能力的过程及各环节之间的关系。

第七节　幼儿的社会性心理发展

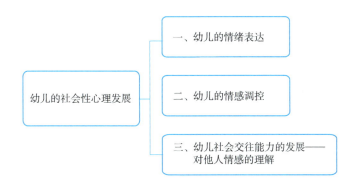

 案例：小乖与好朋友

　　小乖，是一个3岁的小女孩，特别喜欢和妈妈玩，有自己的好朋友，只和自己的好朋友玩，与其他的小朋友在一起不会主动参与游戏。一天，妈妈带小乖去院子里玩，遇到了两个小朋友，妈妈想带她去和小朋友玩，但是小乖拒绝，不想去玩。就这样拉着妈妈的手，在院子里走了一圈，没有找到自己的好朋友，妈妈再次询问她是否和两个小朋友玩。小乖答应了，妈妈带着小乖去找小朋友玩，小乖只是站在旁边看着小朋友玩，没有主动去参与。小朋友邀请她去玩，她只是拉着妈妈的手，要求妈妈也陪她一起玩。当小朋友的妈妈和奶奶请她玩的时候，小乖非常排斥，情绪激动。当妈妈陪她和小朋友一起玩的时候，她更多的是和妈妈玩，和小朋友基本没有互动，比较黏着妈妈。随后，妈妈带着小乖去她的好朋友彤彤家里玩，小乖好像变了一个人，开心地和好朋友彤彤拥抱，在一起游戏玩耍，没有要求妈妈也必须参与游戏，和好朋友玩得很开心。

一、幼儿的情绪表达

　　幼儿的情绪表达不再是仅仅停留在生理需要的水平，而是更多地反映出环境、社会和他人对个体的影响。

在一项研究中，让幼儿园小、中、大班以及小学一、二、三年级的儿童进行取弹子游戏。研究结果表明：幼儿园的幼儿正负面情绪的表达与游戏过程紧密相关而与结果无关，小学生正负面情绪的表达则受动机和结果的支配。

幼儿在公开场合所表现出的害羞情绪比在私下场合所表现出的要强烈。在3~4岁的幼儿身上，这种倾向表现得更为突出。这说明幼儿在表达害羞情绪时已开始参照文化和社会等规则。

母亲的表情对幼儿情绪表达有重要影响。幼儿在表达自己的情绪时，不仅参照文化和社会的准则，更多的是受母亲的影响。

综上所述，幼儿的情绪表达已不是一个单纯的个体情绪反应，而是文化、社会和重要他人等因素的综合反映。

二、幼儿的情感调控

微课 4-7
婴幼儿的
情绪表达

情感调控的发展是幼儿社会情绪发展的核心成分。情感调控是个体管理和改变自己或他人情绪的过程。在这个过程中，通过一定的策略和机制，情绪在生理活动、主观体验、表情行为等方面发生变化。情感调控的目的应该是积极的，如减少负面情绪从而改善人际关系等。

情感调控是幼儿情绪发展的高级阶段。具有情感调控能力的幼儿，在人际交往中会根据需要隐藏和改变情绪的反应，利用一些策略去调节情绪。日常生活中，幼儿在陌生情境下为了减少内心压力，消除或降低不良情绪反应，常常会做出一些看似与问题解决无关的行为。这些行为是幼儿情感调控策略。如果说面部表情识别、对愿望信念的情绪理解、对冲突的情绪理解是一个认识他人情绪状态的过程，那么情感调控就是把对自己心理状态的预测结果体现到具体行为上的过程，即根据对自己或他人情绪的理解采取相应的反应。这需要幼儿对自己和他人的心理状态有一个正确的认知。

三、幼儿社会交往能力的发展——对他人情感的理解

研究发现，幼儿在3~5岁期间，情绪理解的能力发生着巨大的变化。幼儿情绪理解能力的年龄差异主要表现在3~4岁期间，而4~5岁幼儿的差异不显著，这表明4岁是情绪理解发展的关键年龄。

4~6岁的幼儿基本能从他人所处的状况来推测其情感。幼儿这种根据自身经验来推测他人情感的方法，是把自身经验作为个人的信息库。当需要对他人的情感进行推测时，幼儿从这个信息库中提取信息作为推测的根据。大多数4~5岁的幼儿还是以个人曾经历过的情感体验来推测，而6岁的幼儿已不再完全按照自己的好恶来推断他人的情感。

 **知识拓展**

引导幼儿控制情绪的方法

在社会生活中，很多父母因为忙于生活和工作上的事情而忽略孩子的自我控制能力发展，导致孩子不知该如何管理好自己，更不要提认识自己的情绪了。面对一些情绪不好的幼儿，可以从以下几方面引导幼儿控制情绪。

1. 正确认识和重视孩子的情绪

想要让孩子控制自己的情绪，首先家长要正确认识孩子的情绪，必须重视孩子的情绪。孩子遇到一些开心的事情或是不愉快的事情，总会有一些情绪的表现，这是正常现象。家长碰到孩子有高兴的事情时，要多鼓励自己的孩子，夸赞孩子做得不错。遇到不开心的事情时，家长要站在孩子的角度去面对这件事，然后引导他们该怎么做。

2. 帮助孩子认知情绪

想要让孩子控制情绪的第一步，就是让孩子能识别出自己的各种情绪。家长需要随时指出孩子的各种情绪：激动、失望、自豪、孤独、期待等，不断丰富孩子的情绪词汇库。当孩子能识别出的情绪越多，他就越能清晰而准确地表达自己的情绪，这就是处理情绪的开端。能表达，才能沟通，才能想办法。有时，只需表达出来，情绪就解决了。

3. 教给孩子一些自我调节情绪的方法

幼儿的注意力是很容易被转移的，不好的情绪状态持续时间不一定很长，这也表现出一种对情绪的无意识调节。面对孩子的过激情绪，父母可以采取一些策略，如冷处理、设法转移注意力等。同时，家长应帮助孩子学习主动自觉地控制其情绪。例如，教给幼儿一些自我调节的方法，譬如告诉他们，当他们控制不了自己的情绪时，就在心里暗暗说"不能打人"或"不能摔东西"，或者在不愉快时想想其他愉快的事情。

4. 培养孩子顽强的毅力

毅力是一个人良好自制力的重要保证，所以要培养孩子良好的自控能力，首先要培养孩子良好的意志力。比如，家长可以通过让孩子参加"户外拓展训练"等活动，训练孩子坚强的意志。日常生活中，要注意不溺爱孩子，要理智地爱孩子。

 习　题

一、选择题

1. 母亲在场与不在场对儿童影响不大，属（　　）类型儿童。

A. 反抗型　　　　　B. 安全型　　　　　C. 回避型　　　　　D. 放任型

2. （　　）是较好的依恋类型。

A. 反抗型　　　　　B. 安全型　　　　　C. 回避型　　　　　D. 放任型

3. （　　）称为移情。

A. 从他人角度来考虑问题　　　　　B. 帮助他人或群体的行为及倾向

C. 与同伴协同完成某一活动　　　　D. 与同伴发生冲突时能先满足对方

4. 儿童依恋发展的第三阶段是（　　）。

A. 无差别的社会反应阶段　　　　　B. 有差别的社会反应阶段

C. 特殊情感连接阶段　　　　　　　D. 普遍情感连接阶段

5. （　　）是学前儿童道德发展的核心问题。

A. 亲子关系的发展　　　　　　　　B. 强化

C. 亲社会行为的发展　　　　　　　D. 社交技能的发展

二、论述题

论述精神分析理论、社会学习理论、认知发展理论关于儿童社会性发展的主要理论观点。

第 五 章

发展中的学前儿童心理

教学计划

一、教学目标

（一）知识目标

1. 了解学前儿童认知的发展、学前儿童动作的发展。
2. 了解并掌握学前儿童身体的发展。
3. 了解并掌握学前儿童思维的发展、学前儿童动作的发展及其规律。

（二）素质目标

1. 坚持参加体育活动，提高对各种天气变化的适应能力，养成积极锻炼身体的习惯。
2. 手眼协调地进行穿、编、缝、织等各种精细动作，并能与同伴合作，创造性地进行构建活动。

二、课程设置

本章共 3 节课程，课内教学总学时为 6 学时。

三、教学形式

面授，课件。

四、教学环节

1. 组织教学：在新课标中，进行备课。因材施教，了解班上每一个学生的性格、爱好、学习情况。
2. 导入新课：采用图片、音乐、游戏等形式进行课堂导入，吸引学生注意力。
3. 讲授新课：在导入后，对新知识进行讲解，并掌握课堂重难点。
4. 巩固新课：了解学生掌握情况，并按掌握情况及时调整教学。

第一节　学前儿童认知的发展

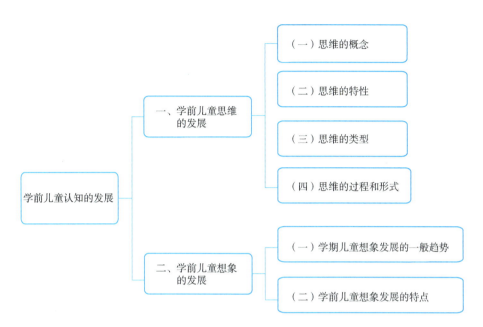

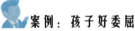案例：孩子好委屈

　　下午教室里，有的儿童很快吃完了点心，有的还在吃着点心，喝着牛奶。吃完的儿童三三两两地围坐着玩插塑玩具。不一会儿，几个男孩儿搭好了各自的手枪，开始了"枪战"游戏。他们从坐着到站着，最后忍不住在教室里追逐起来。突然，一个站起来喝牛奶的儿童被撞了一下，杯子掉在了地上，牛奶泼到了身上。老师见此情景，不由分说地将他拉到面前，开始批评道："你怎么这么笨？喝牛奶都不会，吃饭你最慢，吃点心你最慢，你就像一只慢慢爬的小乌龟……"儿童几次张嘴想要解释，都被老师制止了。最后，这个孩子委屈地哭了起来。

　　在教育工作中，言语是传递知识、影响幼儿的重要手段。苏联著名教育家马卡连柯曾指出，必须使教师提高同儿童说话的能力。教师语言表达能力的强弱直接决定着教育活动的效果，影响幼儿心智活动的效率。教师良好的语言表达能力，能诱发幼儿的求知欲，激起幼儿的学习兴趣，吸引幼儿的注意，调动幼儿良好的情绪、状态，陶冶幼儿的情操，同时也直接影响幼儿的语言发展。因此幼儿教师应非常重视自己的语言修养，努力增强自己的语言表达能力。

一、学前儿童思维的发展

（一）思维的概念

思维是借助语言、表象或动作实现的，对客观事物概括的和间接的认

微课 5-1
幼儿思维的发展

识，是认识的高级形式。它能揭示事物的本质特征和内部联系，主要表现在概念形成和问题解决活动中，如图 5-1 所示。

- 为什么小王写了一个字，人人都说他写了错字？

图 5-1　脑筋急转弯

　　思维和感知觉都是人脑对客观现实的反映，它是人类认识的高级阶段，是在感知基础上实现的理性认识形式。然而，感知觉和思维又有着根本的区别。第一，感知觉是对当前事物的直接反映，是对事物的接受和识别；思维是对事物的间接的、概括的反映，是对信息进行加工的过程。第二，感知觉反映的是客观事物的外部特征和外在联系；思维反映的是客观事物的本质特征和内在规律性联系。第三，感知觉属于感性认识，反映范围很小，是对事物现象的认识，是认识过程的初级阶段；思维属于理性认识，它可以反映任何事物，反映范围很广，是对事物的高级认识，是认识过程的高级阶段。

（二）思维的特性

1. 概括性

　　思维的概括性是指在大量感性材料的基础上，把一类事物共同的特征和规律抽取出来，加以概括。例如，看到月亮周围出现"晕"的时候就会刮风，太阳周围出现"晕"的时候就会下雨，从而得出"月晕而风，日晕则雨"的结论。概括在人们的思维活动中有着重要的作用，它使人们的认识活动摆脱了具体事物的局限性和对事物的直接依赖。

2. 间接性

　　思维的间接性是指人们借助一定的媒介和一定的知识经验对客观事物进行间接地认识。例如，医生通过听诊判断、推测病情。由于思维的间接性，人们才可能超越感知觉提供的信息，认识那些没有直接作用于人的感官的事物和属性，从而揭示事物的本质和规律。

（三）思维的类型

1. 根据思维的形态和方式分类

　　根据思维的形态和思维的方式可将思维分为直观动作思维、形象思维和逻辑思维。

　　直观动作思维是指借助实际动作进行的思维，也称实践思维，是幼儿的主导思维形式。例如，幼儿在拆卸玩具时的思维活动就是动作思维。形象思维是指借助物体的形象或头脑中物体的表象进行的思维，它是小学儿童的主导思维。例如，小学低年级儿童用手指或头脑中的表象进行运算，就是运用形象思维。逻辑思维是指运用语词、概念、判断、推理等形式进行的思维，它是中学生和成人的主导思维，如图 5-2 所示。

图 5-2 动作思维、形象思维、逻辑思维

2. 根据思维的主动性和创造性程度分类

根据思维的主动性和创造性程度将思维分为常规思维和创造性思维。

常规思维是指人们运用已获得的知识经验，按照现成的方案和程序直接解决问题。例如，学生做物理题时按照公式解决问题。创造性思维是指人们重新组织已有的知识经验，提出新的方案或程序，并创造出新的思维成果的思维活动。例如，爱迪生发明电灯。创造性思维是人类思维的高级形式。创造性思维的核心是发散思维。

3. 根据探索问题的方向分类

根据探索问题的方向将思维分为辐合思维和发散思维。

辐合思维是指人们根据已知的信息，利用熟悉的规则解决问题。例如，A<B，B<C，那么 A<C。发散思维是人们沿着不同的方向思考，重新组织当前的信息和记忆系统中存储的信息，产生大量独特的新思想。人们可以从不同的方向思考问题，可以想出多种方法，这种思维是发散思维。

（四）思维的过程和形式

人在头脑中运用存储在长时记忆中的知识经验，对外界输入的信息进行分析、综合、比较、抽象和概括的过程称为思维过程。分析和综合是思维的基本过程。分析是指在头脑中把事物的整体分解为各个部分或各个属性。综合是在头脑中把事物的各个部分、各个特征、各种属性结合起来，了解它们之间的联系，形成一个整体。比较是把各种事物和现象加以对比，确定它们的相同点、不同点及其关系。抽象是在思想上抽出各种事物与现象的共同特征和属性，舍弃其个别特征和属性的过程。在抽象的基础上，人们可以得到对事物的概括的认识。概括分为初级概括和高级概括。初级概括是在感知觉、表象水平上的概括；高级概括是根据事物的内在联系和本质特征进行的概括。

思维的基本形式有概念、判断和推理。概念是人脑对客观事物本质属性的认识。判断是概念与概念之间的联系，是事物之间或事物与它们的特征之间的联系的反映。推理是从具体事物或现象中归纳出一般规律，或者根据一般原理推出新结论的思维活动。前者称为归纳推理，后者称为演绎推理。

二、学前儿童想象的发展

（一）学前儿童想象发展的一般趋势

儿童的想象在婴儿期就开始发生。

1 岁半~2 岁的儿童出现想象的萌芽，主要通过动作和语言表现出来。儿童最初的想象可以说是记忆材料的简单迁移。

2 岁儿童的想象几乎完全重复曾经感知过的情景，只不过是在新的情景下的表现。

2~3 岁是学前儿童想象发展的初级阶段。想象活动完全没有目的，过程进行缓慢。想象依靠感知动作和成人的语言提示，内容简单、贫乏，与记忆的界限不明显。

3~4 岁是学前儿童想象发展的迅速阶段。这时期的想象基本上是无意想象，是一种自由联想。这个时期的想象活动没有目的，没有前后一贯的主题。想象内容零散，无意义联系，内容贫乏，数量少而单调。

4~5 岁儿童的无意想象中出现了有意想象的成分，但是仍以无意想象为主。想象的目的非常简单，想象内容比较丰富，但仍然零碎。

5~6 岁儿童的有意想象和创造想象已经有了明显的表现。想象的有意性相当明显，内容进一步丰富，有情节，想象内容的新颖程度增加。

（二）学前儿童想象发展的特点

1. 以无意想象为主，有意想象开始发展

无意想象是最简单的、初级的想象。在幼儿的想象中无意想象占重要地位，小班幼儿显得尤其突出。有意想象在幼儿期开始萌芽，幼儿晚期有比较明显的表现。幼儿的无意想象主要有以下特点。

（1）想象无预定目的，由外界刺激直接引起。幼儿想象的产生常常是由外界刺激物直接引起，想象并不指向某一预定目的。在游戏中想象往往随玩具的出现而产生。例如，一位 4 岁幼儿绘画时，无意中画了一个圆圈，很像月饼。于是他便高兴地说："哈哈，月饼真香，真好吃！"

（2）想象的主题不稳定。幼儿想象进行的过程往往受外界事物的直接影响。幼儿初期的儿童，想象不能按一定的目的坚持下去，容易从一个主题转到另一个主题。例如，玩游戏时，一会喜欢芭比娃娃，一会喜欢小老虎。

（3）想象的内容零散、不系统。由于想象的主题没有预定目的，幼儿想象的内容总是零散的，所以想象的形象之间不存在有机的联系，没有系统性。幼儿绘画常常有这种情况，画了"小猫"，又画"飞机"，最后又画"面包"，他们往往想到什么就画什么。

（4）以想象过程为满足。幼儿想象往往不追求达到一定的目的，只满足想象进行的过程。例如，小班幼儿往往对某个故事百听不厌。一个幼儿给小朋友讲故事，乍看起来有声有色，既有动作又有表情，实际听起来毫无中心，没有说出任何一件事情的情节及其来龙去脉。

（5）想象受情绪和兴趣的影响。幼儿的想象容易受情绪和兴趣的影响，如果受到大人表扬和支持，想象活动就能长时间坚持下去。当幼儿的想象受到冷落或没有及时被大人肯定的话，想象活动就变得兴趣索然或者放弃了。

2. 以再造想象为主

在整个学前期，再造想象占主要地位。在再造想象发展的基础上，创造想象开始发展。

再造想象在幼儿的生活中占有主要地位。幼儿期的想象大部分是再造想象。幼儿期是大量吸收知识的时期，幼儿依靠再造想象了解间接知识。幼儿期再造想象的主要特点如下。

（1）幼儿的想象常依赖于成人的语言描述或根据外界情境的变化而变化。幼儿想象具有很大的无意性，缺乏独立性。如果教师不提示，单纯看图像，幼儿往往不能独立展开想象进行游戏。幼儿在听故事时，想象随着成人的讲述而展开。幼儿的无意想象从想象的发生和进行来说是无意的、被动的，从想象内容来说是再造的。由于头脑中的表象比较贫乏，水平较低，幼儿的无意想象一般是再造性的。

（2）幼儿的再造想象通常是记忆表象的极简单加工，缺乏新异性。幼儿常常没有目的地摆弄物体，改变着它的形状，当改变了的形状正巧比较符合幼儿头脑中的某种表象时，幼儿才能把它想象成某种物体。这种无意想象的形象与头脑中保存的有关事物的"原型"形象相差不多。

3. 创造想象开始发展

幼儿期是创造想象开始发生的时期。随着知识经验的丰富和抽象概括能力的提高，幼儿创造想象的水平逐渐提高。他们常提出一些不平常的问题，有时会自己编新的故事，创造性地绘画，游戏内容也日益丰富，游戏想象的空间距离日益扩大。幼儿期创造想象的主要特点如下。

（1）最初的创造想象是无意的自由联想，可称为表露式创造，这是最初级的创造。

（2）幼儿创造想象的形象和原型略有不同，或者在常见模式的基础上有改造。

（3）情节越来越丰富，从原型发散出来的数量和种类增加，能够从不同中找出相同。

4. 幼儿想象容易夸张，容易将想象与现实混淆

幼儿想象容易夸张，喜欢夸大事物某个部分或某种特征。幼儿在想象中常把事物的某个部分或某种特征加以夸大。例如，幼儿会说"我爸爸是世界上最强的人"或"我们家有很多很多的牛和羊"。

幼儿常将想象与现实混淆。幼儿的想象经常脱离现实，与现实相混淆。小班幼儿把想象当作现实的情况比较多，也会把自己臆想的事物、渴望的内容当成真的。例如，孩子非常喜欢变形金刚，妈妈答应孩子等过年时给他买一个变形金刚，于是他就告诉别的孩子："我妈妈给我买了一个很大的变形金刚。"中、大班幼儿想象与现实混淆的情况已减少，孩子们听到一些事情后，常问"这是真的吗？"

📘 知识拓展

我国心理学工作者曾研究3~13岁儿童的概括特点。研究人员给儿童看4张图片，上面分别画着人、车、马、虎，要求儿童从这4张图片中拿出1张和其他3张没有共同特征的图片，并要求回答："为什么把那张拿出来？""其余3张有什么共同的地方？"结果表明：

①儿童从4张图片中拿出"车"的人数的百分比随年龄增长而提高；拿出"人"和"虎"的百分比随年龄增加而降低；拿出"马"的，在参加实验的346个儿童中只有1人。

②有半数以上儿童拿走"人"或"虎"，他们都是从外形或功用的属性来概括的。拿走"人"的理由是："人是站着的，车、马、虎都是趴着的。"拿走"虎"的儿童认为："老虎要吃人，留下人、马、车是因为马可以拉车，人可以赶车去买东西。"

③儿童将"人""马""虎"放在一起，大多是根据他们的表面属性进行概括的。他们说"人、马、虎都有头、身子和脚"等。到儿童末期，特别是7岁以后，儿童才能根据"人""马""虎"都是有生命的、活动的、能生长的等本质属性来概括。

 **习 题**

一、选择题

1. 幼儿在认识"b"和"d"、"土"和"士"、"方"和"万"等形近符号时容易混淆，这说明（   ）。

A. 幼儿的方位知觉不够精确　　　　　B. 幼儿的观察概括性不足

C. 幼儿的观察细致性不强　　　　　　D. 幼儿感觉的适应力不强

2. 冬天从室内乍一走到室外，感觉很冷，过一会就不觉得冷了，这种现象是（   ）。

A. 感觉的对比　　　　　　　　　　　B. 感觉的适应

C. 感觉的相互作用　　　　　　　　　D. 感觉的后效

3. 同一感受器受不同刺激物的作用时，感受性会发生变化，这一现象称为（   ）。

A. 感觉对比　　　　　　　　　　　　B. 感觉融合

C. 感觉适应　　　　　　　　　　　　D. 联觉

4. 3岁幼儿自己活动时顾及不到别人，只能自己单独玩，这是因为（   ）。

A. 游戏水平差　　　　　　　　　　　B. 注意分配能力差

C. 喜欢自己一个人玩　　　　　　　　D. 与教师的教育有关

5. 注意的两个最基本的特性是（   ）。

A. 指向性与选择性　　　　　　　　　B. 指向性与集中性

C. 指向性与分散性　　　　　　　　　D. 集中性与紧张性

二、简答题

1. 简述幼儿观察力发展的特点。

2. 简述学前儿童理解能力的发展。

第二节　学前儿童身体的发展

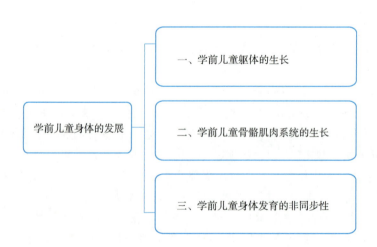

案例：余飞的不同表现

余飞，男，6岁，幼儿园大班学生。他不喜欢上幼儿园，尤其不喜欢集体教育活动，对集体教育活动有着强烈的厌倦和恐惧。每天早晨去幼儿园时，他总是磨磨蹭蹭，情绪低落。他有点自卑，在选值日生时，他也很想被选上，当最后的结果不能如愿时，他就特别失望，而且像大人似地唉声叹气："我就知道我选不上，反正我也不想当"。

他非常爱哭，让他洗脸刷牙要哭，与他说话时声音过高也要哭，不给他买喜欢的东西更是会让他在地上边打滚边哭，只要哭起来，他就全然不顾场合。可以说他生活中每件不如意的事情都能让他哭个不停。

他的脾气非常暴躁，稍不顺心就打人。但有时又显得非常懦弱，如果大人骂他，他就会躲在角落里不敢出来。

除了不喜欢参加幼儿园的集体教学活动外，他对其他活动都很感兴趣，也可以做得很好。他是自家所在大院内所有小朋友的滑冰"总教练"，也是组装赛车的高手，只要是他感兴趣的东西，他就学得很快。

儿童在不同的时间、地点和条件下，其身心状态是不同的。这就需要教师善于从幼儿的细微表现中洞察其内心世界，从而进行有针对性的教育。因此，幼儿教师应该具有敏锐细致的观察，灵活的思维，随机应变，因势利导。在教育教学过程中既能注意自己的活动，又能注意幼儿的各种情况，评估幼儿的发展，区别对待，灵活处理。

学前儿童的身体发展为其以后各方面的发展提供了物质基础，学前儿童身体的发展包括以下三个方面。

一、学前儿童躯体的生长

婴儿期是人的身体增长最快的时期。进入学前期后儿童生长的速度相对减缓。学前儿童身体的生长表现在身体各部分比例的急剧变化上。例如，2岁儿童的头比较大，腿比较短，给人以头重脚轻的感觉。随着年龄的增长，儿童的"婴儿肥"逐渐消失，脊椎骨逐渐拉直，身体躯干变大以适应内脏器官的变化。在学前期，儿童的体形呈流线型，身材苗条且双腿比较长，身体整体比例接近成人。

二、学前儿童骨骼肌肉系统的生长

微课5-2
骨骼的生长周期

骨骼系统的发育从胎儿期一直持续到青春期。在学前期，儿童的骨骼发育逐渐成熟，软骨比早期更快地骨化，骨骼也逐渐坚硬。2~6岁，在骨头的两端大约形成45个新骨骺（骨骺是一种软骨组织）。其余的骨骺出现在童年中期。身体各部位的骨骼的生长具有差异性：头盖骨和手部骨骼最先成熟，腿骨到青春后期才能成熟。通过X射线照射手骨或腕骨，医生观察到骨骺便能判断骨龄或者骨头的成熟度。骨龄是骨骼发育成熟程度的一个最好的指标。对儿童早期和中期骨龄的判断，有助于诊断儿童骨骼发育是否协调。研究发现，女孩比男孩的骨骼成熟时间更早。

牙齿的发育是骨骼系统发育的另一个重要指标。学前期是儿童乳牙和恒牙交换的时期。3~4 岁，儿童的乳牙出齐，能够咀嚼任何想吃的东西。约 6 岁开始掉乳牙，进行换牙。影响儿童换牙的因素主要包括：身体的成熟程度，如女孩比男孩成熟得早，女孩会比男孩换牙早；遗传基因；环境因素，如儿童长期营养不良会推迟换牙时间。对乳牙的保健有利于恒牙的生长，因此应教育幼儿养成刷牙的习惯，少吃甜食，注意卫生。定期做牙齿检查能够有效预防蛀牙的产生。

三、学前儿童身体发育的非同步性

儿童身体的外部形态和内部器官的发展在小学阶段遵循相似的发展规律：儿童早期迎来第一个身体快速发展期，儿童中晚期发展速度变缓，青春期迎来另一个快速发展期。不同的身体部位，发展的速度有其独特的发展变化曲线，因此，身体的发展具有不同步性。

对儿童身体发育的评估，还应考虑到他们的背景和生活条件。在相同的条件下对儿童的测评结果进行比较，这样的评价才有真正的意义。

 知识拓展

下定义是概念掌握的表现之一。北京师范大学教授陈帼眉等曾用要求学前儿童下定义的方法研究 3~7 岁学前儿童对实物概念的掌握，研究方法是要求学前儿童对 5 个具体的名词（灯、鱼、鸟、公因、武器）做解释。结果发现，学前儿童对事物概念所下的定义可以分为 7 种类型。

（1）不会说。学前儿童不说话或表示不会。

（2）同义反复。例如，要求学前儿童说出"什么是灯"时，他会说"灯灯"或是"大灯"。

（3）举出实例。例如，解释"灯"时，他们会说"红灯""绿灯""亮灯"。

（4）说出一般性的非本质特征。例如，"灯"是"长的"，"鱼"是"黑色的"。

（5）说出重要特征。例如，灯是"屋顶上挂的""在墙上排列的""一个圆的玻璃，里面特别亮"。

（6）说出功用或习性。例如，灯是"照亮的""能发光的"，鱼是"给人吃的""在水里游的"。

（7）说出初步概念。例如，灯是"给人照亮的东西""有电、有用的东西"，鱼是"一种水里的动物"，鸟是"一种飞禽"等。

从幼儿期儿童对实物概念掌握的趋势来看，下定义的水平随着他们年龄的增长而有所提高。但对具体名词的解释集中于具体特征水平，不会说或不会解释词的人数在 4 岁所占的比例较大，4~5 岁以后有所降低，5 岁以后明显降低，能够说出初步概念的人数则在 5 岁以后明显增加。

 习题

一、选择题

1. 布里奇斯认为 3 个月后，婴儿的情绪分化为（   ）。

A. 快乐和愤怒   B. 快乐和厌恶

C. 快乐和恐惧   D. 快乐和痛苦

2. 当孩子情绪十分激动，又哭又闹时，有经验的幼儿教师和父母常采取暂时置之不理的办法，结果孩子会慢慢自己停止哭闹，这种帮助孩子控制情绪的方法是（ ）。

A. 转移法   B. 自我说服法

C. 反思法   D. 冷却法

3. 行为主义创始人华生指出，人天生的情绪反应有（ ）。

A. 2种   B. 3种   C. 4种   D. 5种

4. 幼儿看到故事书中的"坏人"，常会把他抠掉，这说明了幼儿情绪的（ ）。

A. 丰富化   B. 深刻化

C. 稳定性   D. 冲动性

5. 儿童理解语言迅速发展的阶段是（ ）。

A. 0~6个月   B. 6~12个月

C. 1~1.5岁   D. 1.5~2岁

二、简答题

1. 简述学前儿童情绪、情感发展的一般趋势。

2. 简述情绪、情感与幼儿活动的关系。

第三节　学前儿童动作的发展

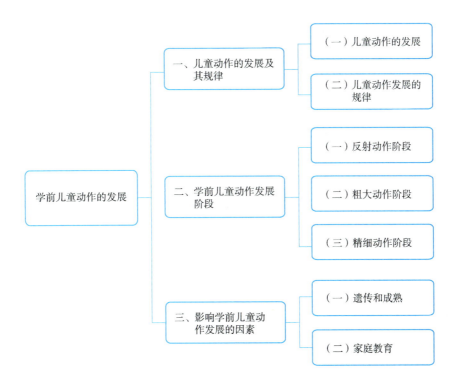

案例：小米出现的问题

小米的妈妈今天早上专程到学校，向小米的班主任请教一个问题。小米从小到现在，不管做什么事都很慢，穿衣服也是如此。今早本来就起得晚了，可小米不仅慢吞吞地吃早餐，而且穿衣服的时候也不知道快一点，仍然和平时一样慢条斯理的，一副你急我不急的样子，气得妈妈直跺脚。妈妈希望小米能改掉这个"臭毛病"，因此，专程来向老师请教对策。

家长的配合是了解幼儿、促进幼儿健康发展和提高教育效果的重要条件。作为教师要尊重家长，理解他们对子女的关心和期望，帮助他们了解幼儿园对孩子实施的教育要求和内容。争取家长更好的配合，积极参与幼儿园的各项工作。同时，要为排解家长后顾之忧做一些力所能及的事情。

一、儿童动作的发展及其规律

微课 5-3
儿童动作的发展

（一）儿童动作的发展

人是一种高级的社会动物，其动作发展不同于自然界的其他动物的发展。人的动作是由高级神经系统支配的，这一生理基础同时也是人的心理发展的基础。幼儿虽然弱小，但是有着强大的发展潜力，动作的发展虽然出现得比较晚，但是一旦时机成熟便能够快速地发展。幼儿出生要经过1~2年的时间才能够行走自如，这一过程要经历学习抬头、翻身、坐、爬、站立等动作。婴儿动作发展有其独特性，如动物刚出生时都不能睁眼睛，但是婴儿刚出生便能够睁眼观察周围的环境。随着幼儿身体的增长，中枢神经系统不断成熟，幼儿的动作范围更为广泛，动作也更为熟练，在此过程中，幼儿不断调整自己的动作，以适应环境的要求。

（二）儿童动作发展的规律

儿童的动作发展有其客观规律。学前儿童的动作发展遵循如下客观规律。

1. 整局规律

儿童早期的动作具有弥散性、笼统性和全身性，随着年龄增长，儿童的动作开始向局部化、精确化和专门化发展。在婴儿早期，碰到儿童的脚心，儿童整个身体都会动；在幼儿期，儿童学习写字时，除了手动，身体也会有节奏地运动。年龄大一点的儿童能很端正地坐好，并很好地完成任务。

2. 首尾规律

儿童的动作发展遵循首尾原则，即头、颈、上端的动作的发展要先于下端动作的发展。儿童离头部比较近的部位先学会运动，儿童运动的顺序是先学会抬头，然后俯撑、翻身、坐、爬，最后才学会站立和行走。

3. 近远规律

儿童这一动作的发展规律表现为动作先从头部和躯干开始，然后双臂和腿的动作发展，最后才是手的动作发展。这一发展顺序表现为以头和脊椎为中心，向身体四周和边缘有规律地发展。

4. 大小规律

动作分为大动作和精细动作。儿童动作发展的最初表现为大动作逐渐转向精细动作。在大动作的基础上，儿童动作的力量、速度、稳定性、灵活性和协调性都会有很重要的变化。例如，扔给儿童一只球，刚开始儿童靠手臂接球，这时动作不准确接不住球，后来儿童就能够用手准确地接住球。这就是动作从不精确的大动作向精确的小动作发展的"大小原则"。

5. 无有规律

动作的发展遵循从无到有的原则，刚开始儿童的动作是无意识的，随着年龄的发展，儿童逐渐有意识地、在某种目标支配下完成特定的动作。例如，刚开始婴儿不论拿到什么都会往嘴里放，但是长大一点，他们就会将自己喜欢吃的东西放进嘴里。学前儿童最初从无意向有意动作发展，以后便从无意为主向有意为主的动作发展。

二、学前儿童动作发展阶段

学前儿童动作发展主要经历三个阶段，分别是反射动作阶段、粗大动作阶段和精细动作阶段。粗大动作和精细动作又称为基础动作。基础动作的发展模式有三种：基础位移动作，如走、跑、跳等；基础操作性动作，如投掷、接住、踢等；基础稳定性动作，如走线、走平衡木和扭动身体等。

（一）反射动作阶段

婴儿最初的运动技能是反射，即对特定刺激的非自发的天生的反应。婴儿的有些反射活动对生命活动有着重要意义，能够一直保持下去，如呼吸反射、维持体温恒定反射以及进食和眨眼反射。另外一些对生命活动意义不大，如游泳反射、巴宾斯基反射、抓握反射等，出生几个月后会自动消失。但是这些反射活动，为未来的动作和运动能力提供了准备条件。

（二）粗大动作阶段

粗大动作技能是指幼儿有意识地调整身体、产生大动作的身体能力。幼儿阶段，儿童的粗大运动技能，如跑、爬、跳跃等技能都有非常大的进步，得益于幼儿大肌肉的发展和大脑皮层感知觉和运动区域的发展。幼儿的身体运动能力更具有协调性。骨骼、肌肉的强壮为儿童的大运动的发展提供了良好的生理基础。幼儿大动作的发展表现在坐、走和爬等能力的发展上。下面是幼儿粗大动作发展的时间表。

2~3岁：走路富有节奏；由疾走变为小跑；做跃起、向前跳跃和接物等上身动作较为僵硬；能边走边推玩具小车，但经常把握不住方向。

3~4岁：能双脚交替上楼，但下楼需要单脚引导；当向前、向上跳跃时身体略显灵活；有点依赖上身做接物和扔物等动作，仍然需要依靠胸部才能接住一个球；双手能扶住车把，踩三轮车。

4~5岁：能够双脚交替下楼；跑得很快很稳；能用单足飞快地跳跃；能依靠躯体的转动和改变双脚的重心去扔球；仅依靠双手能接住球；能飞快地踩三轮小车，方向把握也很稳。

5~6岁：奔跑的速度越来越快；飞跑时很稳；能够做到真正的跳跃动作；表现成熟的扔球和接物动作模式；能踩带有训练轮子的自行车。

精细运动技能，如扣扣子和绘画，这涉及儿童的手眼协调和小肌肉的协调控制能力。儿童把沙子堆成房子等建筑物，能够剪纸、画画，开始自己穿衣、吃饭；舌头、下颌、嘴唇的运动，都是精细动作。

（三）精细动作阶段

如大动作一样，精细动作也有其发展过程，下面是幼儿精细动作发展的时间表。

2~3岁：能做简单的穿衣和脱衣动作；会拉开和拉上大的衣服拉链；能成功地用小匙吃饭。

3~4岁：会扣上和解开衣服的大扣子；已学会自己吃饭；还会使用剪刀；会模仿画出垂直的线段和圆圈；开始会画人，但是蝌蚪式的人。

4~5岁：能用剪刀按直线剪东西；能模仿画出矩形、十字形；会写字母。外国的孩子能成功使用叉子吃饭。

5~6岁：会系鞋带；画人能够画出六个部分（头、躯干、腿、双手和双脚）；能模仿写出数字和笔画简单的字。

精细动作的发展，使儿童的生活领域扩大了，能独立完成一些事情，如自己吃饭、穿衣等。这些活动的成功增强了儿童的自信心，自信心的增强又可以促使儿童进一步练习。

三、影响学前儿童动作发展的因素

活动探索是人们认识周围世界的一个重要途径。幼儿期，儿童思维发展处于感知运动阶段，儿童要通过动作与周围世界互动。动作发展在个体的早期心理发展中起着非常重要的建构性作用，它使得个体能够积极地建构和参与自身的发展。由于个体和环境的复杂性，影响学前儿童动作发展的因素也是多方面的，包括遗传和成熟、家庭教育等。

（一）遗传和成熟

遗传因素对儿童动作的发展起着非常重要的作用，身体素质的发展是以遗传因素为基础的。不同身体素质的儿童的动作发展是不同步的，如身体健壮的儿童的动作发展要早于瘦弱的儿童。同时，动作的发展存在性别差异，男孩在跳、跑和投掷等需要力气的动作上发展要比女孩早；但是在另一些强调协调性和精细动作上，如跳绳、剪纸等，女孩的表现要好于男孩。这可以用来解释，女孩整体的平衡协调性发展高于男孩，而男孩的肌肉发展要好于女孩这一现象。

（二）家庭教育

幼儿期，父母的态度和期望对儿童动作发展的影响比较深远。有些父母急于求成，经常批评孩子的运动或者动作的表现，可能会打击孩子的自尊心，阻碍孩子的动作发展。父母根据自己的意愿，要求孩子学习一些特殊的动作技能，或者强迫纠正孩子一些动作行为，这些都可能引起孩子的反感，从而挫败孩子探索新动作的积极性。针对这些情况，作为家长或者监护人，应该多了解孩子的天性，让他们喜爱运动的天性得到积极展现。父母应根据孩子的发展要求，适时提供一些安全的环境和工具，让他们根据自己的意愿去玩耍，练习使用各种物体。

 **知识拓展**

学前儿童动作发展特点

儿童的动作发展是在大脑和神经系统、骨骼肌肉控制下进行的。因此儿童的动作发展和儿童的身体发展，大脑和神经系统的发展密切相关。儿童的动作发展有以下特点：

（1）从上至下。儿童最早发展的动作是头部动作，其次是躯干动作，最后是脚的动作。任何一个儿童的动作发展总是沿着抬头—翻身—坐—爬—站—行走的方向成熟。

（2）由远而近。发展从身体的中部开始，越接近躯干部位的动作发展越早，而远离身体躯干的肢端动作发展较迟。

（3）由粗到细（由大到小）。大肌肉、大幅度的粗动作先发展，小肌肉的精细动作随后发展。随着神经系统和肌肉的发育，儿童开始学会控制身体各部位的小肌肉的动作。

 **习 题**

一、选择题

1. 下列关于幼儿兴趣发展的特点的说法不正确的是（ ）。
   A. 幼儿兴趣比较广泛　　　　　　　　B. 幼儿兴趣比较肤浅、容易变化
   C. 幼儿以间接兴趣为主　　　　　　　D. 幼儿兴趣可能表现出不良的指向性

2. 有许多孪生兄弟、姐妹，虽然外貌非常像，但只要细心观察他们的言谈举止可以很快看出他们的不同，这反映了个性具有（ ）。
   A. 独特性　　　　B. 整体性　　　　C. 稳定性　　　　D. 社会性

3. 好奇好问、活泼好动是幼儿（ ）。
   A. 气质特征的表现　　　　　　　　　B. 能力特征的表现
   C. 性格特征的表现　　　　　　　　　D. 思维特征的表现

4. 独立性的出现是（ ）心理现象开始产生的明显表现。
   A. 社会性　　　　B. 自我意识　　　　C. 情绪　　　　D. 意志

5. 孩子能知道"我"和他人的区别是（ ）。
   A. 产生自我意识的表现　　　　　　　B. 辨别能力发展的表现
   C. 思维真正产生的表现新阶段的标志　　D. 智力发展进入新阶段标志

二、简答题

1. 简述学前儿童性别概念形成包括的内容。
2. 简述托马斯婴儿气质分类及其特征。

第 六 章

学前儿童注意和感知觉的发展

 **教学计划**

一、教学目标

（一）知识目标

1. 了解学前儿童注意和感知觉的发展。
2. 掌握学前儿童注意的发展、学前儿童感知觉的发展。
3. 了解并掌握引起儿童分心的主要原因、如何防止儿童注意力分散。

（二）素质目标

1. 培养学生在生活中能够积极地运用感知觉去认识周围的事物的能力。
2. 体会有趣的心理现象，培养学生对心理学的兴趣。

二、课程设置

本章共 7 节课程，课内教学总学时为 14 学时。

三、教学形式

面授，课件。

四、教学环节

1. 组织教学：在新课标中，进行备课。因材施教，了解班上每一个学生的性格、爱好、学习情况。
2. 导入新课：采用图片、音乐、游戏等形式进行课堂导入，吸引学生注意力。
3. 讲授新课：在导入后，对新知识进行讲解，并掌握课堂重难点。
4. 巩固新课：了解学生掌握情况，并按掌握情况及时调整教学。

第一节　注意在学前儿童发展中的意义

 案例：委屈的乐乐

> 乐乐正在家里聚精会神地看着图画书时，家里来了一位妈妈的朋友。妈妈很热心地招待这位阿姨。妈妈走到乐乐旁边说："问阿姨好！"但是乐乐没有反应，仍然盯着手里的图书。妈妈把音量提高说："乐乐，问阿姨好！"乐乐抬了一下头，心不在焉地说："阿姨好！"但妈妈还是不满意地说："乐乐，你怎么这么没礼貌，下次你再不懂礼貌，我以后再也不买书给你看！"这时，乐乐已不能集中注意看书了，先前专注的神情变成了沮丧。

首先，注意使儿童从周围环境中获得更清晰、更丰富的信息。

其次，注意是儿童活动成功的必要条件。任何成功的活动都需要一些基本条件，如知识经验的准备程度、相应能力的发展水平等。此外，还需要一种"精神上"的准备和坚持到底的品质。注意在活动中的作用主要在提供这些方面的条件：活动前，注意可以"激活"儿童的意识，使之进入活动的准备状态；活动中，注意可以保持"警觉"，使精力始终指向活动任务，加强与完成任务有关的行动的力量。大量调查表明，幼儿乃至小学阶段，在学习以及其他一些活动中，经常取得成功的，不见得都是智商很高的儿童，往往是注意力发展水平较好的儿童。对少年大学生的追踪研究也发现，这些"超常"少年的超人之处，往往在于他们从小就有超常的注意力。

因此，从小培养儿童的注意力非常重要。良好的注意力会给儿童的认知能力插上一对有力的翅膀，帮助他们在信息花园的上空飞翔。

 习　题

一、选择题

1. 注意的两个主要特点是（　　　）。

A. 指向性和集中性　　　　　　　　B. 鲜明性和选择性

C. 清晰性和指向性　　　　　　　　D. 清晰性和集中性

2. "聚精会神""仔细"主要描绘的是注意的（　　　）特点。

A. 指向性　　　　B. 集中性　　　　C. 清晰性　　　　D. 鲜明性

3. 注意使学前儿童对环境中的各种刺激反应不一，总是舍弃一些信息。这是注意的（　　　）功能。

A. 调节　　　　　　B. 整合　　　　　　C. 维持　　　　　　D. 选择

4. 人在高度集中自己的注意时，注意指向的范围就（　　　）。

A. 不变　　　　　B. 扩大　　　　　C. 缩小　　　　　D. 以上都有可能

5. 学前儿童一进商场就被漂亮的玩具吸引，学前儿童在这一刻出现的心理现象是（　　）。

A. 注意　　　　　　B. 想象　　　　　　C. 需要　　　　　　D. 思维

二、简答题

1. 简述注意在学前儿童心理发展中的作用。

2. 简述注意的发展对儿童成长的意义。

第二节　学前儿童注意的发展

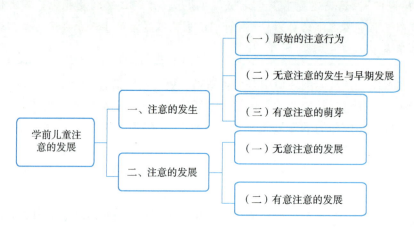

 **案例：两只蝴蝶**

> 在一次数学活动中，老师指着挂图问小朋友："大家看，花丛中有两只蝴蝶，从远处又飞来两只（老师又拿出两只蝴蝶），现在花丛中有几只蝴蝶了？"一位小朋友说："老师，我还捉过蝴蝶呢！"另一位小朋友说："老师，我也捉过。在公园，为什么有好多蝴蝶呢！"于是，小朋友们答非所问地都说起蝴蝶来了。
>
> 由于儿童认识世界的欲望强烈，所以有提不完的问题，希望在教师那里得到解答。这就需要教师有渊博的知识，能深入浅出地教孩子正确认识生活中的一些现象和知识，能回答孩子们的种种问题，能有效地发展幼儿的智力。教师比从事其他职业的人更要不断地充实自己，不断更新自己的知识，有更多方面的爱好和才能。

一、注意的发生

（一）原始的注意行为

新生儿有一种无条件反射，大的声音会使他们暂停吸吮及手脚的动作；明亮的物体会引起他们视线的片刻停留。这种无条件定向反射可以说是原始的注意行为。

（二）无意注意的发生与早期发展

出生两三周，新生儿出现了明显的视觉集中和听觉集中现象。他们已能注视出现在视野中的物体，如果物体作缓慢运动，他们的视线也会随之移动，双眼运动不协调的现象基本消失。一种声音传来，他们不仅会中止正在进行的活动（如哭等），而且会侧耳倾听，直到声音消失。一般认为，这时注意已出现了。

随着年龄增长，婴儿的无意注意逐渐发展，稳定性、持久性都有所增加，但此时最主要的发展表现在偏好性质的变化上。

第一，婴儿越来越偏好较复杂的物体和立体物体。

第二，婴儿越来越关注与自己的经验有关的事物。

第三，婴儿越来越喜欢与成人交往。

新生儿已表现出对人脸和语音的偏好。在生长过程中，婴儿越来越体验到成人是自己生理需要和情绪需要的满足者，因而越来越注意成人的活动，越来越喜欢与成人交往。1 岁左右，婴儿对成人的言语表现出极大兴趣，并开始学习语言。

（三）有意注意的萌芽

随着年龄的增长，儿童注意逐渐带有预期性。研究发现，新生儿不会追踪、寻找在他们的视线下消失的物体，七八个月后，能够注视物体被藏匿的地方，甚至能把它找出来。用视线引导寻找的动作，说明儿童的注意已带有预期性。

预期性的出现，使儿童的无意注意开始带有某种目的性的萌芽；而在与成人的社会交往中对言语的掌握和使用，使他们逐渐产生了有意注意。儿童有意注意的形成大致经过三个阶段：

第一阶段，儿童的注意由成人的言语指令引起和调节。婴儿出生七八个月以后，成人常常自觉或不自觉地用言语引导儿童的注意，如"宝宝，看！灯！""宝宝，听！什么响了！"一边说一边用手指向灯或某处。成人用言语给儿童提出注意的任务，使之具有外加的目的。这时，儿童的注意就不再完全是无意的了，而开始具有有意性的色彩。

第二阶段，儿童通过自言自语控制和调节自己的行为。掌握言语之后，儿童常常一边做事（游戏或绘画等），一边自言自语："我得先找一块三角积木当屋顶""可别忘了画小猫的胡子……"在这种情况下，儿童已能自觉地运用言语使注意集中在与当前任务有关的事物上。

第三阶段，运用内部言语指令控制、调节行为。随着内部言语的形成，儿童学会了自己确定行动目的、制订行动计划，使自己的注意主动集中在与活动任务有关的事物上，并能排除干扰，保持稳定的注意。这已是高级水平的有意注意。

可见，有意注意是在无意注意的基础上产生的，是人类社会交往的产物，是和儿童言语的发展分不开的。

二、注意的发展

（一）无意注意的发展

无意注意也称为不随意注意。它既无预定目的，也不需要意志努力。例

微课 6-1
注意的分类

如，正在上课时，窗外突然有人大叫一声，大家便不由自主地向外看去，这就是无意注意。无意注意是被动的，是对环境变化的应答性反应。

1. 引起无意注意的原因

引起无意注意的原因主要有以下两类。

（1）刺激物本身的特点。刺激物的新异性即异乎寻常性，是引起无意注意的最重要原因。例如，偏僻山村出现了一位西装革履的陌生人自然会引起全村人的注意；教室墙上新贴的漫画也能牵动大家的视线。

对象的运动：在静止的背景上，各种运动着的物体容易引起人们的无意注意。例如，飞鸟、流星、一闪一闪的霓虹灯都容易吸引人们。

（2）人本身的状态。无意注意不仅由外界刺激物被动地引起，而且和人的自身状态（需要、兴趣、经验等）有密切关系。自身状态不同，对同样的刺激注意的情况也可能不一样。例如，收音机里传来球赛实况转播声，有些行人（球迷）的腿就像被绳子系住，走不动了，而有些人却置若罔闻。走进百货商场，姑娘们的眼光可能被琳琅满目的时装和装饰品吸引，儿童则更注意糖果和玩具。可见，刺激与人的关系，或者说刺激对人的意义也是引起无意注意的重要条件。

无意注意可帮助人们对新异事物进行定向，使人们获得对事物的清晰认识，但也能干扰人们正在进行的活动，因此，既有积极作用，也有消极作用。

2. 儿童无意注意的特点

儿童的注意基本都是无意注意。儿童对急剧变化的外部刺激最易产生注意，那些发光的、运动的、鲜艳的物体容易吸引他们的注意。另外，与生存有关的、能满足他们的生理需要的事物也易引起儿童注意。

先学前期，儿童逐渐学会独立行走、操作和摆弄物体，他们探索世界的兴趣更浓了，而探索活动要靠注意引起和维持，也促进了注意的发展。儿童以无意注意为主，但注意的范围有所扩大，注意的稳定性也有所增长，周围环境中更多的事物能引起他们的注意（如玩具、电视、故事等），注意一事物的时间也逐渐延长。据天津和平保育院调查，对有兴趣的事物，1 岁半的儿童只能集中注意 5~8 分钟，2 岁能集中注意 10~12 分钟，2 岁半则能达到 10~20 分钟。

儿童的无意注意相当发达。凡是鲜明、生动、直观、形象、活动、多变的事物以及与他们的经验有关、符合他们兴趣的事物，都能引起他们的无意注意。由于各年龄班儿童的生理、心理发展以及所受教育等方面的差异，其无意注意也表现出不同的特点。

小班儿童的无意注意明显占优势，新异、强烈以及活动多变的事物很容易引起他们的注意。他们对于自己喜爱的游戏和感兴趣的活动可以聚精会神，但周围一有风吹草动就会受干扰而分散注意，因而也很容易被教师引导、转移注意。

中班儿童认识的兴趣更广，什么都想看看摸摸，什么问题都想问。也就是说，注意的范围更加扩大。他们对于自己感兴趣的活动（如游戏等）能够较长时间保持注意，而且集中的程度很高，被一件事情吸引时甚至对别的都置若罔闻。

大班儿童的无意注意进一步发展。对于感兴趣的活动能集中注意更长的时间，中途无端中止或干扰他们的活动，会引起不满和反抗。大班儿童关注的已不仅仅是事物的表面特征，他们的注意开始指向事物的内在联系和因果关系。注意的这种变化与其认识的深化有关。

儿童仍是无意注意占优势，教育教学中要充分考虑这一特点。

（二）有意注意的发展

有意注意是指有预定目的，需要一定意志努力的注意，是注意的一种积极、主动的形式。它服从于一定的活动任务，并受人的意识的自觉调节和支配。例如，正在听课，忽然从窗外传来一阵动听的歌声，学生可能不由自主地倾听歌声，这是无意注意；但由于学生认识到学习的重要，因而迫使自己把注意力集中在听课上，这就是有意注意了。

1. 引起有意注意的因素

有意注意依赖于很多因素，最主要的有以下几种：

（1）活动目的与任务的明确性。有意注意是一种有预定目的的注意。目的越明确、越具体，有意注意就越容易引起和维持。例如，考试之前的辅导课，学生听得最专心，甚至一字不漏。这是因为此时听课的目的最具体、最明确。

（2）对活动结果的兴趣。兴趣是引起注意的主观条件。兴趣可以分为两种：直接兴趣和间接兴趣。对事物本身和活动过程的兴趣是直接兴趣，而对活动目的和结果的兴趣是间接兴趣。直接兴趣在无意注意的产生中有重要作用，间接兴趣则与有意注意有关。例如，一部惊险的侦探小说会使人们爱不释手，恨不得一口气读完，这是直接兴趣引起的无意注意；背外语单词虽然枯燥无味，但由于人们认识到掌握外语的重要意义，因此凭着一种意志的力量，刻苦攻读，这是对活动结果的兴趣——间接兴趣引起和维持的有意注意。

（3）活动组织的合理性。活动组织得是否合理也影响有意注意的情况。比如，一日生活是否有规律。养成良好生活习惯的人，在需要的时候就能集中精力，全神贯注地工作或学习；生活无规律，整天处于忙乱状态，必要时也难组织自己的有意注意。再如，不同性质的活动搭配得是否合适。上完两节体育课再坐下来学古文，十有八九要走神儿；两小时紧张的脑力劳动之后，散散步，做做操，又可以精力充沛地工作或学习。另外，智力活动与实际操作活动结合起来有利于维持注意。比如，阅读时，尤其是阅读难懂的文章时，适当做些笔记，可以帮助人长时间把注意集中在读书上。

（4）与已有知识经验的关系。新刺激与人们已有知识经验的关系对有意注意也有重要影响。新刺激与已有知识经验差异太小，人们无须特别进行智力加工就能掌握它，因而也不需集中注意；反之，如果差异太大，人们即使积极开动脑筋运用已有知识经验，也无法理解它，注意也就很难维持下去。比如，听报告的内容早已熟悉，自然不会集中注意于它；但如果报告的内容太陌生，像听"天书"一样不知所云，要维持注意也非常困难。

（5）良好的意志品质。有意注意是需要意志努力来维持的，因此，它依赖于人的意志品质。意志坚强的人能主动调节自己的注意，使之服从活动目的和任务；意志薄弱者则很难排除干扰，因而也不可能有良好的有意注意。有意注意是从事任何有目的的活动所必需的。

2. 儿童有意注意的特点

婴儿末期或先学前初期，随着儿童活动能力及言语理解能力的发展，成人开始要求他们做一些力所能及的事（如让他们取某件东西等），在完成任务的过程中，儿童必须使自己的注意服从于所要完成的任务。这样，有意注意就开始萌芽了。

先学前期，有意注意发展得比较缓慢。只有在成人提出非常具体的任务时，儿童才能将注意集中于有关对象，而且极易分心。对稍复杂些的任务，必须要成人用言语不断提醒、督促，才能排除干扰，完成任务。

有意注意是由脑的高级部位，特别是额叶控制的。额叶的发展比脑的其他部位慢。儿童期，额叶有了一定的发展，这就为有意注意的发展提供了生理条件，儿童的有意注意逐渐形成和发展起来。尤其是，幼儿园有规律的生活和教育环境、成人的教育要求直接促进了有意注意的形成和发展。

小班儿童有意注意的水平仍然很低，即使在良好的教育条件下，一般也只能集中注意3~5分钟。

在正确的教育条件下，中班儿童的有意注意有了一定发展。在无干扰情况下，集中注意的时间可达10分钟左右。

大班儿童的有意注意有了一定的稳定性和自觉性，注意集中的时间可延长到15分钟左右。他们不仅能根据成人提出的比较概括的要求去组织自己的注意，有时也能自己确定任务，自觉地调节（用自言自语或内部言语）自己的心理活动和行为，使之服从任务。

总的来说，幼儿的有意注意尚处在初步形成时期，其发展水平大大低于无意注意。因而，在幼儿园教育教学中，一方面应充分利用儿童的无意注意；另一方面要努力培养其有意注意。

以上所讲是儿童注意发展的一般情况和基本特点，即年龄特征。但儿童的心理发展是存在个别差异的，在注意方面个别差异更为明显。对于那些注意力发展水平较差的儿童，成人应格外注意引导、培养。

 知识拓展

培养学前儿童的有意注意

实践活动课上，小朋友们都在自由地玩玩具。

罗老师对正在玩积木的晓彬说："晓彬，老师想要一座4层高的楼房，好吗？注意，是4层楼哦！"

看到彤彤在玩串珠游戏，罗老师走过去对她说："彤彤，老师想要一串红色和黄色间隔排列的项链，你帮老师穿一串吧，看你能串多长！"

孩子们都兴致高昂地按照教师的要求完成了他们的作品。

积木游戏中教师巧妙地把数字概念渗透到游戏中，有目的地训练了孩子的有意注意；串珠游戏中，教师既发展了彤彤的精细动作，又培养了她的有意注意，还把数学思维和计数能力融入游戏中。

 习 题

一、选择题

1. 以下不属于注意基本特点的是（　　　）。

A. 指向性　　　　　B. 客观性　　　　　C. 集中性　　　　　D. 非独立性

2. 幼儿注意发展的特点之一是（　　　）。

A. 无意注意占优势　　　　　　　　B. 有意注意占优势

C. 两者都占优势　　　　　　　　　D. 两者都不占优势

3. 某小朋友在语言活动中，一直认真、完整地听完了老师讲的故事。这说明该小朋友具有（　　）。

  A. 注意的选择性   B. 注意的范围

  C. 注意的稳定性   D. 注意的分配

4. "一目十行"指的是（　　）特征。

  A. 注意的选择性   B. 注意的广度

  C. 注意的稳定性   D. 注意的分配

5. 老师在班上用眼一扫，便知道哪些幼儿在，哪些幼儿不在。这说明这位教师（　　）好。

  A. 注意的广度   B. 注意的转移   C. 注意的稳定   D. 注意的分配

二、简答题

1. 简述幼儿有意注意发现的特点。

2. 简述引发有意注意的因素以及培养幼儿有意注意的方法。

第三节　学前儿童注意分散的原因和防止

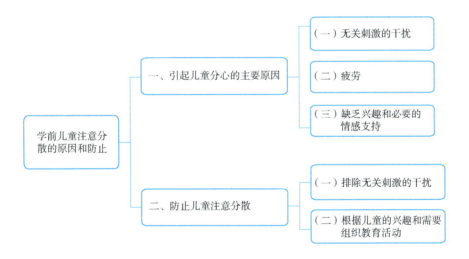

 案例：小蝴蝶的造访

  一天，丁丁在幼儿园听老师讲课，突然有一只蝴蝶飞了进来，丁丁就一直在盯着蝴蝶看，老师叫她，她也不理。后来老师让小朋友们一起看蝴蝶。过了一会，蝴蝶飞走了，小朋友们都很伤心。这时，老师拿出一些玩具，成功地将小朋友们的思绪吸引了回来，然后继续讲课。

  幼儿教师应当具有宽阔、慈爱的心胸，稳定的情绪，丰富的感情，活泼开朗的性格，良好的行为习惯等。幼儿教师在与幼儿交往的过程中所表现出的情感变动直接影响到幼儿的情绪状态。幼儿的情感尚未成熟，过快的情绪转变会对其心灵造成很大的伤害。

由于身心发展水平的限制，一般来说，儿童还不善于控制自己的注意，倘若再加上教育上的疏忽失当，就很容易出现注意分散即分心现象。

为了防止儿童注意分散，应该了解引起分心的原因，对症下药，采取相应的措施加以预防。

一、引起儿童分心的主要原因

微课 6-2
儿童注意分散
的原因和防止

（一）无关刺激的干扰

儿童以无意注意为主。一切新奇、多变的事物都能吸引他们，干扰他们正在进行的活动。例如，活动室的布置过于花哨，更换的次数过于频繁，教学辅助材料过于有趣、繁多，教师的衣着打扮过于新奇，都可能分散儿童的注意。

（二）疲劳

儿童神经系统的耐受力较差，长时间处于紧张状态或从事单调活动，会引起疲劳，降低觉醒水平，从而使注意涣散。引起疲劳的另一个原因是缺乏严格的生活制度。有些家长不重视儿童的作息制度，晚上不督促他们早睡，甚至让他们长时间看电视、玩耍，造成睡眠不足，不能集中精力进行学习活动。

（三）缺乏兴趣和必要的情感支持

兴趣、成功感以及他人的关注等因素可以构成活动的动机。对儿童来讲，这些因素会直接影响活动时的注意状况。活动内容过难，可能会因缺乏理解的基础和获得成功的可能而丧失兴趣和积极性；活动内容过易，也可能会因缺乏新异性、挑战性而减少对他们的吸引力。班额过满，师生之间必要的感情交流太少，儿童可能因得不到教师的关注和情感支持而丧失活动的积极性。

另外，教师对教育过程控制得过多、过死，儿童缺少积极参与和创造性发挥的机会，缺少实际操作的机会，教育过程呆板少变化，活动要求不明确等，都可能涣散儿童的注意力。

二、防止儿童注意分散

对于幼儿园教师来说，防止儿童注意分散，要从以下几个方面考虑。

（一）排除无关刺激的干扰

教室周围的环境尽量保持安静；教室布置应整洁优美，新布置过的教室最好及时组织儿童参观；教具应能密切配合教学，不必过于新奇；出示教具应适时，不用时不摆放在显要的位置上；教师的衣着应朴素大方；个别幼儿注意力不集中时，不要中断教学点名批评，最好稍做暗示，以免干扰全班儿童的活动。

（二）根据儿童的兴趣和需要组织教育活动

幼儿园的教育活动应符合儿童的兴趣和发展需要。活动内容应贴近幼儿的生活，是他们关注和感兴趣的事物；活动方式应尽量"游戏化"，使其在活动过程中有愉快的体验；组织形式应有利于师生之间、伙伴之间的交往；活动过程中要使儿童有一种"主人翁"的自主感，他们会主动活动、动手动脑、积极参与。

总之，儿童的注意需要成人来培养，对此，教育者不可掉以轻心。

 知识拓展

通过以下方式培养儿童良好的注意力：营造安静、简单的环境；养成有规律的生活作息制度；日常生活中有意识地培养孩子注意的品质；激发孩子对活动的兴趣；事先明确活动的目的和要求。

 习 题

一、选择题

1. 天空中过往飞机的轰鸣引起学前儿童的注意，这是（　　）。
A. 有意注意　　　B. 无意注意　　　C. 两者均有　　　D. 选择性注意
2. 学前儿童不受窗外其他孩子玩耍的笑声吸引，努力控制自己，专心做功课，这是（　　）。
A. 有意注意　　　B. 无意注意　　　C. 两者均有　　　D. 选择性注意
3. 学前儿童从事一项活动能够善始善终，说明他的注意具有很好的（　　）。
A. 广度　　　B. 稳定性　　　C. 分配能力　　　D. 范围
4. 学前儿童在绘画时常常顾此失彼，说明学前儿童注意的（　　）。
A. 广度　　　B. 稳定性　　　C. 分配能力　　　D. 范围
5. 注意是感知觉的（　　）。
A. 开端　　　B. 条件　　　C. 发展　　　D. 目的

二、简答题

1. 简述幼儿注意分散的原因。
2. 简述防止幼儿注意分散的方法。

第四节　感知觉在学前儿童心理发展中的意义

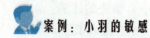

案例：小羽的敏感

小羽是大班的小朋友，平时活泼好动，显得聪明伶俐，然而却有一个让老师和家长头疼的毛病：上课注意力不集中，声音反应迟钝，经常听错老师的话。

进行听辨别力训练，培养儿童倾听的习惯和乐于收听的动机。提高儿童准确辨别相近的声音、语音的能力。丰富儿童听觉的经验、提高听觉的敏感性。例如，在孩子的房间中藏些发声物品，让儿童辨别声源方向并将物品找出来；还可以让儿童听声音找图片。凡是日常生活环境中声音皆可有选择录下来，让儿童辨别，如钟表声、乐器声、交通工具声、人的说话声……儿童倾听的声音多了，也会提高对声音的反应速度。

教师要热爱学前教育事业，具有职业理想，践行社会主义核心价值体系，履行教师职业道德规范；关爱幼儿，尊重幼儿人格，富有爱心、责任心、耐心和细心；为人师表，教书育人，自尊自律，做幼儿健康成长启蒙者和引路人。

一、感知觉是其他认识过程的基础

微课 6-3
感知觉

感知觉是人生最早出现的认识过程，是其他认识过程的基础。

感知觉属于心理活动中较低级的形式。尤其是感觉，它仅仅是身体内部或外部某种刺激的物理或化学的能量直接作用于感觉器官，进而经传入神经系统传递到大脑而产生的一种单一的心理映象。知觉虽然是大脑对体内外多种刺激的综合反映，反映过程也复杂得多（包括对感觉信息进行初步的组织、整合和解释），但在尚未与思维和言语结合之前，仍然属于一种低级心理机能。低级心理机能的产生和成熟在很大程度上受遗传规律制约。新生儿出生后具有比较完备的感觉器官和成熟程度相对较高的神经系统，从而使他们的感觉和知觉能力出现得最早，发展得最快。新生儿先天具有的各种无条件反射就是其感觉能力的明证。大量研究也表明，许多感知觉在儿童期已接近甚至达到成人的水平。这不仅打通了联系外界环境的道路，也直接或间接地为其他认识过程（如记忆、思维、想象等）的产生和发展奠定了基础。

二、感知觉是婴儿认识世界和自己的基本手段

由于感知觉是人一生中出现得最早、发展得最快的认识过程，因此是婴儿认知结构中最重要的一个组成成分，是他们认识世界和自己的基本手段。

当代心理学在把人认知过程视为一个信息的接受（输入）、编码、储存、提取（输出）和使用的过程的同时，也把它看作是一个由感知（感觉、知觉、注意）、记忆（表象、学习、记忆等）、控制（兴趣、思维、内部言语等）和反应（表情、动作、外部言语等）四个子系统共同组成的整体结构。在不同的年龄阶段，各子系统内部的组成成分也是不一样的，四个子系统之间的相互关系及其在整体结构中的地位也是不一样的。婴儿期，由于思维、言

语（包括外部言语和内部言语）、表象等心理现象还没有出现，控制系统的力量极其微弱，婴儿反应的方式以动作为主。这就决定了婴儿的认知结构只能以感知系统为主，其认识方式也只能是"感知—动作"方式，即依靠感知到的信息对客观刺激做出反应。如果他们不能利用感觉器官直接接触事物，直接获取客观事物本身的视、听、触、嗅、味等各方面的信息，就无法认识它们，也无法在"物—我""人—我"的相互作用和相互比较中了解自己、认识自己。

📦 知识拓展

1954 年加拿大麦吉尔大学的心理学家首先进行了"感觉剥夺"实验：在实验中给被试戴上半透明的护目镜，使其难以产生视觉；用空气调节器发出的单调声音限制其听觉；在手臂上戴上纸板做的套袖和棉手套，用夹板固定腿脚以限制其触觉。

被试单独待在实验室里，几个小时后开始感到恐慌，进而产生幻觉……在实验室连续待了三四天后，被试会产生许多病理心理现象：对外界刺激敏感、出现错觉或幻觉；注意力涣散，思维迟钝；产生紧张、焦虑、恐惧等负面情绪；精神上感到难以忍受的痛苦。这些不良反应在实验后需数日才恢复正常。

这个实验表明：人的成长和成熟是建立在尽可能多地和外界广泛接触的基础上。人们只有更多地感受到并加强和改进与外界的联系，才可能更好地发展。

习 题

一、选择题

1. 儿童方位知觉中掌握的顺序是（   ）。

A. 上下、左右、前后　　　　　　　　B. 左右、前后

C. 上下、左右　　　　　　　　　　　D. 上下、前后、左右

2. 2 岁孩子往往会伸手要求站在楼上的妈妈抱，这说明他的（   ）。

A. 大小知觉发展不足　　　　　　　　B. 形状知觉发展不够

C. 距离知觉发展不足　　　　　　　　D. 想象力不够丰富

3. 治疗弱视的最佳期是（   ）。

A. 1~2 岁　　　　B. 3~5 岁　　　　C. 5~7 岁　　　　D. 12~13 岁

4. 各种色调的细微差别从（   ）开始认识一些混合色开始。

A. 3 岁儿童　　　B. 6 岁儿童　　　C. 5 岁儿童　　　D. 4 岁儿童

5. 经典的"视觉悬崖"测验测查的是（   ）。

A. 时间知觉　　　B. 形状知觉　　　C. 大小知觉　　　D. 距离知觉

二、简答题

1. 简述感知觉在学前儿童心理发展中的意义。

2. 简述感知觉在幼儿心理发展中的作用。

第五节　学前儿童感觉的发展

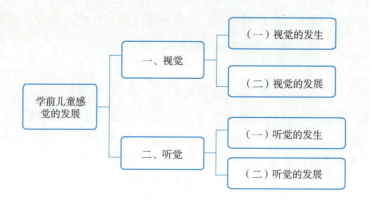

案例：幼儿的行为

> 在一次户外活动中，一名幼儿发现了一只蜗牛，这引起了孩子们的极大兴趣，争着看，七嘴八舌地议论。根据幼儿的这一兴趣点，老师利用问题引导幼儿有目的地观察认识蜗牛，从寻找五官到观察爬，再到蜗牛的食物等，整个活动幼儿始终积极主动、兴趣浓厚。
>
> 教师应以幼儿为本，尊重幼儿权益，以幼儿为主体，充分调动和发挥幼儿的主动性；遵循幼儿身心发展特点和保教活动规律，提供适合的教育，保障幼儿快乐、全面、健康地成长。

一、视　觉

视觉是人最重要的感觉通道。有人估计，约有80%的信息是通过眼睛这个视觉感受器输送给大脑的。对于儿童来说，视觉的作用更巨大。因为成人有时可以单凭语言听觉获取信息，而儿童很难做到这一点，他们对语言信息的接受和理解常需要视觉形象作为支持。

微课 6-4
儿童视觉

（一）视觉的发生

视觉是个体辨别物体的明暗、颜色等特性的感觉。新生儿从呱呱坠地的那一时刻起就能睁开眼睛进行某些视觉活动，从中表现他们的视觉能力。

1. 对光的察觉

新生儿出生后立即就能察觉眼前的亮光，光线适宜时，他们能睁大眼睛四处扫射，似乎在搜寻目标；光线过强时，他们便立即眯起甚至闭上眼睛，像要逃避这令人不快的刺激。许多研究证明，新生儿不仅能察觉亮光，还能区分不同明度的光（表现为瞳孔随光线强度的变化而变化），只是其敏感性远低于成人。出生头两个月，婴儿对光线明度的敏感性发展得很快。

2. 视觉的集中

人若要看清一个物体，首先必须调节自己的双眼视线，使其集中并定位于这个物体，否则就无法获得清晰的视觉形象。

刚出生的婴儿的视觉调节能力还比较差，他们的眼睛好像一架定好焦距的照相机，只有集中，才能较清晰地反映处于某一特定距离范围的物体。据研究证明，这个理想的视刺激位置是距眼睛8英寸处（折合20.3厘米），超出这个距离，无论物体是近还是远，新生儿都只能模模糊糊地感觉它。他们的视觉集中点（焦点）还很难随客体的移动而作出相应改变。

出生两周以后，新生儿开始能够较长时间地集中注视某一客体。视觉集中的距离也随着年龄的增长而逐渐扩大：3个月的婴儿可以注视4~7米处的客体，6个月则可以注视飞鸟、飞机这些远距离的客体。

对光的察觉和视觉的集中是新生儿视觉反应的明显表现，又是今后视觉发展的前提。因此，可以观察新生儿有无对光的感觉和是否会用眼睛追逐灯光或鲜艳物体的移动，判断其视觉反应情况。

（二）视觉的发展

视觉的发展主要表现在两个方面：视敏度和颜色视觉。

1. 视敏度

视敏度是指眼睛精确地辨别细小物体或远距离物体的能力，也就是发觉物体的形状或体积上最小差别的能力，俗称"视力"。

视力主要依靠眼睛内晶状体的变化来调节。晶状体由睫状肌牵动。睫状肌连着睫状小带，把晶状体固定在中间的位置。当睫状肌收缩时，睫状小带的纤维就放松，晶状体的弯度增大，晶状体变厚。当睫状肌松弛时，睫状小带的纤维就拉紧，将晶状体拉薄，成扁平状。看近处物体时，晶状体弯度变大；看远处物体时，晶状体弯度变小。晶状体的这种变化，可使物体在视网膜上形成清晰的影像。

初生时，婴儿晶状体的变形能力很差，因而投射到视网膜上的影像比成人模糊。

3岁以后，儿童用眼看近距离和细小客体（如看电视、小人书、绘画等）的机会越来越多，持续用眼的时间越来越长，近视力（看近处东西和小东西）的负担日益加重。儿童晶状体的弹性又比较大，甚至能够看清距离眼睛仅有5厘米处的物体，他们常常把书或纸放在离眼睛非常近的地方。长此下去，睫状肌长期处于收缩状态，晶状体变凸后不易复原，最后失去调节的灵活性，形成近视眼。

从儿童期就开始注意用眼卫生，保护视力，预防近视，要努力做到以下几点。

（1）家里和幼儿园都要保证儿童看书时有充分的照明。

（2）要使儿童从开始看书和握笔的时候起，就有正确的姿势。

（3）不要让儿童过长时间看小人书和电视。

（4）给儿童看的书、图画和教具，字体形象应该较大而清晰。

（5）要经常检查儿童的视力，发现视力减退的，应及时治疗。

2. 颜色视觉

颜色视觉，俗称辨色力，即区分颜色细微差别的能力。

儿童出生不久就具备了辨别彩色和非彩色的能力。有人进行过这样一项实验：给婴儿看两个颜色不同的圆盘，测量他们定睛注视圆盘的时间，发现 3 个月的婴儿，注视彩色圆盘的时间较长，注视灰色圆盘的时间较短，前者差不多是后者的两倍。这说明，婴儿不仅能辨别彩色和非彩色，而且表现出对彩色的"视觉偏好"。

即使同为彩色，婴儿也能区别它们并表现出对它们的不同"态度"。有一项研究发现，4~8 个月的婴儿最喜欢波长较长的暖色，如红、橙、黄，不喜欢波长较短的冷色，如蓝、紫；喜欢明亮的颜色，不喜欢暗淡的颜色。

对于 1.5 岁以后能够听懂成人语言指示的儿童，可以采用以下几种方法了解他们识别颜色的能力。

（1）配对法。向儿童出示几种颜色的卡片，让他们在许多颜色卡片中选出相同的颜色与其配对。配得正确，就说明儿童已经能够辨认出这种颜色。我国心理学工作者张增慧（1984）用这种方法调查了 1.5 岁、2 岁、2.5 岁和 3 岁儿童的辨色力，发现 2 岁儿童有 30%能够正确识别红、白、黄 3 色，而 2.5 岁的儿童已有 95.8%能够正确识别红、白、黄、黑、绿、紫、蓝、橙 8 种颜色。

（2）指认法。向儿童出示若干颜色卡片。成人说出某种颜色的名称，让儿童根据名称指出或拿出相应的卡片。指对或拿对了，说明他们不仅能辨别这种颜色，而且能听懂（理解）标志该颜色名称的词。

（3）命名法。成人每向儿童出示一张颜色卡片，就请他们说出该颜色的名称。说对了，不仅说明他们能识别这种颜色，还掌握了该颜色的名称。

大量研究结果表明，用这三种方法测查同一批学前儿童颜色认知能力，其结果可能是不一样的，而且，明显表现出某种规律性：配对法的正确率最高，指认法次之，命名法最低。出现这种情况并不难解释：配对法测查的只是儿童的辨色能力（纯色觉）；指认法与命名法不仅测查了儿童的辨色力，还测查了他们对颜色名称（颜色词汇）的掌握情况。其中，指认法测查的是儿童的"消极"颜色词汇（即能理解却不能正确说出的词），命名法测查的则是他们的"积极"颜色词汇（即不仅能理解还能正确说出的词）。

二、听 觉

听觉也是人类极其重要的感觉通道。人们可以借助于听觉所辨别出的声音的特色、强弱、大小、高低来判断发声物体的种类、方向、距离、意义；还可以依靠听觉来欣赏音乐，接受各种渠道传来的口语信息。对于儿童来说听觉还有一种特殊的意义：它是儿童学习语言（口语）的基础。俗话说"十聋九哑"，如果从小听不到别人说话，即使具有健全的发音器官，儿童也是无法学会说话的。

（一）听觉的发生

听觉是个体对声音的高低、强弱、品质等特性的感觉。现代心理学研究发现，不仅新生儿具有明显的听觉能力，就是尚未出生的胎儿，也有明显的听觉反应。

1. 胎儿的听觉反应

许多孕妇报告，自己的胎儿（6 个月以上）常对诸如汽车喇叭声之类的大声响会有某种动作反应，如翻身、踢腿等。

有研究发现，把母亲心脏跳动的声音录下来，经过扩大，当其新生儿烦躁不安或大哭时播放给他们听，新生儿很快就会安静下来。也有研究发现，从7~8个月开始隔日一次对胎儿进行"音乐胎教"，乐曲名称为《彼得和狼》，一直持续到出生。出生后，每当婴儿哭闹时，播放该曲，他们就会变得安详宁静，甚至随着音乐的节奏而有规律地摆动双手。改放其他乐曲，其效果明显差于此曲。这些现象只能有一种解释：胎儿已有了基本的听觉能力，而且有了听觉性记忆。故而在听到母亲的心音和在胎内听惯了的乐曲时，有一种回到自己熟悉的环境的感觉。这些资料为"胎教"理论提供了比较可靠的依据。

2. 新生儿的听觉能力

国内外的研究均已证明，出生第一天的儿童已有了听觉反应。我国的廖德爱、黄建华（1983）对妇产医院42名出生不到24小时的新生儿施以类似蟋蟀叫声的声音刺激，发现约83.3%的儿童能在仅施以1~2次刺激的情况下较迅速地作出反应（头扭动、眼珠转动、睁眼等），其余的新生儿虽然较慢（需3~5次刺激），但都有所反应。

新生儿不仅能听见声音，还能区分声音的高低、强弱、品质和持续时间。有研究发现，出生两天的新生儿已能学会听到"嘀嘀"声向左转头，听到"咔嚓"声向右转头；也有研究发现，女性的声音比男性的声音、连续不断的声音比间断的声音、母亲的声音比其他女性的声音更能对新生儿起到安抚和镇静的作用。

（二）听觉的发展

婴儿不仅能辨别不同的声音，而且表现出对某些声音的"偏爱"——表现为对某些声音能更长时间地注意倾听。研究者发现，1~2个月的婴儿似乎已经偏爱乐音（有规律而且和谐的声音）而不喜欢噪音（杂乱无章的声音）；喜欢听人说话的声音，尤其是母亲说话的声音；2个月以上的婴儿似乎更喜欢优美舒缓的音乐而不喜欢强烈紧张的音乐；7~8个月的婴儿已乐于合着音乐的节拍舞动双臂和身躯；对成人安详、愉快、柔和的语调报以欢愉的表情，而对生硬、呆板、严厉的声音表示烦躁、不安甚至大哭。

儿童听觉的敏感性（听力）随其年龄的增长而不断增强。有报道显示：5~6岁的儿童在55~65厘米距离处能听到钟表的走动声，6~8岁的儿童在100~110厘米处就能听到。另有不少研究表明，儿童的语音听觉和音乐感知能力（对音高、音乐、音调等的听觉辨别能力）与其年龄有正相关，其中，早期的语言及音乐环境对其听力的提高有着积极的促进作用。

研究表明，在12~13岁以前，儿童的听觉敏感性是一直在增长的。成年以后，听力逐渐有所降低。有人发现，20岁以后，年龄每增10岁左右，听力曲线就有较明显的下降。年老时，高频部分的听力（听尖细声音的能力）逐渐丧失。

儿童耳道短，容易患中耳炎，可能导致听力丧失，因此在儿童保健方面应加以注意。

环境的噪声对听觉是有害的。噪声是指那些杂乱无章的、使人烦躁的高音。人最理想的声强环境是15~35分贝。10分贝的声强大约相当于离耳朵两步远的轻声耳语，或微风吹动树叶的沙沙声。大声说话时声强可达60~70分贝。60分贝以上的噪声，就会使人产生不舒服的感觉。如果长期受到80分贝的强烈噪声的持续刺激，人的内耳听觉器官就会发生病变，产生噪声性耳聋，严重的还会使大脑神经受损，影响到心脏和肺等器官的功能。

幼儿园是儿童集中的地方。儿童又非常容易兴奋，许多儿童在一起玩的时候，容易出现大声喧哗的现象。教师应该加强对儿童的教育和组织工作，使儿童都有适当的活动，防止乱叫乱嚷。有条件的话，儿童的自由活动应该多在户外进行。

 **知识拓展**

判断儿童患弱视的十大症状

1. 有畏光现象，在阳光下常把视力不好的眼睛闭上。

2. 眼睛的活动很奇怪，如出现不正常的跳动，这很可能是一种眼球震颤，容易造成视力不良。

3. 有只眼睛偶尔或经常向内或向外偏转。

4. 每次需要用眼时（如看电视），头会出现向某一方向偏转、倾斜，或做出下巴压低、抬高等不良姿势。

5. 眼手协调能力较差，易碰撞或跌倒。

6. 阅读时常看错行，或看书写字时有相反或倒置的现象。

7. 有重影现象（把一物看成二物）。

8. 小朋友自己说"看不清楚"，视物眯眼。

9. 看东西距离太近。

10. 眼外观异常，如眼睑下垂、黑眼球有白斑、两眼大小不一、瞳孔大小或形状不一。

 **习 题**

一、选择题

1. 有的儿童在观察时，能够根据观察任务，自觉地克服困难和干扰进行观察。这说明他们观察的（   ）。

A. 持续性延长   B. 目的性加强   C. 细致性增强   D. 概括性提高

2. 在指导幼儿观察绘画时，下面指导语易把幼儿的观察引向观察个别事物的是（   ）。

A. 图上有些什么呢   B. 图上的小松鼠在做什么呢

C. 这张图告诉我们一件什么事呢   D. 图上讲的是个什么故事

3. （   ）是最早出现的认知过程，是人脑对当前直接作用于感觉器官的客观事物的个别属性的反映。

A. 触觉   B. 知觉   C. 感觉   D. 形状知觉

4. 人们获取的信息大约 80% 是通过（   ）获取的。

A 听觉   B. 视觉   C. 触觉   D. 嗅觉

5. （   ）的"注视箱"实验研究婴儿的视觉特点，证实了婴儿更偏爱注视有规律分布的图形。

A. 皮亚杰   B. 华生   C. 范茨   D. 弗洛伊德

二、简答题

1. 简述感觉和知觉之间的关系。

2. 试述幼儿观察能力发展的特点。

第六节 学前儿童知觉的发展

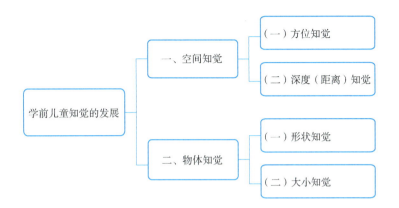

 案例：执着的东东

> 东东 13 个月了，妈妈喜欢带他去超市的淘气堡玩，每次东东都会被五颜六色的大积木吸引，在各种形状的积木中，东东总是喜欢捡起圆形的积木玩，他特别喜欢玩圆形的积木，而且会玩很长时间。妈妈担心他会对别的形状没有认知机会，总是用别的形状的积木转移他的注意力。但东东还是会在众多积木中找圆形积木玩。

一、空间知觉

空间知觉指对客体的空间位置、空间特性及空间关系的知觉。广义的空间知觉还包括形状、大小、部分与整体关系的知觉。这里采用狭义的概念，仅包含方位知觉与距离知觉两部分。

微课 6-5
儿童空间知
觉的锻炼

（一）方位知觉

1. 方位知觉的发生

方位知觉是指对物体的空间关系和自己的身体在空间所处的位置的知觉，如对上下、前后、左右的知觉。方位知觉通俗地说，就是方向定位。有研究表明，儿童出生后就有听觉定位能力，即能够依靠听觉确定物体的位置。例如，声音从右边来，儿童会向右边看，声音从左边来，他又会向左边看。这就是辨别空间方位的开始。

有人为了研究婴儿听觉定位的准确性，曾做如下实验。把实验对象分为两组：第一组的做法是让婴儿坐在一间漆黑的房间里，前面放着一个发出响声的东西，记下婴儿伸手去抓那个东西的次数，以及其中抓到的次数。据此考查婴儿凭物体的响声来抓东西的能力。第二组的做法是在房间里放着一个不发出响声的东西，先让婴儿看见东西所在的位置，但不许他去抓，然后关灯，记录婴儿伸手去抓东西和抓到的次数。结果发现，婴儿依靠听觉抓到物体的次数大大高于依靠视觉。这说明，婴儿听觉定位的能力强于视觉定位，与正常的成人相反。

有研究发现，盲婴依靠声音进行空间定位的能力很强。有一个早产10个星期的盲婴，在出生后16个星期，即相当于正常出生婴儿6个星期的时候，能用唇和舌连续发出很响的劈劈啪啪声，并凭借这种声音的回响，确定物体的位置。实验者在该婴儿面前，悄悄地挂了一个大球，婴儿立刻把头转向它，再悄悄地移动大球，婴儿会随着转头，如此重复了7次，这使人怀疑他是否真盲。这份报告一方面更加证实了婴儿具有空间定位能力；另一方面说明人类听觉定位的潜力很大，因为盲童视觉方面的缺陷可以使其听觉定位能力由于补偿作用而发展得更加优越。

空间定位可以主要依靠听觉，也可以主要依靠视觉，更可以是二者的结合。一般来说，听觉定位有较多的局限性，随着儿童的成长，它将逐渐让位于视觉定位而"退居二线"。"眼手协调"动作的形成可以说是婴儿视觉定位能力进入新阶段的开始。

2. 方位知觉的发展

儿童对上下、前后、左右方位的认识经历了一个较长的发展过程。

我国的一些实验表明，3岁儿童已经能正确辨别上下方位；4岁能正确辨别前后；5岁儿童部分开始能以自身为中心辨别左右，但仍有一部分儿童6岁时还不能准确地判别以自身为中心的左右方位。

国内外不少心理学家（皮亚杰、埃尔金德、朱智贤等）专门研究了儿童左右方位知觉的发展。发现其大致经历三个阶段：

第一阶段（5~7岁）：儿童开始能够比较固定地辨认自己的左右方位。其表现是能正确地判别自己的左右手、脚及耳朵等，但不能辨别对面人的左右位置，不理解左右的相对性。

第二阶段（7~9岁）：开始初步、具体地掌握左右方位的相对性。其表现在：似乎已经知道对面人的左右与自身的左右有某种不一致性，不能以自身为基准进行判断。但这种认识尚不能明确地概括抽象出来，在辨别别人的左右方位时，常要借助于自身的动作（如将自己的身体扭转成与对面人一致的方向）或表象，判断结果是对是错。

第三阶段（9~11岁）：能比较灵活地掌握左右概念。表现为不仅能迅速而准确地辨别自己及他人的左右，而且能正确地指出三种并排摆放的客体和相对位置。比如中间的那个客体，既是在一个客体的左方，又是在另一个客体的右方……

（二）深度（距离）知觉

深度知觉是对同一物体的凹凸程度或不同物体的近远程度的知觉。世界是一个三维空间，人的视网膜是一个二维的平面，但人不仅能知觉平面，还能知觉具有深度的三维空间。知觉深度主要是通过双眼视觉实现的。双眼视差、双眼辐合、运动视差等是知觉深度的生理机制；而物体的重叠、遮挡、线条透视、空气透视、明暗、阴影等是知觉深度的客观线索。二者的相互作用，便使人获得物体深度或距离的知觉。

为了研究儿童深度知觉的能力是先天具有的还是后天习得的，美国实验心理学家詹姆斯·吉布森等人精心设计了"视觉悬崖"实验：把婴儿放在厚玻璃造的平台中央。平台的一侧，紧贴玻璃下面贴上一块有图案的布，造成一个"浅滩"的印象。平台的另一侧，把同样的布放在玻璃板下面几尺的地方，从上面看，似乎是一个深沟，让婴儿的母亲轮流站在两侧呼唤儿童。用这种方法测查了6~14个月的36个婴儿。结果显示：有27个儿童只肯爬到浅滩的一侧，如果母亲站在深沟的一边叫他，儿童也表现出愿意到妈妈身边的样子，但是他不肯爬过去，只是哭喊。只有 3 个儿童爬到深沟的一侧。这说明，婴儿已能分辨深浅，深度知觉似乎是先天具备的。

但这一研究结果并不能否定经验在人深度知觉发展中的作用。比如，有人的目测力很强，有人却很差，造成这种差别的主要原因是经验。有人专门研究过六七个月会爬和不会爬的婴儿，发现会爬婴儿深度知觉的能力明显强于不会爬者，这足以证明早期运动经验对儿童深度知觉的发展是有积极的促进作用的。当然，运动经验并不能代替双眼视觉在精细的深度知觉中的作用。

二、物体知觉

这里所讲的物体知觉仅指对物体自身的空间属性的知觉。

（一）形状知觉

形状知觉是对物体的轮廓及各部分的组合关系的知觉。形状知觉是以视觉为主，辅以动觉和触觉的协同活动而形成的。不少研究证明，出生不久的婴儿已能知觉形状。他们对不同图形的注视时间不同，说明他们已能辨别这些图形，如图 6-1 所示。

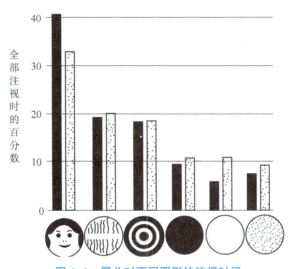

图 6-1　婴儿对不同图形的注视时间
（黑条为新生儿，灰条为 2~3 个月婴儿）

随着儿童年龄的增长和知觉物体形状经验的增加，其形状知觉能力也进一步发展。

学前儿童形状知觉能力的发展主要呈现以下趋势：

（1）形状辨别能力逐渐增强，不仅能区分形状明显不同的物体，而且开始区分形状相似或仅有细微差别的事物。

（2）开始认识基本的几何图形，并逐渐掌握几何图形的名称、几何图形物体形状的抽象符号。几何图形的名称是图形知觉系统化、概括化之后形成的分类标准。先学前儿童在摆弄物体的过程中，图形知觉逐渐具有概括性，并开始认识几何图形。我国的心理学工作者用"配对法""指认法""命名法"分别调查了学前儿童对几何图形的认识能力，发现识别几何图形的能力早于并优于对几何图形名称的掌握。3 岁儿童基本能够正确地匹配出圆形、正方形、长方形、半圆形、三角形等，而正确说出几何图形名称的能力则要差不少。儿童往往用自己熟悉的物体名称代替抽象的几何图形概念，如把圆形称作"太阳形""皮球形"，正方形称作"方巾形""手绢形"，梯形称作"屋顶形""簸箕形"等。经过专门学习的 5 岁儿童，可以掌握基本几何图形的标准名称。

（3）将所掌握的几何图形概念运用于知觉过程，使形状知觉概括化。儿童掌握几何图形名称即分类标准之后，便不满足于仅仅对物体形状的知觉识别，而开始用所掌握的标准对它们进行"解释"。

用几何图形的标准名称去"解释"物体形状特征的过程，实际是儿童的形状知觉逐渐概念化的过程。

（二）大小知觉

大小是相对的，大小知觉是在比较当中获得的。或在两个知觉对象中进行比较，或将当前的知觉对象与以往的有关表象相比较。

大小知觉的正确性和难易程度与知觉对象的形状特征有直接关系：知觉形状相同或基本相同的物体比较容易，知觉形状差异较大的物体比较困难。还有研究表明，儿童比较圆形、正方形、等边三角形的大小较易，判断椭圆、菱形和星形的大小较难。

有研究发现，婴儿已有大小知觉的能力和大小知觉的恒常性。也有研究认为，2.5～3 岁是儿童大小知觉发展的敏感期，此时，他们不仅能分辨相同形状物体的大小，而且能正确使用大小概念。

 习 题

一、选择题

1. 儿童只能协调感知觉和动作活动，在接触外界事物时能利用或形成某些低级行为图式，这是在（　　）阶段。

　　A. 感知运动　　　　B. 前运算　　　　C. 具体运算　　　　D. 形式运算

2. 一个儿童能辨别自己的左右手，但不能辨别他人的左右手。按照皮亚杰的认识发展理论，这个儿童的认知发展处于（　　）。

　　A. 感知运动阶段　　　　　　　　B. 形式运算阶段
　　C. 具体运算阶段　　　　　　　　D. 前运算阶段

3. 随着儿童年龄的增长，他们能逐渐接受别人的意见，并获得长度、体积、面积和重量的守恒概念。这表明儿童已经达到了认知发展阶段的（　　）。

　　A. 感知运动阶段　　　　　　　　B. 前运算阶段
　　C. 具体运算阶段　　　　　　　　D. 形式运算阶段

4. 儿童能用表象和语言作为中介来描述外部世界，扩大了儿童生活和心理活动的范围，这是在（　　）阶段。

　　A. 感知运动　　　　　　　　　　B. 前运算
　　C. 具体运算　　　　　　　　　　D. 形式运算

5. 幼儿教师了解幼儿的最主要目的是（　　）。

　　A. 为更好地促进幼儿发展提供依据　　B. 为教师专业成长提供依据

C. 为建立幼儿档案提供依据　　　　D. 为检查评比提供依据

二、简答题

1. 简述促进学前儿童观察力发展的措施。

2. 简述学前儿童形状知觉的发展趋势。

第七节　促进学前儿童感知觉发展的因素

 案例：有趣的转轮椅

> 将 3～13 个月的婴儿分成 3 组，一组试验组（旋转组）和两组对照组。试验组的婴儿被妈妈抱着坐在旋转椅上转圈，每转一圈都突然停下，共转 10 圈。这样的旋转运动共进行 4 次，每周一次，试验组的婴儿对这种运动乐此不疲。其中，一组对照组不接受试验，另一组坐在椅子上不旋转。实验表明，试验组婴儿的反射运动比对照组提前发展，坐、爬、站、走等运动机能较对照组有明显提升。

一、学前儿童的活动

　　学前儿童的感知觉是在活动中发展起来的。只有在"看"中才能学会看，在"听"中才能学会听，在摆弄物体中学会触摸物体的特性。实验证明，学前儿童在积极从事一定活动中完成感知觉任务时，其感受性要比单纯机械的感觉训练提高得快。因此，应该积极地、有目的地组织学前儿童的活动，这对于发展感觉和知觉具有重要的意义。

　　尽早为儿童创造一个有适宜刺激的环境，有助于促进感知觉的发展。所谓尽早，是指从新生儿期开始，就在小床上方挂些色彩鲜艳的、能活动的玩具，在室内播放轻柔的音乐，当几个月的婴儿学习抓握的时候，就给他们一件小玩具让他摆弄。这些条件能够尽早启用儿童的各种感觉器官，使他们在摆弄和使用各种物体的过程中，逐渐区分出物体的各个部分，熟悉物体的各种属性，促进其感知觉的发展。

微课 6-6
感知觉的训练

二、知识经验

　　知觉依赖于主体过去的经验，人的经验越丰富、知识越广博，从对象中观察到的东西就越多，知觉水平也就越高。知识经验直接影响着知觉过程。比如一把椅子，从正面、侧面、背面看到的形状是不尽相同的，但由于以前曾多次看到过椅子，椅子的完整形象已经清晰、深刻地反映在头脑中，所以无论从哪个角度看到它时，都能准确无误地判断出它是一把椅子。这就是过去经验在知觉活动中起作用的结果。因此有人指出，知觉就是选取和使用通过感官获得的信息去组织世界的过程。

儿童年龄越小，知识经验越少。幼儿往往需要把出现在眼前的事物的各种属性一一感知后，才能形成对该事物的完整的知觉。比如，一张图画，上面有许多小动物藏在树丛里、石头后面，只露出一条尾巴或耳朵……年龄大的儿童比较容易观察到这些隐藏的动物，年龄小的儿童则感到困难。因为年龄大的儿童具有关于这些动物的知识，他们在多次认识这些动物之后，头脑中已经形成有关这些动物的形象，只要看到该动物的一部分，头脑中就会浮现出这些动物的完整形象。这就是部分已是整体的部分，而不是孤立的部分，如尾巴是猴子的尾巴、耳朵是兔子的耳朵等。如果缺乏有关的经验，头脑中没有形成事物整体的形象，就难以根据外界提供的部分线索而辨认出整体。"盲人摸象"的故事就生动地说明了这一点。

随着儿童经验的积累，知觉过程逐渐简约化、概括化。只要感知事物的部分属性，事物的其他属性就会自动呈现。概括化是建立在以前逐一感知的经验基础上的，是比较高级的知觉活动。

 **知识拓展**

感知训练要目

分类	内容	重点	说明
视觉	1. 视线集中 2. 目标追踪 3. 事物辨识 4. 事物记忆及重整	★集中视线 ★运用视觉追踪目标 ★运用视觉辨别事物 ★运用视觉记忆及重整事物	
听觉	1. 听觉集中 2. 声音辨别 3. 声音记忆及事物重整	★集中听觉 ★运用听觉辨别声音 ★运用声音记忆重整事物	
味觉	1. 不同味道的识别 2. 食物特质的识别	★识别不同的味道 ★凭口腔的感觉识别食物的特质	
嗅觉	1. 不同气味的辨别 2. 嗅觉和味觉的关系	★凭嗅觉辨别气味 ★认识嗅觉和味觉的关系	
触觉	1. 不同感觉的识别 2. 物件的识别 3. 身体不同感觉的辨别	★识别不同的触觉感觉 ★运用触觉识别物件外形 ★识别不同的物料 ★辨别身体不同的感觉	

 习 题

一、选择题

1. 在触觉活动形成之前，婴儿主要通过（　　）来探索世界的。

A. 口腔活动　　　　B. 时间知觉　　　　　C. 嗅知觉　　　　　D. 社会知觉

2. 幼儿的动作最初是从无意动作向有意动作发展，以后则是从以无意动作为主向以有意动作为主的方向发展，即服从（　　）。

A. 大小规律　　　　B. 近远规律　　　　　C. 无有规律　　　　　D. 首尾规律

3. 下列关于直立行走动作发展的描述，正确的是（　　）。

A. 儿童的直立行走动作是在无意动作基础上产生的

B. 儿童的直立行走动作是在有意动作基础上产生的

C. 儿童身体动作发展的趋势是翻身、抬头、坐、站、走

D. 行走是本能的动作，无有意运动的成分

二、简答题

1. 简述空间知觉的内容。

2. 简述学前儿童时间知觉的特点。

第 七 章

学前儿童言语和记忆的发展

 教学计划

一、教学目标

（一）知识目标

1. 了解儿童言语的发生、学前儿童言语的发展。

2. 了解并掌握儿童言语的准备、语音的发展。

3. 了解并掌握儿童言语的形成、语音理解的准备。

（二）素质目标

1. 学会倾听他人的谈话，掌握基本倾听技能。

2. 围绕话题谈话，表达个人见解，提高口语表达能力。

3. 学会运用语言交流的基本规则，提高语言交往水平。

二、课程设置

本章共 7 节课程，课内教学总学时为 14 学时。

三、教学形式

面授，课件。

四、教学环节

1. 组织教学：在新课标中，进行备课。因材施教，了解班上每一个学生的性格、爱好、学习情况。

2. 导入新课：采用图片、音乐、游戏等形式进行课堂导入，吸引学生注意力。

3. 讲授新课：在导入后，对新知识进行讲解，并掌握课堂重难点。

4. 巩固新课：了解学生掌握情况，并按掌握情况及时调整教学。

第一节 言语在学前儿童心理发展中的意义

```
                          ┌─ 一、高级心理机能开始形成，低级心理机能得到改造
言语在学前儿童心
理发展中的意义 ────┤
                          └─ 二、意识和自我意识产生，个性开始萌芽
```

案例：由一只玩具枪引发的争执事件

> 一天，大班游戏时，明明拿着一只玩具枪在独自玩，玩了一会他把枪放在桌子上跑去上卫生间。一会儿强强发现了桌子上放的玩具枪便拿起来玩。这时，明明从卫生间走出来，发现自己的玩具枪被强强拿走了，便上前想要回自己的枪。于是就有了以下的对话。
>
> 明明："这是我的枪，你还给我！"
>
> 强强："谁说是你的？放在桌上没有人玩，我才拿来玩的。"
>
> 明明："这本来就是我的枪，我刚才上厕所去了，才把它放在桌子上的。"
>
> 强强："你说是你的就是你的呀！就不给！"
>
> 明明："本来就是我先拿的，你要是不还给我，我就去告老师……"
>
> 强强："你告诉老师我也不怕，本来这个枪就没有人玩，我拿的就是我的。"

一、高级心理机能开始形成，低级心理机能得到改造

高级心理机能是人类特有的，受人的意识支配，如思维、想象、有意注意、有意记忆、意志、社会性情感等。高级心理机能是以词为中介的。儿童掌握语言之后，高级心理机能才开始出现。1~3岁，儿童所特有的各种心理现象在1~3岁期间陆续发生，就是指高级心理机能的产生。这些心理机能之所以在这一阶段产生，是因为儿童的言语恰恰在这时期真正形成。

低级心理机能是指人和动物共有的心理机能，如感觉、知觉、无意注意、无意记忆、与生理需要相联系的情绪情感等。儿童初生到掌握语言之前，只具备这些低级的心理机能。

二、意识和自我意识产生，个性开始萌芽

言语产生之前，尤其是在学会说"我"字之前，儿童还没有真正形成自我意识，因此也意识不到自己的心理活动和行为，更谈不上自觉地分析、调节自己的心理及行为，心理特征的稳定性和倾向性也无从谈起。言语产生之后，儿童借助词开始能够像反映客观事物那样反映自己的主观世界（心理活动），能自觉调

微课 7-1
演讲

整自己的心理和行为，使自己的心理和行为逐渐表现出一种比较稳定的独特倾向，即逐渐形成自己的个性。

总之，言语对儿童心理的发展有着重大的影响，主要是通过形成和提高儿童心理活动的概括性和有意性而实现的。

个性是一个人经常表现出来的、带有一定倾向性的、比较稳定的心理特征的总和。个性的形成与意识（尤其是自我意识）的产生有直接的联系。

 知识拓展

人们在说话的过程中，由内部言语向外部言语转化，即外化。内部言语外化的过程，是从简略概括的言语转向展开的别人能够明了的言语的过程。学前儿童在言语储备不足时，可能会产生转化困难，表现为：词不达意，或他人不明所说，或所说非所想。外部言语也向内部言语转化，即内化，这种转化在学前儿童3岁左右实现。

 **习 题**

一、选择题

1. 下列说法中不属于学前儿童语言教育整合观的是（　　）。

A. 它包含了语言教育目标、内容、方式的整合

B. 它是儿童语言学习系统理论影响的直接结果

C. 语言内容、语言形式和语言运用的三位一体构成了语言知识

D. 同化和顺应是儿童语言发展的两种机制

2. 从出生到一岁半左右的儿童语言学习现象常被称为（　　）。

A. 前语言现象　　　　　　　　　　B. 自我中心语言现象

C. 社会性语言现象　　　　　　　　D. 理解语言现象

3. 小班年龄阶段的语言倾听目标表现为（　　）。

A. 辨析性倾听　　　　　　　　　　B. 有意识倾听

C. 理解性倾听　　　　　　　　　　D. 运用性倾听

4. 关于学前儿童语言学习行为评价的论述，正确的是（　　）。

A. 等同于学前儿童语言发展状况的评估

B. 主要评价儿童对某些语音、词汇或句子的掌握情况

C. 注意儿童在教师引导下的语言学习行为变化的过程和结果

D. 关注教师的语言活动的设计和组织

5. 谈话活动与日常交谈相比较而言，它具有（　　）。

A. 无计划性　　　　B. 随机性　　　　　　C. 自发性　　　　　　D. 目的性

二、简答题

1. 简述学前儿童语言教育研究任务的内容。

2. 影响学前儿童语言学习的社会因素有哪些？

第二节 儿童言语的发生

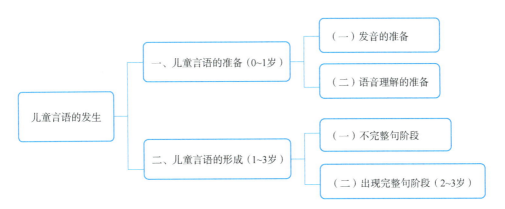

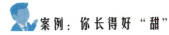案例：你长得好"甜"

> 琳琳，女，3岁半，有一天妈妈带她去姑姑家玩。看见了姑姑家的佳佳姐姐在客厅里玩，琳琳妈妈对佳佳说："佳佳你长得可真甜"。琳琳看了看佳佳，然后转头对妈妈说："妈妈，你舔过佳佳吗？"妈妈一头雾水，疑惑地回答道："妈妈没有舔过佳佳呀。""你没有舔过，怎么知道佳佳姐姐是甜的呢？"听琳琳这么说，在场的人都忍不住哈哈大笑起来。

一、儿童言语的准备（0~1岁）

言语发生的准备包括两方面内容：一是发音（说出词音）的准备；二是语音理解的准备。

（一）发音的准备

儿童发音的准备大致经历三个阶段。

1. 简单发音阶段（1~3个月）

哭是儿童最初的发音。新生儿的哭声中，特别是哭声稍停的时候，可以听出 ei、ou 的声音。2 个月以后，婴儿不哭时也开始发音，当成人引逗他们时，发音现象更明显，已能发出 ai、a、e、el、ou、nei 等音。发这些音不需要较多的唇舌运动，只要一张口，气流自口腔冲出，也就发出音了，这与儿童发音器官不完善有关。

这一阶段的发音是一种本能行为，天生聋哑的儿童也能发出这些声音。

2. 连续音节阶段（4~8个月）

这一阶段，儿童明显变得活跃起来。当他们吃饱、睡醒、感到舒适时，常常自动发音。如果有人逗他们，或者他们看到什么鲜艳的东西感到高兴时，发音更频繁。发出的声音中，不仅韵母增多、声母出现，而且连续重复同一音节，如 ba—ba—ba—ba、da—da—da 等，其中有些音节与词音很相似，如 ba—ba（爸爸）、ma—ma（妈妈）、ge—ge（哥哥）等。父母常常以为这是儿童在呼喊他们，感到非常高兴。其实，这些音还不具有符号意义。如果成人利用这些音与具体事物相联系，就可以形成条件反射，使音具有意义。比如，每当儿童无意识地发出 ma—ma 这个音时，妈妈就高高兴兴地出现在儿童面前，并答应。久而久之，儿童就会把 ma—ma 这个音当作对母亲的称呼。

3. 模仿发音——学话萌芽阶段（9~12 个月）

这一阶段，儿童所发的连续音节不只是同一音节的重复，而是明显地增加了不同音节的连续发音。音调也开始多样化，四声均出现了，如 à—jue—lu—bì、à—lù—fù，听起来很像在说话。当然，这些"话"仍然没有意义，但却为学说话做了发音上的准备。

这一阶段，近似词的发音更多，同时，儿童开始能模仿成人的语音，如 mao—mao（帽帽）、deng—deng（灯灯）。这一进步标志着儿童学话的萌芽。

在成人的教育下，儿童渐渐地能够把一定的语音和某个具体事物联系起来，用一定的声音表示一定的意思。虽然这个阶段儿童能够发出的词音只有很少几个，但毕竟能开口"说话"了。

（二）语音理解的准备

1. 语音知觉能力的准备

有研究发现，几个月的儿童具有了语音范畴知觉能力，能分辨两个语音范畴之间的差别（如"b"和"p"），忽略同一范畴之内的变异。语音范畴知觉在言语理解过程中具有重要意义：不能分辨不同的语音（两个范畴之间的差异）自然无法理解词义，但如果不能忽略同一语音范畴内的各种变异（如说话者个人发音的差异等），语音便不再具有稳定性而成为因人而异的不可理解的东西。

语音知觉的发展为语言理解提供了必要的前提。只有"听准音"，才可能"听懂义"。

2. 语词理解的准备

8~9 个月的儿童已能"听懂"成人的一些语言，表现为能对语言作出相应的反应。但这时，引起儿童反应的主要是语调和整个情境（如说话人的动作、表情等），而不是词的意义。如果成人同样发这种词音，但改变语调和语言情境，儿童就不再反应；相反，语调不变而改变词汇，反应还可能发生。有人做过这样一个实验：给 9 个月的儿童看"狼"和"羊"的图片。每当出示"羊"时，就用温柔的声音说"羊，羊，这是小羊"；而出示"狼"时，就用凶狠的声音说"狼，狼，这是老狼"。若干次以后，当实验者用温柔的声音说"羊呢？羊在哪里？"儿童就会指画着羊的图片，反之亦然。这时，实验者突然改变说话的语调，用凶狠的声音说"羊呢？羊在哪里？"儿童毫不犹豫地指向画着狼的图片。这足以证明，儿童反应的主要对象是语调和说话时的整个情境，而不是词，他们还不能把词从语言复合情境中区分出来。一般到了 11 个月左右，语词才逐渐从复合情境中分离出来，真正作为独立信号而引起儿童相应的反应。直到此时，儿童才算是真正理解了这个词的意义。

1 岁左右的儿童已经能够理解几十个词，但能说出来的很少。这种能理解却不能主动说出（应用）的语言叫被动性语言。被动性语言很难发挥交际功能。只有出现主动语言，即既能理解又能说出语言时，才标志着符号交际的开始。

儿童言语准备的情况和语言环境有直接的关系。在儿童尚不理解语言的时候，若不给以语言上的刺激，则儿童的言语发展进步很慢；反之，如能注意多和他们说话，使儿童每次感知某事物时都能听到成人说出关于这个事物的词，那么，儿童头脑中就会形成事物与词的联系，词便成了该事物的符号，这样，儿童的言语就会迅速发展起来。

二、儿童言语的形成（1~3岁）

微课 7-2
语言的发展

经过一番准备，从 1 岁起，儿童进入了正式学习语言的阶段。在短短两三年时间里，儿童便初步掌握了本族的基本语言。先学前期是儿童言语真正形成的时期。

儿童言语发展的基本规律是：先听懂，后会说。1~1.5 岁的儿童理解言语的能力发展很快，能开始主动说出一些词。2 岁以后，言语表达能力迅速发展，逐渐能用较完整的句子表达自己的思想。

先学前期儿童口语的发展可分为不完整句阶段和出现完整句阶段。

（一）不完整句阶段

不完整句阶段又可分为两个小阶段。

1. 单词句阶段（1~1.5岁）

单词句阶段儿童言语的发展主要反映在言语理解方面。同时，他们开始主动说出有一定意义的词。这一阶段儿童理解词有以下特点：

（1）由近及远。儿童最先理解的是他们经常接触到的物体的名称，如"灯灯"；其次是对成人的称呼，如"爸爸""妈妈"；再次是玩具和衣物的名称，如"球球""帽帽"等。如果成人经常教他们一些动作，或者教他们做一些事情，儿童也能理解一些常用的动词，如"坐下、起来、捡、扔、拿、送"等。如果成人多以眼前的事物为话题，同儿童进行交谈，他们将会理解得更多。

（2）固定化。这阶段儿童对词的理解，往往和某种固定的物体相联系，甚至把物体连同某种背景固定起来。例如，"爸爸"就是指自己的爸爸，而且必须是戴上眼镜时的爸爸。有个小女孩儿每当听到"把娃娃拿来"时，总是要把娃娃和玩具床一起拿来。如果娃娃不在床上，也要先把它放到床上然后再拿。在幼儿看来，物体的名称是与该物体以及物体所处的具体情境相联系的。

（3）词义笼统。这阶段儿童对词的理解非常不确切。一个词常常代表多种事物，而不是确切地代表某种事物。例如，在一个实验里，要求儿童从几样东西里挑出玩具小熊。实际上那几样东西里没有小熊，只有和小熊相似的东西。2~3 岁的儿童完成此任务感到有困难。他们或是说找不到小熊，或者是干脆跑到别处去找。但 1 岁儿童丝毫不感到困难，他们会毫不犹豫地把长毛绒手套拿来当小熊。长毛绒手套和小熊有某种相同的特征，使该年龄段的儿童据此认为它就是小熊。这说明儿童对词义理解是笼统的、不精确的。

2. 双词句阶段（1.5~2岁）

1.5 岁以后，儿童说话的积极性高涨起来，在很短时间内，会从不大说话变得很爱说话。说出的词大量增加，2 岁时可达 200 多个。这一阶段儿童言语的发展主要表现在开始说由双词或三词组合在一起的句子，如"妈妈抱抱"等。这种句子的表意功能虽较单词句明确，但其表现形式是断续的、简略的，结构不完整，好像成人的电报式文件，故也称为"电报句"或"电报式语言"。

说出句子是儿童言语发展中的一大进步，也是这一阶段儿童发展的主要特点。但这时说出的句子还很不完善，具体表现为：句子简单。这一阶段的儿童说出的句子都很简单、短小，只有3~5个字。

从儿童词汇的分类看，1岁半以前的儿童所说的大多数是名词，也有小部分动词。1岁半以后儿童开始学习形容词等。各种词类的出现，使儿童的句子逐渐变得复杂起来。

（二）出现完整句阶段（2~3岁）

在单词句和双词句阶段，儿童能选择一个词或把两个词组合起来粗略表达语义。2岁以后，儿童开始学习运用合乎语法规则的完整语句更为准确地表达思想。许多研究证明，2~3岁是人生初学说话的关键时期。如果有良好的语言环境，即经常有人和儿童交谈，那么这一时期将成为言语发展最迅速的时期。

这一阶段儿童语言的发展主要表现在以下两方面。

1. 能说完整的简单句，出现复合句

这一年龄阶段的儿童渐渐地能够用简单句表达自己的意思，开始会说一些复合句。这一时期也是儿童终止婴儿语的时期。2岁半以后，儿童很少再说"××吃饭饭""××上外外"之类的婴儿语；说出的句子较长，日趋完整、复杂，由各种词类构成。

语言所表达的内容方面，也发生了质的变化。2岁以前，儿童只能以眼前的事物为话题，因为他们还不具备谈过去、将来的能力。从2岁开始，他们能把过去的经验表达出来。比如，一个2岁的儿童对妈妈说："昆昆的耳朵流血了，吴老师哭了。"原来，托儿所的一个儿童在游戏时把耳朵碰破了，带班的年轻老师急得哭了。事情过去1~2个星期了，儿童还时时提起此事。

在与成人一问一答的交谈中，2~3岁的儿童可以用句子表达事物之间比较简单的关系。比如，老师问一个2岁半的儿童："为什么打人？"他答道："他抢我的积木。"有一个2岁10个月的小女孩儿，无论如何不肯让妈妈给她换衣服，妈妈问她："为什么不穿这件衣服？"她说："我就不穿，这件衣服不好看。"可见2~3岁的儿童虽然还不会使用"因为……所以"，但是他们已经开始理解事物之间的因果关系，并用自己的语言表达出来。

2. 词汇量迅速增加

2~3岁儿童的词汇量增长非常迅速，几乎每天都能掌握新词。他们学习新词的积极性非常高，经常指着某种物体问"这是什么？""那是什么？"当成人把物体的名称告诉他们时，他们便学了一个新词。如果进一步扩展，即成人不但教新词，还说明该词与某事、某物、某种经验的联系，那就不仅教会儿童一个新词，而使他们学到更多的东西。到3岁时，儿童已能掌握大约1 000个词，至此儿童的言语基本形成。

知识拓展

语言是以词语为基础，按照一定的语法结构结合，构成不同语义的符号系统。言语活动是人类所特有的，是人运用语言进行交际的过程。言语可以划分为外部言语和内部言语，其中，外部言语又可分为口头言语和书面言语。

作为交际的过程，言语对人类思维活动的进行有一定的促进功能，具体表现在两个方面：①可以扩大学前儿童的认知活动，增强他们对自身认知活动的调控能力；②能够促进学前儿童的社会化进程。

 习题

一、选择题

1. 儿童语言最初是（　　）。

A. 对话式的　　　　　B. 独自式的　　　　　C. 连贯式的　　　　　D. 创造性的

2. 1 岁至 1 岁半儿童使用的句型主要是（　　）。

A. 单词句　　　　　　B. 电报句　　　　　　C. 简单句　　　　　　D. 复合句

3. 语词记忆大致出现在（　　）。

A. 2 周　　　　　　　B. 6 个月　　　　　　C. 6~12 个月　　　　D. 1 岁

4. 关于幼儿言语的发展，表述正确的是（　　）。

A. 理解语言发生发展在先，语言表达发生发展在后

B. 理解语言和语言表达同时同步产生

C. 语言表达发生发展在先，理解语言发生发展在后

D. 理解语言是在语言表达的基础上产生和发展起来的

5. 下列活动属于"言语过程"的是（　　）。

A. 听故事　　　　　　B. 练习　　　　　　　C. 打字　　　　　　　D. 弹琴

二、简答题

1. 简述 0~3 岁学前儿童语法发展的特点。

2. 如何开展早期阅读中的亲子共读活动？

第三节　学前儿童言语的发展

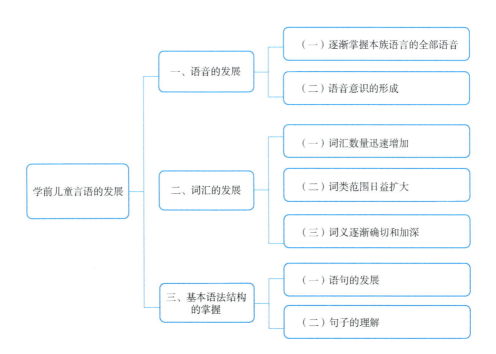

案例：售货员阳阳和超超

> 在活动区游戏时，小商店的售货员阳阳和超超不时向周围的人打招呼："欢迎光临！欢迎光临！"
>
> 李老师在孩子们的邀请下走进小商店，并很诚恳地说："我一会要去医院看病人，你们看我应该买点什么？"阳阳说："你应该买点巧克力派。"超超说："你应该买八宝粥。"
>
> 两个孩子都希望老师能买自己推荐的商品，便主动介绍起各自的商品来。一个孩子说："生病的人吃八宝粥最好了，我每次病了，我妈都让我喝粥。"另一个说："巧克力派又甜又软特好吃，生病的人都爱吃！"李老师说："听完你们的介绍，这两样东西我都想买，可就是钱不够！怎么办？"阳阳说："那您去银行取点钱吧！"李老师说："一会我还要上班，没有时间去取了。"超超说："没有关系！今天我们商店买一送一。"李老师说："这太好了！"当孩子们将食品打好包递给李老师时，李老师又犯愁了："这两样东西我还真的不好拿，怎么办？"超超说："那您就买个书包吧。"李老师说："我不是没有钱了吗？"超超说："我们商店今天送货上门。"说着就将这两样食品放到旁边小医院的围墙上。
>
> 教师是一个倾听者、观察者，分析与回应幼儿的疑问与需求，随时准备给予幼儿必要的帮助。教师也是一个引导者、支持者，启发幼儿进行有意义的探索活动。教师还是一个合作者、研究者、学习者和欣赏者。活动成为师幼共同探索新知和相互作用的过程，在这个过程中，充满了自然与和谐，充满了创造与快乐。

一、语音的发展

儿童语音的发展主要表现在两方面：逐渐掌握本族语言的全部语音和语音意识的形成。

（一）逐渐掌握本族语言的全部语音

语音是言语的"物质外壳"。语音分辨能力强弱、发音正确与否，直接影响言语的可理解性，所以掌握本民族语言（母语）的全部语音，包括准确分辨和正确发出母语语音两个方面。

微课 7-3
语言发展的
关键期

一般而言，儿童的语音辨别能力已经发展起来，但对个别相似音（如"b"和"p"、"d"和"t"）有时还可能混淆。由于缺乏语言环境，对于一些少数民族和方言地区的儿童来说，听懂普通话是一项比较困难的任务。贵州地区的一项研究报道，当地少数民族地区的儿童，入小学读书之后辍学率很高，其关键原因是听不懂普通话的发音，因此无法接受教学内容。发现问题之后，开始在这些地区举办大量学前班，将学习普通话作为学前班的重要教育内容。结果表明，凡在学前班学习过普通话的儿童，入学后的学业成绩大大提高。可见，对于民族众多和地域性语言发音差异较大的我国来说，让儿童从小把普通话作为"母语"，为他们创造一个普通话的语言环境是十分必要的。当然，这并不是排斥对本民族语言的学习，而是将二者同样看待。

正确发音一般比听准音要困难一些。儿童正确发音的能力是随着发音器官的成熟和大脑皮层对发音器官调节机能的发展而提高的。儿童发音能力提高很快，特别是 3~4 岁期间。在正确的教育下，4 岁儿童基本能掌握本民族语言的全部语音，见表 7-1。

表 7-1 3~6 岁儿童语音发展的正确率（%）

语音	地区 \ 正确率 \ 年龄	3 岁	4 岁	5 岁	6 岁
声母	城	66	97	96	97
	乡	59	74	75	74
韵母	城	66	100	99	97
	乡	67	85	87	95

在儿童的发音中，韵母发音的正确率较高。只有"e"和"o"有时容易混淆，原因可能是"e"和"o"的舌位变化基本相同，只是口型略有差别。儿童对声母的发音正确率稍低。3 岁儿童常常不能掌握某些声母的发音方法，不会运用发音器官的某些部位，以致把"哥哥"说成"得得"，把"老师"说成"老西"或"老基"，把"柿子"说成"戏己"。据我国的一些调查发现，儿童发音错误最多的是翘舌音"zh、ch、sh、r"和齿音"z、c、s"。4 岁以后，儿童发音的正确率有显著提高。

（二）语音意识的形成

儿童要学会正确发音，必须建立起语音的自我调节机能：一方面要有精确的语音辨别能力；另一方面要能控制和调节自身发音器官的活动。儿童开始能自觉地辨别发音是否正确，自觉地模仿正确发音、纠正错误的发音，就说明对语音的意识开始形成了。

2 岁之前的儿童尚未形成对语音的意识，他们往往不能辨别自己和别人发音上的错误，发音主要受成人的调节，靠成人的言语强化来坚持正确的发音和纠正错误的发音。

儿童期逐渐出现对语音的意识，开始自觉地对待语音。儿童语音意识的形成主要表现为以下两点：

第一，能够评价别人发音的特点，指出或纠正别人的发音错误，或者笑话、故意模仿别人的错误发音等。

第二，能够意识并自觉调节自己的发音。例如，有的儿童不愿意在别人面前发自己发不准的音；有的儿童发出一个不正确的音之后，不等别人指出，自己就脸红了；有的儿童声称自己不会发某个音，希望别人教他；有的儿童则有意识地模仿别人，纠正自己的错误。

语音意识的发生和发展，使儿童学习语言的活动成为自觉、主动的活动。这无论对学习汉语还是学习外语来说，都是必要的。

二、词汇的发展

词是言语的"建筑材料"——基本构成单位。词汇是否丰富，使用是否恰当，直接影响言语表达能力。因此，词汇的发展可以作为言语发展的重要指标之一。

儿童词汇的发展主要表现在词汇数量的增加、词类范围的扩大以及对词义理解的加深这三个方面。

（一）词汇数量迅速增加

儿童期词汇数量增长得很快，几乎每年增长一倍，具有直线上升趋势。据国内外的一些研究材料报道，儿童的词汇 3 岁达 1 000~1 100 个，4 岁为 1 600~2 000 个，5 岁增至 2 200 ~3 000 个，6 岁则达 3 000~4 000 个。当然，个别差异也比较大。无论怎样，儿童期都是人一生中词汇增加得最快的时期。

（二）词类范围日益扩大

词可以分为实词和虚词两大类。实词是指意义比较具体的词，包括名词、动词、形容词、数量词、代词等。虚词的意义比较抽象，不能单独作为句子成分，包括副词、连词、介词、助词、语气词等。

儿童一般先掌握实词，然后掌握虚词。实词中最先掌握的是名词，其次是动词、形容词，最后是数量词。儿童也能逐渐掌握一些虚词，如介词、连词，但这些词在儿童词汇中所占的比例很小。在儿童的词汇中，最初名词占主要地位，但随着年龄的增长，名词在词汇总量中所占的比例逐渐减少，4 岁以后，动词的比例开始超过名词。

（三）词义逐渐确切和加深

在词汇量不断增加，词类不断扩大的同时，儿童所掌握的每一个词本身的含义也逐渐确切和加深了。

不同年龄的儿童对同一个词的理解可能是不相同的。例如"猫"一词，对 1 岁的儿童来说，"猫"可以代表一切毛茸茸的物体（如小猫、小狗，甚至皮大衣、鸡毛掸子等）。儿童期，儿童已理解了"猫"一词的确切含义——专指猫这种动物，而且在说出"猫"这个词时，也包括了对猫的习性的理解。

儿童对词义的理解有以下发展趋势：

第一，首先理解的是意义比较具体的词，以后才开始理解比较抽象概括的词。儿童所能理解的词仍以具体的词为主，如标志物体的名称、可感知的性状特征的词。

第二，首先理解的是词的具体意义，以后才能比较深刻地理解词义。小班儿童仍难理解词的隐喻义和转义。例如，妈妈说："儿童不要娇气，要能吃点苦。"儿童就说："我能吃苦，那天买的冰棍有点苦，我也吃了。我就是不能吃辣。"而大班儿童开始能理解一些不太隐晦的喻义。儿童能够正确理解又能正确使用的词，叫作积极词汇。有时儿童能说出一些词，但并不理解，或者虽然理解了，却不能正确使用，这样的词叫作消极词汇。消极词汇不能正确表达思想。儿童已掌握了许多积极词汇，但也有不少消极词汇，因此常常发生乱用词的现象。例如，把"解放军"一词与"军队"混同，以至把敌军说成是"敌人解放军"。因此，在教育上应注重发展儿童的积极词汇，促进消极词汇向积极词汇转化；不要仅仅满足于儿童会说多少词，而要看是否能正确理解和使用。

儿童的词汇虽然有了以上多方面的发展，但词汇还是比较贫乏的，概括性也比较低，理解和使用上也常常发生错误。因此，还应该重视丰富儿童的词汇，帮助他们正确理解词义和正确运用词汇。

三、基本语法结构的掌握

语法是组词成句的规则。儿童要掌握语言，进行言语交际，还必须掌握语法体系，否则很难正确理解别人的言语，也不能很好地表达自己的思想。

儿童对语法结构的掌握表现在语句的发展和句子的理解两方面。

（一）语句的发展

根据我国心理学工作者的研究发现儿童语句的发展大致呈如下规律：

1. 句型从简单到复杂

儿童掌握句型的顺序是：单词句（1~1.5岁）——双词句（2岁左右）——简单完整句（2岁开始）——复合句（2.5岁开始）。

1岁半前，儿童只能用单词句说话，一个词就代表一个句子。1岁半以后开始说双词句，即由两个词组成的句子（如"妈妈抱""帽帽掉"等），句子极为简略，很不完整，所以有人称之为"电报式语言"。

2岁以后，儿童开始使用简单句，如"积木掉了""宝宝要睡觉"。2~3岁儿童的句子往往不超过5个字，一般是主谓结构句（由行动主体和动作组成，如"宝宝睡觉"），谓宾结构句（由动作和动作对象组成，如"坐车车"），有时也出现主谓宾结构句（由行为主体、动作和动作对象组成，如"妈妈拿帽帽"等）。3~4岁的儿童已经掌握最基本的语法，开始大量运用合乎语法规则的简单句，但也时常出现错。

2岁半左右，儿童的句子中开始出现一些没有连接词的复合句，如"糖掉地上了，脏脏""不跟××玩，××打人"等。随着儿童年龄的增长，复合句在整个句子总量中的比例逐渐增大，并开始出现连接词，但整个儿童期还是以简单句为主。

2. 句子结构和词性从混沌一体到逐渐分化

儿童句型从简单到复杂的变化，也反映了句子结构逐渐分化的发展趋势。儿童一开始只能说一些连主谓语也不分的单词句，然后到单词句逐渐分化为只有主谓结构和动宾结构的双词句，再往后句子的结构越来越复杂，层次也越来越分明。

（二）句子的理解

在语句发展过程中，对句子的理解先于说出语句而发生。儿童在能说出某种句型之前，已能理解这种句子的意义。

1 岁之前，在儿童尚不能说出有意义的单词时，已能听懂成人说出的某些简单句子，并用动作反应。1 岁之后，按成人指令动作的能力更加增强。2~3 岁的儿童开始与成人交谈，他们喜欢听成人说儿歌、讲故事，并能学习生动有趣的歌谣。

4~5 岁的儿童已能和成人自由交谈，向他们提各种各样的问题并渴望得到解答。但对一些结构复杂的句子，如被动语态句（"小玲被小楠撞倒了"）、双重否定句（"小朋友没有一个不喜欢听故事的"）等往往还不能正确理解。

儿童在理解自己尚未掌握的新句型时，常常根据自己从经验中总结出来的一些"规则"去解释它们。研究发现，儿童常用的理解句子的"策略"（即规则）大致有如下几种：

1. 事件可能性策略

儿童常常只根据词的意义和事件的可能性，而不顾语句中的语法规则来确定各个词在句子中的语法功能和相互关系。例如，对"小明把王医生送到医院里"这个句子，相当多的儿童认为是小明生病了，王医生送小明去医院，而不是像语法中所规定的那样，介词"把"前面的名词应是动作的发出者，而其后的应是动作的承受者。在儿童看来，"小明"显然是个儿童，在他们的经验中，医生是看病的而不可能生病，只有小明生病，医生送他去医院才合情合理。也就是说，事件在现实生活中发生的可能性，是他们理解句子的"钥匙"。

2. 词序策略

儿童往往根据句子中词出现的顺序来理解它们之间的关系，理解句义。由于儿童经常接触的是主动语态的陈述句，于是他们形成了这样一种理解策略：句子中出现在动词前面的名词是动作的发出者，而其后面的名词则是动作的承受者，名词—动词—名词，即"动作者— 动作—承受者"这样一种理解模式。而当刚开始接触被动语态句时，儿童也习惯于用这种策略（模式）去理解它，结果出现理解错误，如将"小明被小华碰了一下"理解成小明碰了小华。以词出现的顺序来理解其作用的情况在其他句型中也有反映，如把"小班儿童上车之前大班儿童上车"，理解为"小班先上车，大班后上车"。

 知识拓展

学前儿童言语能力的发展是一个有规律的、连续的过程。0~3 岁儿童言语的发展可以分为 0~1 岁儿童言语的发生和 1~3 岁儿童言语的形成。3~6 岁儿童言语的发展可以分为口头语言的发展和早期阅读能力的发展。学前儿童早期阅读能力的发展表现在早期识字行为的发展、早期图书阅读行为的发展和早期书写行为的发展三个方面。

 习 题

一、选择题

1. 下列属于内部言语的是（　　　　）。

A. 默默思考老师提出的问题　　　　B. 小明在跟着老师学唱歌

C. 兰兰默默地跟着老师学画画　　　　D. 给老师写信

2. 皮亚杰提出的语言获得理论是（　　　）。

A. 强化学说　　　　　　　　　　B. 先天决定论

C. 相互作用论　　　　　　　　　　D. 循序渐进论

3. 幼儿自言自语的表现有两种形式：一是问题语言，一是（　　　）。

A. 情境言语　　　　B. 游戏言语　　　　C. 对话言语　　　　D. 交际言语

4. 对待幼儿出声的自言自语，成人正确的处理方式为（　　　）。

A. 发展为对话言语　　　　　　　　B. 发展为真正的外部言语

C. 任其自然发展　　　　　　　　　D. 发展为真正的内部言语

5. 对于儿童言语的形成，下列说法中错误的是（　　　）。

A. 0~1岁是儿童言语的准备期　　　　B. 双词句阶段是2~2.5岁

C. 单词句阶段是1~1.5岁　　　　　　D. 1~3岁是儿童言语的形成阶段

二、简答题

1. 如何理解语言符号的系统性？

2. 语言教育活动的"有计划"集中体现在哪些方面？

第四节　学前儿童言语功能的发展

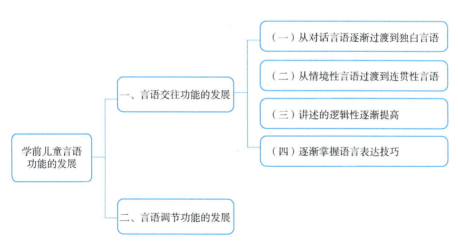

 **案例：我当家**

> 在幼儿园的一次游戏观摩活动中，宝宝站在小吃店的门口不断向周围的客人热情地打着招呼："欢迎光临！欢迎光临！"李老师被宝宝的热情所感染，走进小吃店坐下来，宝宝很熟练地送上一本制作精美的菜谱（这本菜谱显然是王老师精心制作的）并询问："您想吃点什么？"李老师一边认真地看着菜谱一边问："我想问问您这里有什么呀？"宝宝有些茫然无措，不知道应该怎样回应，就向班上的王老师投去了求助的目光。王老师指着菜谱说道："小吃店有什么，菜谱上都有呀！"宝宝指着菜谱又说："您想吃什么？"李老师说："我特喜欢吃面条，你们这里有什么面？"宝宝又无语了。

李老师见此马上说："我想吃海鲜面，你们店里有吗？"宝宝又将求助的目光投向了王老师，王老师指着菜谱中一盘螃蟹的照片说："你看这不是有吗？"……宝宝很快就从操作间中端来一盘制作精良的面条，李老师吃完面条准备离开时，宝宝热情地说："欢迎下次再来！"

教师要用语言和非语言的方式表示关注、接受和鼓励幼儿的谈话。如教师关注地用目光注视幼儿，用点头、抚摸幼儿表示鼓励和对幼儿谈话的兴趣，使幼儿感到"老师很喜欢听我说"。教师在倾听幼儿说话时要有耐心，细心揣摩和理解幼儿语言中所蕴涵的意义；在与幼儿沟通的时候，也可以表达自己的思想和情绪，使幼儿了解教师的想法。如在讲故事的时候，一个幼儿总是打扰别人，影响其他小朋友听故事，教师可以说："当听我讲故事时打扰别人，别的小朋友就很难听到故事，你自己也听不到，这让我觉得很失望。"

言语有两大功能：交往功能和调节功能。这两种功能都随着儿童的成长而发展。

一、言语交往功能的发展

（一）从对话言语逐渐过渡到独白言语

3岁以前，儿童基本上都是在成人的帮助下和成人一起进行活动的，儿童与成人的言语交际也正是在这样一种协同活动中进行的。因此，儿童的言语基本上都是采取对话的形式，而且他们的言语往往只是回答成人提出的问题或向成人提出一些问题和要求。

儿童期，由于独立性的发展，儿童常常离开成人进行各种活动，从而获得一些自己的经验、体会、印象等。儿童要向成人表达自己的各种体验和印象，这样，独白言语也就逐渐发展起来了。当然，儿童的独白言语刚刚开始形成，发展水平还很低，尤其是在儿童初期。小班儿童虽然已能主动地对别人讲述自己生活中的事情，但由于词汇较贫乏，表达得很不流畅，常常带一些口头语，如"嗯……嗯""后来……后来""那个……那个"等，还有少数儿童甚至显得说话口吃。在良好的教育下，五六岁的儿童就能比较清楚地、系统地讲述所看到或听到的事情和故事了，有的儿童甚至能够讲得绘声绘色、活灵活现。

（二）从情境性言语过渡到连贯性言语

对话言语是在交谈者之间相互进行的，对方对所谈的内容都有所了解，不需要连贯和完整，因此，对话时常用情境性言语。情境性言语只有在结合具体情境时，才能使听者理解说话人所要表达的思想内容，往往还需要说话人运用一定的表情和手势作为自己言语活动的辅助手段。

微课 7-4
对话

3岁以前的儿童只能进行对话，不能独白，他们的言语基本上都是情境性言语。

儿童初期，儿童的言语仍然具有3岁以前儿童言语的特点。虽然能够独自向别人讲述一些事情，但句子很不完整，常常没头没尾，让听的人感到莫名其妙。例如，一个3岁的儿童向别人讲自己昨天晚上做的事情时说："看到解放军了，在电影上，打仗，太勇敢了。妈妈带我去的，还有爸爸。"讲的时候好像别人已经了解了他要讲的内容似的，一边讲，一边做出一些手势和表情。这种让别人边听、边看、边猜想当时情境才能懂的言语，就是情境性言语。

连贯性言语的特点是句子完整，前后连贯，逻辑性强，使听者仅从言语本身就能完全理解讲话人所讲的内容和想要表达的思想。

一般地说，随着儿童年龄的增长，情境性言语的比例逐渐下降，连贯性言语的比例逐渐上升，见表7-2。

表7-2 各年龄儿童情境性言语和连贯性言语的百分比（%）

年龄	情境性言语	连贯性言语
4 岁	66.5	33.5
5 岁	60.5	39.5
6 岁	51.0	49.0
7 岁	42.0	58.0

从表7-2可以看出，整个儿童期都处在从情境性言语向连贯性言语过渡的时期。六七岁的儿童才能比较连贯地进行叙述，但其发展水平也不高。幼儿园教学工作的任务之一就是要促进这一过渡，提高儿童连贯性言语的水平。

讲述的任务、内容和条件，在一定程度上影响着儿童的言语方式。儿童在讲述自己生活中的事情时，较多地运用情境性言语；复述故事时，较多地运用连贯性言语；看图讲述时，情境性言语最多；看图复述故事时，情况略有好转；不看图、独立复述故事时，情境性言语最少。同时，讲述的任务、内容和条件对儿童言语方式的影响，又受儿童年龄的制约。年龄越小，影响越大。大班儿童则不太受年龄因素的影响，无论是在讲述自己经历过的事情时，或者是看图讲述时，还是在复述故事时，情境性言语的成分都比较少，这说明大班儿童连贯性言语的发展已经比较稳定了。

连贯性言语的发展使儿童能够独立地、清楚地表达自己的思想，正是在这个基础上，独白言语也发展起来了。

（三）讲述的逻辑性逐渐提高

儿童讲述的逻辑性逐渐提高，主要表现为讲述的主题逐渐明确、突出，层次逐渐清晰。

儿童的讲述常常是现象的堆积和罗列，主题不清楚、不突出，常常让人有不知所云的感觉。有些儿童在讲述时，词汇比较华丽，用的词句很多，叙述得也很流利，似乎很"能说"，但仔细分析就会发现，其言语所表达的主题常常不突出甚至离题很远，层次与顺序不清楚，事物之间的关系比较混乱，用词也常常不恰当。随着儿童的成长，其口语表达的逻辑性有所提高。

讲述的逻辑性是思维逻辑性的表现。言语发展水平真正好的儿童，在讲述一件事时，语句不一定很多，但能用简练的语言讲清事情的来龙去脉，能抓住主要情节和各个情节之间的关系，不拘泥于描述个别细节，用词不一定华丽，但很贴切。成人可以通过训练来增强儿童讲述的逻辑性，这同时也是一种思维能力的训练。

（四）逐渐掌握语言表达技巧

儿童不仅可以学会完整、连贯、清晰而有逻辑地表述，而且能够根据需要恰当地运用声音的高低、强弱、大小、快慢和停顿等语气和声调的变化，使之更生动、更有感染力。当然，这需要专门的教育。有表情地朗读、讲故事以及戏剧表演都是培养儿童言语表达技能的好形式。

在儿童言语表达能力的发展中，有人可能会产生一种言语障碍——"口吃"，其表现为说话中不正确的停顿和单音重复。这是一种言语的节律性障碍。

学前儿童的口吃现象常常出现在 2~4 岁。导致口吃的因素主要有生理原因和心理原因。

1. 生理原因

由于 2~4 岁儿童的言语调节机能还不完善，造成连续发音的困难。随着年龄的增长，这种情况会有所缓解。

2. 心理原因

心理原因即因说话时过于急躁、激动和紧张造成的。说话过程是表达思想的过程，从"思想"转换成言语的过程中，可能会因为找不到合适的词汇和更好的表达形式而感到焦急，也可能会因为发音的速度赶不上思想闪现的速度而造成二者的脱节。这都会使儿童处于一种紧张状态，而这种紧张可能造成发音器官的细微抽搐和痉挛，出现了发音停滞和无意识重复某个音节的情况。经常性的紧张便会成为习惯，以至于每次遇到类似的语词或情境时，都会出现同样的"症状"。

二、言语调节功能的发展

如果说用于交往的言语是"宣之于外"的外部言语，那么用于调节的言语则主要是"隐之于内"的内部言语。内部言语的对象不是别人而是自己，是自己思考问题时所用的一种特殊的言语形式。

与内部言语的产生过程相一致，儿童言语的调节功能也有一个逐渐形成和发展的过程。儿童的行动起初不受言语的调节，随客观外界的变化以及自身生理状况而改变，后来开始受成人的言语调节。成人的言语最初也不能单独起调节作用，而是与表情、手势、情境相结合起作用。比如，妈妈问儿童："灯在哪儿呢?"儿童一开始没有什么反应，只有成人一边问一边用手指着灯，儿童才开始抬头看。言语发展到一定水平以后，儿童才能对成人的言语起反应，其行为才真正受成人的言语调节。儿童在 3 岁前后出现自言自语这种行为，言语的自我调节功能也随之萌芽，即开始初步通过自己的言语（自言自语）来调节自己的行动。儿童的内部言语产生后，言语的自我调节功能便逐渐发展起来。

言语的自我调节功能形成以后，儿童的各种心理活动的有意性也随之出现，并随着它的发展而发展。

📚 **知识拓展**

言语活动包括：对语言的接受，即感知、理解过程；发出语言，即说或写。

这两种过程不同步，其趋势是：语音知觉发展在先，正确语音发展在后；理解语言发生发展在先，语言表达发生发展在后。

 习 题

一、选择题

1. 对待幼儿出声的自言自语，成人正确的处理方式为（　　）。

A. 发展为对话言语　　　　　　　　　　B. 发展为真正的外部言语

C. 任其自然发展　　　　　　　　　　　D. 发展为真正的内部言语

2. 对于儿童言语的形成，下列说法中错误的是（　　）。

A. 0~1 岁是儿童言语的准备期　　　　　B. 双词句阶段是 2~2.5 岁

C. 单词句阶段是 1~1.5 岁　　　　　　　D. 1~3 岁是儿童言语的形成阶段

3. 儿童言语的准备在（　　）。

A. 0~1 岁　　　　　B. 0~1.5 岁　　　　C. 0~2 岁　　　　D. 0~3 岁

4. "人有人言，兽有兽语"，这里的"言"指的是（　　）。

A. 语言　　　　　　B. 言语　　　　　　C. 言语行为　　　　D. 言语作品

5. 以下不属于书面言语的是（　　）。

A. 讲座　　　　　　B. 写作　　　　　　C. 朗读　　　　　　D. 默读

二、简答题

1. 列表简述言语、语言的区别与联系。

2. 简述幼儿言语发展的特点。

第五节　记忆在儿童心理发展中的意义

 案例：厉害的圆圆

> 　　圆圆可以在"田"里种很多爱吃的水果，有红红的"草莓"、大大的"苹果"。她知道"刀刀"非常厉害，可以切"苹果"、肉、菜等，还知道"森林"里面住着好多好多可爱的小动物，有喵喵猫咪、旺旺小狗……

　　儿童的心理是在与周围环境的相互作用中积累经验，在与成人的交往中学习和掌握人类优秀文化遗产的基础上逐渐发展起来的。在这一过程中，记忆功不可没。

　　记忆不仅是儿童积累经验的"工具"，而且与其他心理活动的发展有着密切关系。

一、记忆促进儿童感知觉的发展

感知是认识的开端，也是包括记忆在内的其他认识过程的基础。感知觉的许多特性中都包含着记忆的作用，换句话说，正是依靠记忆积累下来的经验，感知觉才可能具有以下这些特性。感知觉具有整体性特征。比如，图画中小兔子的身体被花草树木挡住了，只露出一双长耳朵或一条短尾巴，儿童依然能把它作为一个整体辨认出来，这是以往的经验在起补充作用。感知觉的另一特征是它的恒常性。这一特性使得儿童在不同位置，从不同角度观察其父母时不至于把他们视为路人。这也是经验在起调节和校正作用：将不同位置、不同角度获得的感知形象与经验中保持的印象相对照，使儿童获得近似于实际的感知觉形象。如果没有记忆所积累的经验，知觉的这些特性便无从产生，客观事物对于人来说，将永远是陌生的，感知觉对感性信息的"解释"功能也将不存在。

二、记忆是想象和思维产生的直接基础

想象是对头脑中的表象进行加工改造，重新组合新形象的心理过程。 儿童的思维也是借助于头脑的表象性动作，模拟解决问题过程的心理活动。二者均离不开"表象"，而"表象"作为儿童经验的基本存在形式，是记忆的结果。

当儿童感知客观事物并他们尝试着与客观事物相互作用或用实际动作去解决自己遇到的各种问题时，事物的形象、活动的过程以及解决问题的动作都以表象的形式存储在记忆中，为今后的想象和思维活动提供素材。可以说，**记忆是联系感知与想象、思维的桥梁，是想象和思维过程产生的直接前提。** 记忆表象（感知和活动经验）越丰富，想象和思维的基础越厚实。

有一句话简明而且公正地评价了记忆在儿童心理发展中的作用，那就是"若无记忆，人类只能永远停留在新生儿时期"。

知识拓展

瞬时记忆的保持时间一般在 0.2~5 秒。有研究表明：视觉瞬时记忆的保持时间一般在 1 秒以内，听觉瞬时记忆的保持时间最长为 4~5 秒。

习 题

一、选择题

1. 学前儿童记忆的基本特点是（　　）。

A. 无意记忆占优势，有意记忆逐渐发展

B. 机械记忆的效果优于意义记忆的效果

C. 词语记忆占优势，形象记忆逐渐发展

2. 学前儿童最早出现的是（　　）。

A. 情绪记忆　　　　B. 语词记忆　　　　C. 形象记忆　　　　D. 运动记忆

3. 按顺序呈现"护士、兔子、月亮、救护车、胡萝卜、太阳"图片让儿童回忆，儿童回忆说：刚看到了救护车和护士，兔子与胡萝卜，太阳与月亮，这些儿童运用的记忆策略为（　　）。

A. 复述策略　　　　　　　　　　B. 精细加工策略

C. 组织策略　　　　　　　　　　D. 习惯化策略

4. 婴儿时期的记忆主要以（　　）为主。

A. 无意识　　　　　　　　　　　B. 有意识

C. 自传体记忆　　　　　　　　　D. 元记忆

5. 对于不容易进行分类的信息，个体确认或构建记忆项目之间某种意义上的联系，这属于（　　）记忆策略。

A. 复述　　　　　B. 组织　　　　　C. 精细加工　　　　D. 元记忆

二、简答题

1. 简述记忆在学前儿童心理发展中的作用。

2. 简述记忆在儿童心理发展中的意义。

第六节　学前儿童记忆的发展

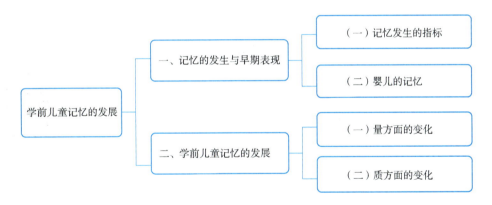

案例：长大胡子的王叔叔和戴眼镜的张叔叔

> 家庭聚会时，6岁的桃桃总是记不住几位叔叔，妈妈告诉桃桃，长着大胡子的是王叔叔，你舅舅也有胡子，舅舅也姓王。戴着眼镜的是张叔叔，你爸爸姓张，爸爸也戴眼镜……这样桃桃都记住了，脸上露出了笑容。

一、记忆的发生与早期表现

（一）记忆发生的指标

记忆是对经验的识记、保持和恢复的过程。记忆过程的第一步是识记，这是把感知或体验到的东西记下来的过程。记忆过程的第二步是保持，即把识记的材料保存在头脑里。保持过程往往不是简单地、原封不动地把材料放在那里，而是要进行一定的加工整理，就像图书馆将买来的新书登记整理，分门别类地储存在书库里一样。记忆的最后一步是恢复，也就是把保存在头脑中的知识经验重新呈现出来的过程，相当于把藏书从书库里取出来。记忆恢复有两种形式：再认和再现（也叫回忆）。再认是指识记过的事物重新出现时，感到熟悉，确知是以前感知过或经历过的。再现则是指识记过的事物并没有直接出现，受其他事物的影响而呈现在头脑中。识记和保持是恢复的前提，恢复（再认或再现）是识记和保持的结果。根据识记和保持的情况可以判断记忆是否发生。

（二）婴儿的记忆

胎儿及新生儿的记忆，从恢复形式上看都属于"再认"。

婴儿期的记忆主要是再认的形式。儿童明显的再认出现在 6 个月左右，这时儿童开始"认生"，即只愿亲近妈妈及经常接触的人，对陌生人的走近感到惊慌不安甚至哭起来。学前儿童记忆保持时间的变化见表 7-3。

表 7-3　学前儿童记忆保持时间的变化

年龄	1 岁	2 岁	3 岁	4 岁	7 岁
再认	几天	几个星期	几个月	一年以前	三年前
再现		几天	几个星期	几个月	1~2 年

由表 7-3 得出结论：再认和再现的潜伏期都随着年龄的增长而增长。

二、学前儿童记忆的发展

（一）量方面的变化

微课 7-6
婴儿的记忆

学前儿童记忆发展量方面的变化有以下两个特点。

（1）记忆保持时间逐渐延长。记忆保持时间也称记忆的潜伏期，指的是从识记材料到能够对材料再认或再现（回忆）之间的间隔时间。由于机制不同再认和再现的潜伏期也不一样。再认潜伏期和再现潜伏期随儿童年龄增长的变化，见表 7-4。

表 7-4　再认潜伏期和再现潜伏期随儿童年龄增长的变化

类别　　时间　　年龄	1 岁左右	2 岁左右	3 岁左右	4 岁左右	7 岁左右
再认潜伏期	几天	几周	几个月	1 年	3 年
再现潜伏期		几天	几周	几个月	1~2 年

（2）记忆容量逐渐扩大。

（二）质方面的变化

学前儿童记忆发展质方面的变化有以下特点。

1. 记忆态度的形成

记忆态度指的是记忆的目的和意图。有明确目的和意图的记忆活动称为有意记忆，反之为无意记忆。记忆态度在记忆的三个基本环节中（识记、保持和恢复）都有表现。

3 岁以前儿童没有明确的记忆目的和意图，他们头脑中存储的信息基本是无意之中获得的。3 岁之后，带有明确目的和意图的有意记忆开始出现，此时儿童开始形成自觉记忆的态度。

有意记忆的产生和发展，使儿童成为信息的主动自觉的收集者、组织者和存储者。

2. 记忆内容的扩大

记忆内容指的是记忆材料的形式和性质。直观形象类的记忆称形象记忆；语言文字类的记忆称语词记忆。形象记忆又可分为运动记忆、情绪记忆和狭义的形象记忆三类。

运动记忆是指对自己的动作或身体运动的记忆，又叫动作记忆。儿童学会各种动作，掌握各种生活、学习、劳动及运动的技能，形成行为习惯都要依靠运动记忆。儿童最先出现的记忆就是运动记忆，如对吃奶时身体运动姿势形成的条件反射。运动记忆不仅出现得早，而且潜伏期长。例如，学会骑自行车后，即使许多年不骑，似乎完全遗忘了，一旦需要，恢复起来十分容易。许多行为习惯也属于运动记忆，形成之后，经久不忘。因此，从小养成良好的行为习惯非常重要。

情绪记忆是对体验过的情绪或情感的记忆。儿童喜爱什么、依恋什么、厌恶什么、害怕什么，都是情绪记忆的结果。儿童情绪记忆出现得也比较早。整个儿童期，记忆都带有强烈的情绪性。

狭义的形象记忆是根据具体的形象来识记各种材料。幼儿认识母亲，分清熟人和陌生人，都是形象记忆的表现。

在儿童掌握语言之前，其记忆内容基本是形象类材料。随着言语活动的形成和发展，语词才逐渐成为儿童记忆的内容。

 **知识拓展**

组块是人类信息加工中最重要的形式之一。组块是指将若干较小单位联合成有意义的、较大单位信息的加工过程，是短时记忆容量的信息单位。该概念是由美国心理学家乔治·米勒于 1956 年提出的。他认为，短时记忆中的一个单位相当于一个组块，组块是一种可变的客体，它所包含的信息可多可少。

习 题

一、选择题

1. 幼儿生病时去过医院，以后看见穿白大褂的人就害怕，这种心理活动是（　　）。

A. 记忆　　　　　B. 想象　　　　　C. 思维　　　　　D. 感觉

2. 把记忆的材料保存在头脑中的环节是（　　　）。

A. 再认　　　　　　B. 再现　　　　　　C. 保持　　　　　　D. 识记

3. 最早提出遗忘规律的心理学家是（　　　）。

A. 埃里克森　　　　B. 皮亚杰　　　　　C. 艾宾浩斯　　　　D. 班杜拉

4. 冬冬跟妈妈逛商店，看到商店招牌上的字，高兴地说："妈，这字我认识，老师教过我们。"这种现象在心理学中属于（　　　）。

A. 识记　　　　　　B. 保持　　　　　　C. 回忆　　　　　　D. 再认

5. 幼儿记忆的特点之一是（　　　）。

A. 形象记忆占优势　　　　　　　　B. 词语记忆占优势

C. 意义记忆用得多　　　　　　　　D. 机械记忆效果好

二、简答题

简述学前儿童记忆的特点。

第七节　学前儿童记忆的年龄特征及记忆力的培养

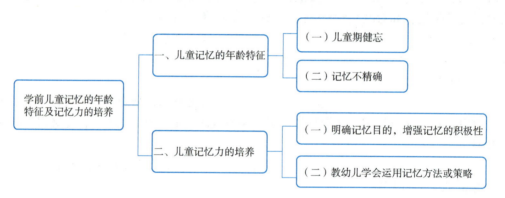

案例：会旋转的小瓢虫

> 　　洋洋18个月，一天，他从筐里拿起一只玩具小瓢虫。他拿在手中反复观看，妈妈给瓢虫上了发条，然后放在地板上。洋洋好奇地看着它不停地旋转、翻跟头。当瓢虫停下不动时，他拿起地上的瓢虫，模仿着妈妈用手指捏着发条转，然后把它放在地板上，发现瓢虫不动，于是又用手推一推，瓢虫还是不动，再拿起瓢虫转发条，转动半圈，反复尝试多次，仍然不能使瓢虫动起来。洋洋不气馁，把筐里另外两只瓢虫拿出来，试一试转几下发条放在地板上观察，还用手推一下。十几分钟后，他终于能使发条连续转两圈，但还没有放到地上，发条就已经走完了，瓢虫还是不动。

一、儿童记忆的年龄特征

（一）儿童期健忘

儿童很容易记住一些新的学习材料。一是因为他们的神经系统具有极大的可塑性，很容易在大脑皮层上留下记忆痕迹；二是因为他们缺乏经验，许多事物对他们来说都是新鲜的，能够引起他们的惊讶、兴奋等情绪体验，从而更加深对新事物的印象，而且较少受以往经验的干扰。然而他们记得快，忘得也快，记忆的潜伏期较短。这一特点集中反映在"儿童期健忘"这一现象上。

人在成年以后很少能直接回忆起三四岁以前发生的事情，甚至有人最早只能回忆到 9 岁左右的事。这种缺乏回忆幼年期事物能力的现象就是"儿童期健忘"。这可能与童年期大脑发育的特点有关。儿童期的记忆任务是由先发育的脑区承担的，但"后来者居上"，晚成熟的脑区不仅担负起主要的学习任务，而且控制了先成熟的脑区，从而妨碍了对先学习的东西的回忆，表现出儿童期健忘。

（二）记忆不精确

记忆不精确是儿童记忆的另一显著特点，它主要表现在以下两个方面：

微课 7-7

艾宾浩斯遗忘曲线

1. 完整性较差

儿童的记忆常常支离破碎、主次不分，年龄越小，这种情况越明显。他们回忆学习过的语言材料（故事、儿歌等）时常常漏掉主要情节和关键词语，只记住那些他们自己感兴趣的某个环节。比如，在听完陈伯吹先生的"胆小的小猫"之后，不少小班幼儿只能复述"小猫一跑，'克朗朗！克朗朗！'……把它吓坏了！'呼'的一声，气球炸了，小猫掉下来了……"这样几个带有拟声的、他们听讲时就笑起来的句子，至于小猫如何变得勇敢起来的过程，几乎无人提及。大班儿童的情况有了很大的变化。他们开始能够区分主次，以主题贯穿情节。但在回忆自己的生活经历时，仍表现出记忆不完整的特点。儿童用语言再现记忆材料时表现出的这个特点，与其言语发展水平也有着密切的关系。

2. 容易混淆

儿童的记忆有时似是而非，常常混淆相似的事物。例如，他们认识了一个幼儿园的"园"字，常常把结构有某种相似性的"团"字也再认为"园"；整体认识了"眼睛"两个字，就会把单独出现的"睛"字再认为"眼"。更甚者，儿童还可能真假不辨，把想象的东西和记忆的东西相混淆。当想象的事物为儿童强烈期盼的事物时，这种情况便时有发生。比如，一个儿童看到别的幼儿有个很大的变形金刚，特别想要。妈妈安慰他，说爸爸从美国回来时会给他带一个更好的。一天早上起床后，这个幼儿的第一句话就是："我爸爸给我买的变形金刚太棒了！"然后到处找，"我的变形金刚呢？妈妈，你帮我收到哪儿了？"强烈的情绪加反复的想象，加深了幼儿头脑中的印象，以至于连他自己也弄不清哪是虚构的、哪是现实的事。

精确性是一个很重要的记忆品质。失去这一点，其他品质（如持久性）也就丧失了它们的价值。一般而言，幼儿记忆的精确性是随其年龄的增长而逐渐提高的。

二、儿童记忆力的培养

记忆力是认知能力，即智力的重要组成部分。人们常用"过目不忘""博闻强记"等与记忆力有关的词形容聪明人。如何根据儿童的特点来提高记忆效率，是教师和家长共同关心的问题。因此，在培养儿童的记忆力时应注意以下方面：

（一）明确记忆目的，增强记忆的积极性

有意识记忆的形成和发展是儿童记忆中最重要的质变。识记的目的和积极性直接影响记忆的效果。要想提高记忆效果，必须使儿童明确地意识到识记任务。儿童没有记住某些事情，常常是因为他们不了解为什么要记，也不清楚要记住什么，因而没有认真去记。如果识记对象与幼儿活动的动机有直接关系，或者识记对象是完成活动任务的手段时，儿童就容易意识到识记任务。例如，在玩"开商店"的游戏时，记住各种商品的名称或特征是进行游戏（扮演售货员或顾客）的必要条件，记不住这些，游戏就无法开展，儿童游戏的需要就不能得到满足。在这种情况下，幼儿清楚地意识到识记任务，有意识记的效果自然也就提高了。

（二）教幼儿学会运用记忆方法或策略

记忆能力强弱的关键之一在于是否会运用记忆策略。成人在向幼儿传授知识技能的同时，要培养他们运用记忆方法的意识，并且教一些常用的识记策略。比如，利用语言中介的策略，对识记材料进行分析，找出内在规律、进行归类、建立联想（"1"像小棍，"2"像鸭子等）等；对较长的文字材料分段背诵、突破难点等。只要具有策略意识并掌握一些基本策略，幼儿记忆的效果就会有较大的改观。

 知识拓展

遗忘的理论解释

1. 痕迹衰退说

痕迹衰退说是对遗忘原因的最古老的解释，它起源于亚里士多德，由桑代克进一步发展。这种理论认为遗忘是由记忆痕迹衰退引起的，消退随时间的推移自动发生。从这个角度来说，为避免遗忘就应多加练习。

2. 干扰说

干扰说认为遗忘是由于在学习和回忆之间受到其他刺激干扰的结果。干扰主要有两种情况，即前摄抑制和倒摄抑制。前摄抑制就是指前面学习的材料对识记和回忆后面学习材料的干扰；倒摄抑制是指后面学习的材料对保持或回忆前面学习材料的干扰。一般而言，时间上接近、内容上相似、要求上相同的学习之间容易产生干扰，所以学校应把内容相似的课程交错安排。

3. 同化说

同化说是美国认知教育心理学家奥苏贝尔根据他的有意义接受学习理论提出的，遗忘就其实质来说，是知识的组织与认知结构简化的过程。遗忘有积极的遗忘和消极的遗忘：前者指高级观念代替低级观念，从而简化了认识并减轻了记忆负担；后者指由于原有知识结构不巩固，或者由于对旧知识辨析不清楚，或者以原有的观念来代替表面相同而实质不同的新观念，从而出现的记忆错误。

4. 动机说

这一理论最早由弗洛伊德提出。他认为遗忘不是保持的消失，而是记忆被压抑。该理论认为，遗忘是因为人们不想记，所以将一些记忆信息排除至意识之外的结果。

 习 题

一、选择题

1. 幼儿的形象记忆主要依靠的是（   ）。

A. 动作　　　　　B. 言语　　　　　C. 表象　　　　　D. 情绪

2. 我们能顺利地将广播体操一个动作接一个动作，一节接一节地做下来，这是（   ）在起作用。

A. 形象记忆　　　B. 运动记忆　　　C. 情绪记忆　　　D. 理解记忆

3. 当教师第一次走上讲台，面对几十个小朋友讲课时激动兴奋的心情，多年后仍然能清楚地记得，这就是（   ）。

A. 形象记忆　　　B. 运动记忆　　　C. 语词—逻辑记忆　D. 情绪记忆

4. 在不理解的情况下，幼儿能熟练地背诵古诗，这是（   ）。

A. 意义记忆　　　B. 理解记忆　　　C. 机械记忆　　　D. 逻辑记忆

5. 从记忆内容看，幼儿阶段占主要地位的记忆类型是（   ）。

A. 运动记忆　　　B. 形象记忆　　　C. 情绪记忆　　　D. 语词记忆

二、简答题

1. 简述幼儿记忆的年龄特征。

2. 简述影响幼儿无意识记忆的因素。

第 八 章

学前儿童情绪情感发展

 教学计划

一、教学目标

（一）知识目标

1. 理解情绪和情感的概念及种类。
2. 掌握情绪和情感发展的规律特点，懂得运用情绪和情感特点进行教育活动。
3. 能初步设计促进学前儿童良好情绪和情感发展的活动方案。

（二）素质目标

1. 促进学生情绪情感健康的发展，促进心理成熟化。
2. 培养学生团队协助、团队互助等意识。
3. 培养学生自我学习的习惯、爱好和能力。

二、课程设置

本章共 4 节课程，课内教学总学时为 8 学时。

三、教学形式

面授，课件。

四、教学环节

1. 组织教学：在新课标中，进行备课。因材施教，了解班上每一个学生的性格、爱好、学习情况。
2. 导入新课：采用图片、音乐、游戏等形式进行课堂导入，吸引学生注意力。
3. 讲授新课：在导入后，对新知识进行讲解，并把课堂重难点掌握。
4. 巩固新课：了解学生掌握情况，并按掌握情况及时调整教学。
5. 布置课后作业。

列宁说"没有'人的情感'，就从来没有也不可能有人对真理的追求。"只有心理上的积极的情绪体验才能激励人们对真理的勇敢追求。思想教育工作要帮助人们提高认识，明白

事理，就不能忽视情感的桥梁作用，也就是说只有情通才能理达。一个学生产生心理矛盾和心理障碍，总是愿意找感情融洽的老师和同学去说。如果师生之间、同学之间的心理距离较大，相互间有隔阂，往往是好心好意也会被误为虚情假意，致使正确的意见也听不进去，甚至有时还从相反的方面去看待对方意见。因此，接近、关心、爱护、尊重学生是思想教育工作的情感基础，师生之间的情感交流、感情融洽是思想教育工作的必要条件。在思想教育中，由认识到行动的转变是最本质的转变，情感对于这种转变起着联结和促进作用。在做学生思想教育工作的时候，教师不仅要以情动人，还要采取有效措施激发人的情感。在强烈的情感驱使下，可以把认识转化为行动，从而加速从认识到行动的转化。

第一节　儿童情绪的发生与分化

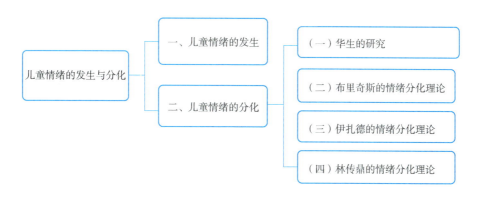

 案例：不好意思的丁丁

> 　　五岁的丁丁从隔壁乐乐家回来的时候，手里多了几颗弹珠，妈妈一回来才知道是从乐乐那里拿的。丁丁显得很不好意思，她听从妈妈的话，主动把弹珠还给了乐乐。
> 　　学前期的儿童已经能初步体验出羞耻、嫉妒等各种复杂的情绪。当他们做错了事情，会感到脸红和羞愧，而不再像更小的时候，经常将别人的东西据为己有。

一、儿童情绪的发生

据有关学者的观察和研究表明，儿童出生之后就有情绪。新生儿或哭、或安静、或四肢舞动等，都是情绪的表现，称为原始的情绪反应。

经过多年的研究，现在人们普遍认为，原始的、基本的情绪是进化来的、天生的，儿童先天就有情绪反应。这种情绪反应与生理需要是否得到满足有直接关系。

微课 8-1
儿童情绪反应

二、儿童情绪的分化

初生婴儿的情绪是否分化，是仅仅只有一般性的、未分化的情绪，还是具有各个分化的、不同的情绪，这一直是个有争议的课题。我国心理学家孟昭兰对婴幼儿情绪进行了实验研究，见表 8-1。

表 8-1　孟昭兰情绪分化理论

情绪类别	最早出现时间	诱因	经常显露时间	诱因
痛苦	出生后	身体痛刺激	出生后	
厌恶	出生后	味刺激	出生后	
微笑	出生后	睡眠中，内部过程节律反应	出生后	
兴趣	出生后	新异光、声和运动物体	3 个月	
社会性微笑	3～6 周	高频人语声（女声），人的面孔出现	3 个月	熟人面孔出现，面对面玩
愤怒	2 个月	药物注射痛刺激	7～8 个月	身体活动受限制
悲伤	3～4 个月	治疗痛刺激	7 个月	与熟人分离
惧怕	7 个月	从高处降落	9 个月	
惊奇	1 岁	新异物突然出现	2 岁	陌生人或新异较大的物体出现
害羞	1～1.5 岁	熟悉环境中陌生人出现	2 岁	
轻蔑	1～1.5 岁	欢乐情况下显示自己的成功	3 岁	
自罪感	1～1.5 岁	抢夺别人的玩具	3 岁	做错事，如打破杯子

（一）华生的研究

行为主义的创始人华生根据对医院 500 多名婴儿的观察提出：新生儿有三种主要情绪即怕、怒和爱。华生还详细描述了出现这些情绪的原因和表现，如图 8-1 所示。

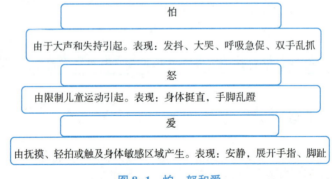

图 8-1　怕、怒和爱

1. 怕

华生认为新生婴儿的怕是由于大声和失持引起的。当婴儿安静地躺着时，在其头部附近敲击钢条，会立即引起他的惊跳，肌肉猛缩，继之以哭；当身体突然失去支持，或身体下面的毯子被人猛抖，婴儿会发抖、大哭、呼吸急促、双手乱抓。不同事情害怕比例如图 8-2 所示。

2. 怒

怒是由于限制儿童运动引起的。如用毯子把孩子紧紧地裹住，不准活动，婴儿会发怒，身体挺直或手脚乱蹬。

害怕

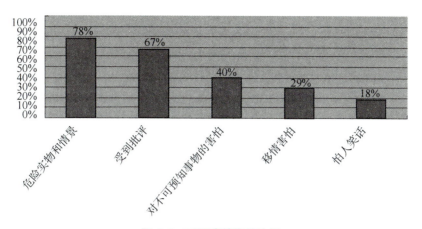

图 8-2 不同事情害怕比例

3. 爱

爱由抚摸、轻拍或触及身体敏感区域产生。如抚摸孩子的皮肤，或是柔和地轻拍他（她），会使婴儿安静，产生一种广泛的松弛反应，或是展开手指、脚趾。

（二）布里奇斯的情绪分化理论

加拿大心理学家 K. M. 布里奇斯（K. M. Bridges）于 1932 年提出一个新的观点：新生儿的情绪只是一种弥散性的兴奋或激动，是一种杂乱无章的未分化的反应，主要由一些强烈的刺激引起，包括内脏与肌肉间不协调的反应。在以后学习和成熟的作用下，各种不同的情绪才逐渐分化出来。

布里奇斯根据自己的研究提出的情绪分化理论是早期比较著名的理论。布里奇斯认为，新生儿只有未分化的一般性的激动，表现为皱眉和哭的反应；3 个月时分化为快乐、痛苦两种情绪；到 6 个月时，痛苦又进一步分化为愤怒、厌恶、害怕三种情绪；到 12 个月时，快乐情绪又分化出高兴和喜爱；到 18 个月时，分化出喜悦与妒忌，如图 8-3 所示。

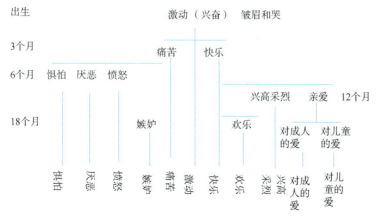

图 8-3 布里奇斯理论

（三）伊扎德的情绪分化理论

伊扎德（Izard）是当代美国和国际著名的情绪发展研究专家，他运用录像技术和其两套面部肌肉运动和表情模式测查系统，将新生儿的面部表情进行了全面、详细的录像，并进行了精细、深入的分析，提出：人类婴儿在其出生时，就展示出了各种不同的面部表情和情绪。

伊扎德关于婴儿情绪发展的研究及据此提出的情绪分化理论，在当代情绪研究中有很大的影响。伊扎德认为婴儿出生时具有五大情绪：惊奇、痛苦、厌恶、最初步的微笑和兴趣。4~6周，出现社会性微笑；3~4个月，出现愤怒、悲伤；5~7个月，出现惧怕；6~8个月，出现害羞；半岁~1岁，出现依恋、分离伤心、陌生人恐惧；1岁半左右，出现羞愧、自豪、骄傲、操作焦虑、内疚和同情等。

伊扎德的研究较之前人的研究，无论在科学性和可测性上都大大提高了一步，每一种新出现的情绪反应都有一定的具体客观指标，易于鉴别、判断。

（四）林传鼎的情绪分化理论

我国的心理学家林传鼎根据观察了500多个出生1~10天的新生儿的动作变化提出了自己的观点。他认为，新生儿已具有两种完全可以区分的情绪反应：一种是愉快情绪反应，代表生理需要的满足（如吃饱、温暖和舒适等），愉快的反应是一种积极生动的反应，它表现为某些自然动作，尤其是四肢末端的自由动作的增加，且不僵硬；一种是不愉快的情绪反应，代表生理需要的未满足（如饥饿、寒冷、疼痛等），表现为自然动作的简单增加，如连续哭叫、脚蹬手刨等。

林传鼎认为儿童情绪分化的过程可以分为以下三个阶段：

1. 泛化阶段（0~1岁）

这一阶段儿童的情绪反应比较笼统，往往是生理需要引起的情绪占优势。0.5~3个月，出现了六种情绪：欲求、喜悦、厌恶、忿急、烦闷、惊骇。但这些情绪不是高度分化的，只是在愉快与不愉快的基础上增加了一些面部表情。4~6个月，开始出现由社会性需要引起的喜欢、忿急。

2. 分化阶段（1~5岁）

这一阶段儿童情绪开始多样化，从3岁开始，陆续产生了同情、尊重、爱等20多种情感，同时一些高级情感开始萌芽，如道德感、美感。

3. 系统化阶段（5岁以后）

这一阶段的基本特征是情绪生活的高度社会化。这个时期道德感、美感、理智感等多种高级情绪达到一定的水平，有关世界观形成的情绪初步建立。

林传鼎的情绪发展理论对我国情绪发展研究和理论产生过很大的影响，直到今日，他的不少观点——如新生儿已有两种完全可以分清的情绪反应，4~6个月婴儿出现与社会性需要有关的情感体验，社会性需要逐渐在婴儿情感生活、交流中起着越来越大的作用等，始终为人们所接受，并不断为今天的研究所证实。

知识拓展

美国生理学家爱尔马为研究生气对人健康的影响，做了一项实验：他把一支玻璃试管插在有冰有水的容器中，然后收集人们处在不同情绪状态下的"气水"反应，结果发现：同一个人，当他心平气和时，所呼出的气变成水后，澄清透明；悲痛时"气水"有白色沉淀；悔恨时有淡绿色沉淀；生气时有紫色沉淀。爱尔马把人生气时吐出的紫色沉淀注入大白鼠身上，只过了几分钟，大白鼠就一命呜呼了。爱尔马进而分析得出结论：人生气时会分泌出有毒性的物质。

 **习 题**

一、选择题

1. 某托儿所训练刚入所的孩子早上来时向老师说"早上好"，下午离所时说"再见"，结果许多孩子先学会说"再见"，而问"早上好"则较晚才学会，其重要原因是由于孩子早上不愿与父母分离。这是（ ）。

A. 情绪的社会化

B. 情绪的分化

C. 情绪对儿童心理活动的动机作用

D. 情绪对儿童认知发展的促进作用

2. 高兴时语调激昂，节奏轻快；悲哀时语调低沉，节奏缓慢。这属于（ ）。

A. 面部表情　　　B. 身段表情　　　C. 言语表情　　　D. 肢体表情

3. 对事物的好奇心和新异感，对认识活动初步成就的欣慰体验等属于（ ）。

A. 理智感　　　B. 道德感　　　C. 责任感　　　D. 美感

4. 关于情绪和情感与认识过程的关系，描述正确的是（ ）。

A. 没有对事物的认识就不能产生情绪和情感

B. 当人们回忆学业和事业的成就时会产生愉快情绪体验，这是与想象相联系的情绪情感

C. 单纯对客观事物的认识能够产生情绪和情感

D. 与认识过程相比，情绪和情感具有较强的随意性

5. 良好的个性品质对人际交往有巨大的吸引力，不良的个性品质对人际交往有巨大的排斥力。公民应养成良好的个性品质，克服不良个性品质。下列应克服的个性品质是（ ）。

A. 有多方面的兴趣、爱好

B. 对人一视同仁，富于同情心

C. 意志坚定，情绪乐观，并且有谦逊的品质

D. 不为他人的处境和利益着想，有极强的嫉妒心

二、简答题

1. 简述幼儿情绪情感的发展的一般趋势。

2. 幼儿教师如何在保教活动中营造良好的心理氛围？

第二节　学前儿童情绪发展的一般趋势

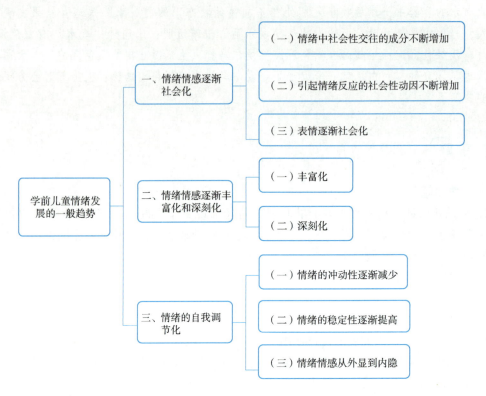

 案例：害羞的兰兰还是耍脾气的兰兰

　　兰兰是个5岁的女孩，她会经常对爸爸说："我很想念你哟，你能不能早些回来呀？"早晚她都会亲吻爸爸；她会把在幼儿园里发生的事对妈妈说，哪怕是些很细微的事。她会为下班的爸爸放鞋子，会拿着与妈妈一同去买回来的大包小包物品上楼梯，会和爸爸、妈妈玩在幼儿园玩过的游戏，会表演节目给爸爸、妈妈看，会自觉地练琴、照老师吩咐的去做练习。但当父母带兰兰外出时，兰兰的表现却和在家里截然不同，任父母怎样哄，她都不爱说话，也不愿意向叔叔、阿姨问好。因而，妈妈下了个结论：兰兰很害羞。虽然兰兰在家里也经常提起叔叔、阿姨，但在和叔叔、阿姨一起用餐时，她却一脸不高兴的样子。妈妈去打听兰兰在幼儿园的情况，老师说兰兰每天都第一个到幼儿园，很乐意当老师的小助手，为小朋友做这做那，也喜欢画画、弹钢琴、跳舞，几乎是班里数一数二的能干孩子，老师经常让她表现自己，让她锻炼胆量。可是，她见了叔叔、阿姨不主动打招呼，在外面进餐时总没有好的表现的情况一直没有多大的好转。

　　【案例分析】从兰兰的各种表现来看，她并不是害羞，而是在耍脾气，希望父母、叔叔、阿姨更关注自己。从幼儿心理发展的角度分析，兰兰是个自我意识发展比普通孩子快的孩子，她观察细致、情感细腻、好胜心也很强，特别在乎别人关注她、哄她开心。父母应该对孩子经常在同一种情况下耍脾气引起足够的重视，因为这是情商发展不良的一种信号。只有运用适当的方法，巧妙地加以引导，帮助孩子走出以我为中心的误区，积极地接纳别人，树立健康的自我意识，才能使孩子的人格得到健全的发展。

学前儿童情绪和情绪的发展趋势主要有社会化、丰富和深刻化以及自我调节化三个方向，如图8-4所示。

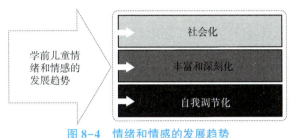

图8-4 情绪和情感的发展趋势

一、情绪情感逐渐社会化

儿童最初出现的情绪是与生理需要相联系的，随着年龄的增长，情绪逐渐与社会性需要相联系。社会化成为儿童情绪情感发展的一个主要趋势。

儿童社会化是指儿童获得基本运动技巧、语言能力、初步的生活自理能力和自我概念的过程。作为社会化主体的儿童，具有可塑性大、基本不能控制社会化进程、由各种社会化力量构建其生活环境等特点，但并非处于完全被动地位，他们的种种反应在一定程度上调节着社会化的进程与方式。

（一）情绪中社会性交往的成分不断增加

学前儿童的情绪活动中，涉及社会性交往的内容，随着年龄的增长而增加。有研究发现，学前儿童交往中的微笑可以分为三类：第一类，儿童自己玩得高兴时的微笑；第二类，儿童对教师的微笑；第三类，儿童对小朋友的微笑。这三类微笑中，第一类不是社会性情感的表现，后两类则是社会性的。1岁半和3岁儿童三类微笑的次数比较见表8-2。

表8-2 1岁半与3岁儿童的三类微笑的次数比较

年龄	自己笑		对教师笑		对小朋友笑		总数	
	次数	%	次数	%	次数	%	次数	%
1岁半	67	55.37	47	38.84	7	5.79	121	100
3岁	117	15.62	334	44.59	298	39.79	749	100

从表8-2中可以看到，从1岁半到3岁，儿童非社会性交往微笑的比例下降，社会性微笑的比例则不断增长。

（二）引起情绪反应的社会性动因不断增加

引起儿童情绪反应的原因，称为情绪动因。婴儿的情绪反应，主要是和他的基本生活需要是否得到满足相联系的。例如，温暖的环境、吃饱、喝足、尿布干净等，都常常是引起愉快情绪的动因。1~3岁的儿童情绪反应的动因，除了与满足生理需要有关的事物外，还有大量与社会性需要有关的事物。但总的来说，在3岁前儿童情绪反应动因中，生理需要是否满足是其主要动因。3~4岁，幼儿情绪的动因处于从主要为满足生理需要向主要为满足社会性需要的过渡阶段。在中大班幼儿中，社会性需要的作用越来越大。幼儿常希望被人注意，为人重视、关爱，要求与别人交往。与人交往的社会性需要是否得到满足，以及人际关系状况如何，直接影响着幼儿情绪的产生和性质。成人对幼儿不理睬，之所以可以成为一种惩罚手段，原因即在于此。不仅与成人的交往需要及状况是制约幼儿情绪产生的重要社会性动因，而且与同伴交往的状况也日益成为影响幼儿情绪的重要原因。

由此可见，幼儿的情绪情感与社会性交往、社会性需要的满足密切联系。幼儿的情绪情感正日益摆脱与生理需要的联系，而逐渐社会化，其与成人（包括教师、家长）和同伴的交往密切联系。社会性交往、人际关系对儿童情绪影响很大，是左右其情绪情感产生的最主要动因。

（三）表情逐渐社会化

表情是情绪的外部表现。有些表情是生物学性质的本能表现。儿童在成长过程中，逐渐掌握周围人们的表情手段，表情日益社会化。儿童表情社会化的发展主要包括两个方面：一是理解（辨别）面部表情的能力；二是运用社会化表情的能力。

1. 理解（辨别）面部表情的能力

表情所提供的信息，对儿童与成人交往的发展与社会性行为的发展起着特别重要的作用。1岁左右的婴儿已经能笼统地辨别成人的表情。例如，对他微笑，他会笑，如果作出严厉的表情，婴儿会马上哭起来。有研究表明，小班的幼儿已经能够辨认别人高兴的表情，大约在幼儿园中班开始，能够对愤怒表情进行识别。

2. 运用社会化表情的能力

富切尔对5~20岁先天盲人和正常人面部表情后天习得性的研究发现，最年幼的盲童和正常儿童相比，无论是面部表情动作的数量，还是表达表情的适当程度，都没有明显的差别。但是，正常儿童的表情动作数量和表达表情的逼真性，都随着年龄增长有进步，而盲童则相反。这说明，先天的表情能力只能保持一定水平，如果缺乏后天的学习，先天的表情能力会下降。盲童由于缺乏对表情的人际知觉条件，其表情的社会化受到了障碍。

研究表明，随着年龄的增长，儿童解释面部表情和运用表情手段的能力都有所增长。一般而言，辨别表情的能力一般高于制造表情的能力。

影响情绪发展的社会化因素如图8-5所示。

图8-5 影响情绪发展的社会化因素

二、情绪情感逐渐丰富化和深刻化

从婴幼儿情绪所指向的事物来看，其发展趋势越来越丰富和深刻。

（一）丰富化

随着幼儿年龄的增长，活动范围不断扩大，有了许多新的需要，继而也就出现了多种新的情绪体验。例如，幼儿中期逐渐出现的友谊感，幼儿晚期进一步表现出的集体荣誉感等。原来并不引起儿童情绪体验的事物，可随着年龄增长，不断引起幼儿的各种情绪体验。例如，周围成人对幼儿的态度会引起幼儿愉快、自豪或委屈等情绪体验；周围的动物、植物甚至自然现象同样也可以引起幼儿的同情、惊奇等体验；教师在日常教学和班级管理过程中，如果表现出对幼儿的信任、爱护、尊重，必然使幼儿从内心产生对教师的好感、依赖和敬慕。

情绪的日益丰富包括两种含义：其一，情绪过程越来越分化；其二，情绪所指向的事物不断增加。

1. 情绪过程越来越分化
刚出生的婴儿只有少数的几种情绪，随着年龄的增长，情绪类型不断分化、增加。

2. 情绪所指向的事物不断增加
有些先前不引起儿童情绪体验的事物，随着年龄的增长，引起了情绪体验。例如，2~3岁的儿童，不太在意小朋友是否和他共玩；而3~4岁的儿童，小朋友的孤立、不和他玩，以及成人的不理会，特别是误会、不公正对待、批评等，会使他非常伤心。

（二）深刻化

情感的深刻化是指指向事物的性质的变化，从指向事物的表面到指向事物更内在的特点。例如，幼儿对父母的依恋主要由于父母是满足他的基本生活需要的来源，而年长儿童则已包含对父母的尊重和爱戴等内容。又如，幼儿对行动有不同的体验，对自己的行动成就可能表现出骄傲，而对别人的行动成就表现出羡慕。

学前儿童情感的深刻化，与其认知发展水平有关。根据与认知过程的联系，情绪情感的发展可以分为表8-3所示几种水平。

表8-3　情绪情感的不同发展水平

认知过程	举例
感知觉	与生理性刺激联系：突然的声响
记忆	被打过针的孩子，看到白大褂产生哭闹
想象	再不睡觉，大灰狼就来了
思维	病菌使人生病，害怕病菌
自我意识	受别人嘲笑、对活动成败感到焦虑等

1. 与感知觉相联系的情绪情感

与生理性刺激联系的情绪，多属此类。例如，儿童听到刺耳的声音或身体突然失持，都会引起痛苦和恐惧。

2. 与记忆相联系的情绪情感

陌生人表示友好的面孔，可以引起3~4个月儿童的微笑，但对于7~8个月的儿童，则可能引起惊奇或恐惧。这是因为前者的情绪尚未和记忆相联系，而后者则已有记忆的作用。没有被火烧灼过的儿童，对火不产生害怕情绪；被火烧灼过的儿童，则会产生害怕情绪。儿童的许多情绪都是条件反射性质的，也就是和记忆相关联的情绪。

3. 与想象相联系的情绪情感

两三岁以后的儿童，常常由于被告知蛇会咬人、黑夜有鬼等，而产生怕蛇、怕黑等情绪，这些都是和想象相联系的情绪体验。

4. 与思维相联系的情绪情感

5~6岁儿童理解病菌能使人生病，从而害怕病菌；理解苍蝇能带病菌，于是讨厌苍蝇。这些惧怕、厌恶的情绪是与思维相联系的情绪。

幽默感是一种与思维发展相联系的情绪体验。3岁儿童看到鼻子很长的人或眼睛在头后面的娃娃都报之以微笑。这是儿童理解到"滑稽"状态（即不正常状态）而产生的情绪表现。幼儿会开玩笑，即出现幽默感的萌芽，是和他开始能够分辨真假相联系的。

5. 与自我意识相联系的情绪情感

受到别人嘲笑而感到不愉快，对活动的成败感到自豪、焦虑，对别人的怀疑和妒忌等，都属于与自我意识相联系的情感体验。这种情感的发生，更多地不决定于事物的客观性质，而决定于主观认知因素。

三、情绪的自我调节化

从情绪的进行过程看，其发展趋势是越来越受自我意识的支配。随着年龄的增长，婴幼儿对情绪过程的自我调节越来越强。这种发展趋势主要表现在如图8-6所示三个方面。

图8-6　自我调节的表现

微课8-2
调节幼儿情绪

（一）情绪的冲动性逐渐减少

幼儿早期由于大脑皮层的兴奋容易扩散，加上大脑皮层下中枢的控制能力发展不足，幼儿常常处于激动的情绪状态。在日常生活中，婴幼儿往往由于某种外来刺激的出现而非常兴奋，情绪冲动强烈。儿童的情绪冲动性还常常表现在他用过激的动作和行为表现自己的情绪。比如，幼儿看到故事中的"坏人"，常常会把它抠掉。

随着幼儿大脑的发育及语言的发展，情绪的冲动性逐渐减少。幼儿对自己情绪的控制，起初是被动的，即在成人要求下，按照成人的指示控制自己的情绪。到幼儿晚期，幼儿对情绪的自我调节能力才逐渐发展。成人经常反复的教育和要求，以及幼儿所参加的集体活动和集体生活的要求，都有利于逐渐养成控制自己情绪的能力，减少冲动性。

（二）情绪的稳定性逐渐提高

婴幼儿的情绪是非常不稳定的、短暂的。随着年龄的增长，情绪的稳定性逐渐提高，但总的来说，幼儿的情绪仍然是不稳定、易变化的。

婴幼儿的情绪不稳定，与其情绪情感具有情境性有关。婴幼儿的情绪常常被外界情境支配，某种情绪往往随着某种情境的出现而产生，又随着情境的变化而消失。例如，新入园的幼儿，看着妈妈离去时，会伤心地哭，但妈妈的身影消失后，经老师引导，很快就愉快地玩起来；如果妈妈从窗口再次出现，又会引起幼儿的不愉快情绪。

婴幼儿情绪的不稳定还与情绪的受感染性有关。所谓受感染性是指情绪非常容易受周围人的情绪影响。例如，新入园的一个孩子哭着找妈妈，会引起其他孩子也哭起来。

幼儿晚期，幼儿情绪比较稳定，情境性和受感染性逐渐减少。这时期幼儿的情绪较少受一般人感染，但仍然容易受亲近的人，如家长和教师的感染。因此，父母和教师在幼儿面前必须注意控制自己的不良情绪。

（三）情绪情感从外显到内隐

婴儿期和幼儿初期的儿童，不能意识到自己情绪的外部表现，他们的情绪完全表露于外，丝毫不加以控制和掩饰。随着言语和幼儿心理活动有意性的发展，幼儿逐渐能够调节自己的情绪及其外部表现。幼儿调节情绪外部表现的能力的发展比调节情绪本身的能力发展得早。例如，往往有这种情况，幼儿开始产生某种情绪体验时，自己还没有意识到，直到情绪过程已在进行时才意识到它，这时幼儿才记起对情绪及其表现应有的要求，才去控制自己。幼儿晚期，幼儿能较多地调节自己情绪的外部表现，但其控制自己的情绪表现还常常受周围情境左右。

婴幼儿情绪外显的特点有利于成人及时了解孩子的情绪，给予正确的引导和帮助。但是，控制调节自己的情绪表现以至情绪本身，是社会交往的需要，主要依赖于正确的培养。由于幼儿晚期情绪已经开始有内隐性，要求成人细心观察和了解其内心的情绪体验。

📘 **知识拓展**

研究学前儿童情绪情感发展，应该先了解情绪情感之间的区别是什么。情绪是人一出生就有的本能反应，一般跟生理有关且比较短暂，如高兴、喜悦等。情感一般持续时间很长，需要与社会相作用逐渐形成，如美感、理智感等。

情绪的分类主要根据情绪发生的强度、持续的时间和紧张度，分为心境、激情以及应激的部分。

 习 题

一、选择题

1. "孩子的脸，六月的天"，说明儿童的情绪情感具有（　　）。

A. 不稳定性　　　　B. 可控性　　　　C. 深刻性　　　　D. 社会性

2. 下列选项中属于情绪状态中应激的有（　　）。

A. 某人失去亲人后长时间心情郁闷状态

B. 正常行驶的汽车意外地遇到故障时，司机紧急刹车

C. 战士们演习中取得好成绩，这一段都很有劲头

D. 北京申奥成功后人们狂喜万分

3. 某人在商场购物时，既喜欢质量高的商品，又嫌价钱太贵。这种心理冲突属于（　　）。

A. 趋避式冲突　　　B. 双避式冲突　　　C. 双趋式冲突

4. 心情愉快时思路格外灵敏，心情沮丧时思路变得迟钝。这种现象体现的情绪和情感作用是（　　）。

A. 适应作用　　　　B. 动机作用　　　　C. 调节作用　　　　D. 信号作用

5. "忧者见之而忧，喜者见之而喜"，体现的情绪状态是（　　）。

A. 激情　　　　　　B. 应激　　　　　　C. 挫折

二、简答题

1. 简述婴幼儿调节负面情绪的主要策略。

2. 简述幼儿情绪调控的手段。

第三节　学前儿童基本情绪的表现及良好情绪的培养

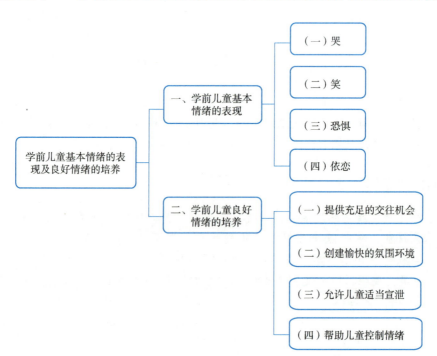

 **案例：小迪的大闹**

> 小迪4岁了，周末妈妈带小迪去超市，小迪看到货架上的"小猪佩奇"，想要妈妈给她买，但是妈妈说家里已经有同样类型的了，不要再买了。但是小迪却不听妈妈的劝解，在超市大哭大闹起来。妈妈严厉地跟她说，不许哭，她也听不进去。妈妈觉得又尴尬又生气。
>
> **【案例分析】** 这属于情绪的易冲动性。幼儿期的儿童常常处于激动状态，而且来势强烈，不能自制，全身心都受到不可遏制的威力所支配。年龄越小，这种冲动越明显。随着年龄增长、语言的发展，幼儿逐渐学会接受成人的语言指导，调节控制自己的情绪，情绪的冲动性逐渐降低。

一、学前儿童基本情绪的表现

（一）哭

儿童出生后，最明显的情绪表现就是哭。哭代表不愉快的情绪。哭最初是生理性的，以后逐渐带有社会性。新生儿哭主要是生理性的，幼儿的哭已主要表现为社会性情绪。

新生儿啼哭的原因主要是饿、冷、痛和想睡觉等，也有由其他刺激引起的，如环境变了要哭。新生儿还有一种周期性的哭，许多孩子每天晚上都要哭一阵子，这种哭是新生儿在表达内在的需要，也可以说是他的一种放松。刺激太多也容易引起新生儿啼哭。

婴儿啼哭的表情和动作所反映出来的情绪日益分化。随着儿童长大，啼哭的诱因会有所增加。随着年龄的增长，儿童的啼哭会减少，一方面是由于婴儿对外界环境和成人的适应能力逐渐增强，周围成人对婴儿的适应性也逐渐改善，从而减少了婴儿不愉快情绪；另一方面，儿童逐渐学会了用动作和语言来表达自己的不愉快的情绪和需求，取代了哭的表情。

（二）笑

笑是愉快情绪的表现，儿童的笑比哭发生得晚，主要有自发性的笑和诱发性的笑两种。

1. 自发性的笑

婴儿最初的笑是自发性的，或称内源性的笑，这是一种生理表现，而不是交往的表情手段。内源性的笑主要发生在婴儿的睡眠中，困倦时也可能出现。这种微笑通常是突然出现的，是低强度的笑。其表现只是卷口角，即嘴周围的肌肉活动，不包括眼周围的肌肉活动。这种早期的笑在3个月后逐渐减少。新生儿出生后一个星期左右，在清醒时间内，吃饱了或听到柔和的声音时，也会本能地嫣然一笑，这种微笑最初也是生理性的，是反射性微笑。

2. 诱发性的笑

诱发性的笑和自发性的笑不同，它是由外界刺激引起的。它可以分为反射性的诱发笑和社会性的诱发笑两大类。

（1）**反射性的诱发笑**。儿童最初的诱发笑也发生于睡眠时间。比如，在儿童睡着时，温柔地碰碰儿童的脸颊，或者是抚摸儿童的肚子，都可能使其出现微笑。新生儿在第三周时，开始出现清醒时间的诱发笑。例如，轻轻触摸或吹其皮肤敏感区 4~5 秒，儿童即可出现微笑。这些诱发性的微笑都是反射性的，而不是社会性微笑。

（2）社会性的诱发笑。研究发现，新生儿从第五周开始，对社会性物体和非社会性物体的反应不同，人的出现（包括人脸、人声）最容易引起儿童的笑，即婴儿开始出现"社会性微笑"。

婴儿 3~4 个月前的诱发性社会性微笑是无差别的。这种微笑往往不分对象，对所有人的笑都是一样。研究发现，3 个月婴儿甚至对正面人的脸，无论其是生气还是笑，都报以微笑，但如果把正面人的脸变成侧面人脸或者把脸的大小变了，儿童就停止微笑。4 个月左右，婴儿出现有差别的微笑，儿童只对亲近的人笑，他们对熟悉的人脸比对不熟悉的人脸笑得更多。有差别的微笑的出现，是儿童最初的有选择的社会性微笑发生的标志。

（三）恐惧

婴幼儿的恐惧是不断分化的，大致经历了如图 8-7 所示四个阶段。

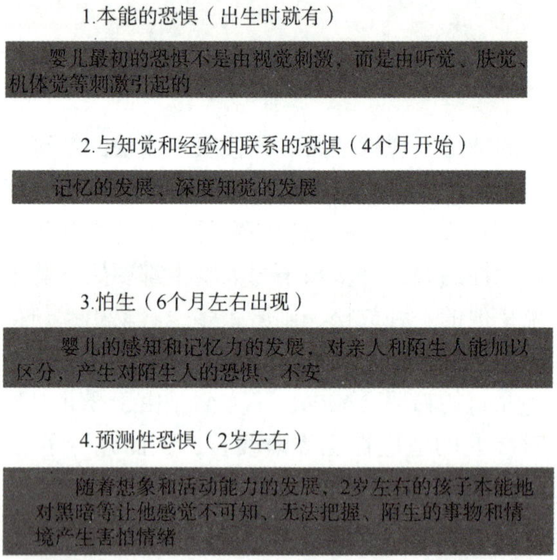

1.本能的恐惧（出生时就有）

婴儿最初的恐惧不是由视觉刺激、而是由听觉、肤觉、机体觉等刺激引起的

2.与知觉和经验相联系的恐惧（4个月开始）

记忆的发展、深度知觉的发展

3.怕生（6个月左右出现）

婴儿的感知和记忆力的发展，对亲人和陌生人能加以区分，产生对陌生人的恐惧、不安

4.预测性恐惧（2岁左右）

随着想象和活动能力的发展，2岁左右的孩子本能地对黑暗等让他感觉不可知、无法把握、陌生的事物和情境产生害怕情绪

图 8-7　恐惧

1. 本能的恐惧

恐惧是儿童出生就有的情绪反应，甚至可以说是本能的反应。最初的恐惧不是由视觉刺激引起的，而是由听觉、肤觉、机体觉刺激引起的，如刺耳的高声等。

2. 与知觉和经验相联系的恐惧

儿童从 4 个月左右开始出现与知觉发展相联系的恐惧。引起过不愉快经验的刺激会激起恐惧情绪。也是从这个时候开始，视觉对恐惧的产生逐渐起主要作用。

3. 怕生

所谓怕生，可以说是对陌生刺激物的恐惧反应。怕生与依恋情绪同时产生，一般在 6 个月左右出现，伴随婴儿对母亲依恋的形成，怕生情绪也逐渐明显、强烈。研究表明，婴儿在母亲膝上时怕生情绪较弱，离开母亲则怕生情绪较强烈，可见恐惧与缺乏安全感相联系。人际距离的拉近或疏远，影响到儿童安全感的减少与增大。

4. 预测性的恐惧

2 岁左右的儿童，随着想象的发展，出现了预测性恐惧，如怕黑、怕坏人等。这些都是和想象相联系的恐惧情绪，往往由环境的不良影响而形成。由于语言在儿童心理发展中作用的增加，可以通过成人讲解及肯定、鼓励等来帮助儿童克服这一种恐惧。

（四）依恋

依恋是儿童寻求并企图保持与另一个人亲密的身体联系的一种倾向。这个人主要是母亲，也可以是别的抚养者或与婴儿联系密切的人，如家庭其他成员。

1. 婴幼儿依恋的特点

婴幼儿依恋突出表现为三个特点：

（1）婴幼儿最愿意同依恋对象在一起，与其在一起时，儿童能得到最大的舒适、安慰和满足。

（2）在痛苦和不安时，婴幼儿的依恋对象比任何他人都更能抚慰孩子。

（3）依恋对象使孩子具有安全感。当在依恋对象身边时，孩子较少害怕；当其害怕时，最容易出现依恋行为，寻找依恋对象。

2. 婴幼儿依恋的类型

美国著名心理学家玛丽·艾斯沃斯（M. Ainsworth）采用陌生人情境技术考察婴幼儿依恋情况，根据婴幼儿在实验情境中的表现，将婴幼儿的依恋分为安全型、回避型和反抗型三种类型，如图 8-8 所示。

图 8-8　婴幼儿依恋的类型

（1）安全型（约占 70%）。母亲在时积极地探索环境，与母亲分离后明显感到不安，母亲回来后立即寻求与母亲接触。可见，母亲是儿童探索环境的安全基地。

（2）回避型（约占 20%）。母亲在时对探索不感兴趣，母亲离开也没有多少忧伤，母亲回来后常常避免与母亲接触。对陌生人也没有特别的警惕。常常采取回避和忽视的态度。这类儿童对母亲与陌生人的反应差别不大，与母亲没有建立依恋关系。

（3）反抗型（约占 10%）。母亲在时表现非常焦虑，母亲分离后则非常忧伤，母亲回来后试图留在母亲身边。但对母亲的接触又表示反抗，对母亲曾经的离开非常不满。这类儿童对母亲的依恋表现出矛盾的行为，故该依恋类型又称为矛盾型依恋。

3. 婴幼儿依恋的发展

依恋不是突然产生的，而是在婴儿与主要照看者在较长时期的相互作用下，逐渐建立的。根据英国精神分析师约翰·鲍尔比（J. Bowlby）和美国心理学家玛丽·艾斯沃斯的研究，依恋发展可以分为四个阶段。

（1）**无差别的社会反应阶段（出生~3个月）**。这时期婴儿对人的反应最大特点就是不加区别、无差别。婴儿对所有的人反应几乎都一样，喜欢所有的人，喜欢听到所有人的声音，注视所有人的脸，只要看到人的面孔或听到人的声音都会微笑、手舞足蹈、牙牙学语。

（2）**有差别的社会反应阶段（3~6个月）**。这时期婴儿对人的反应有了区别，对母亲和他所熟悉的人及陌生人的反应是不同的，婴儿对母亲更为偏爱。婴儿在母亲面前表现出更多的微笑、牙牙学语、偎依、接近，而在其他熟悉的人面前这些反应就相对少一些，对陌生人这些反应更少，但依然有这些反应。

（3）**特殊的情感联结阶段（6个月~2岁）**。婴儿进一步对母亲的存在特别关切，特别愿意和母亲在一起，当母亲离开时哭喊着不让离开，别人不能替代母亲使婴儿快活。同时，只要母亲在身边，婴儿能安心玩，探索周围环境，好像母亲是其安全基地。婴儿出现了明显的对母亲的依恋，形成了专门的对母亲的情感联结。与此同时，婴儿对陌生人态度变化很大，产生怯生，感到紧张、恐惧甚至哭泣等。

7~8个月时，婴儿形成对父亲的依恋。再以后，与主要抚养者的依恋关系进一步加强，儿童依恋范围进一步扩大。随着儿童进入集体教养机构，儿童还对老师形成依恋情感。

（4）**目标调整的伙伴关系阶段（2岁以后）**。2岁以后，婴儿能够认识并理解母亲的情感、需要、愿望，知道她爱自己，不会抛弃自己。这时，婴儿把母亲作为一个交往的伙伴，并知道交往时要考虑到她的需要和兴趣，据此调整自己的情绪和行为反应。这时与母亲的空间上的邻近性就变得不那么重要了。例如，母亲需要干别的事情，要离开一段距离，婴儿会表现出能理解，而不会大声哭闹。

二、学前儿童良好情绪的培养

学前儿童存在着或多或少的情绪问题，如与父母分离焦虑、害怕一个人、怕黑、羞怯、胆小等，长期的这种消极情绪会严重影响儿童身心的健康发展。因此，父母和教师应注意及时发现儿童的消极情绪，尽量保持儿童积极情绪的发展，培养良好的情绪。

（一）提供充足的交往机会

提供充足的交往机会要包括：使孩子直面自己的情绪，帮助解释别人的行为；加深孩子对范围不断扩大的情绪的理解；使孩子能够与他人分享情绪体验。例如，给孩子提供适当的活动、交往的自由，多去公园等同龄儿童多的地方，鼓励幼儿大胆交往；同时与伙伴分享自己快乐的情绪体验，一起玩玩具、玩游戏等，让幼儿从中获得满足与开心。

微课 8-3
幼儿情绪变化

文学艺术作品最富有感染力，能够培养孩子的高级情感。选择适合孩子年龄特征的、优秀的儿童文学艺术作品，对培养孩子的高级社会情感有独到的作用。

（二）创建愉快的氛围环境

父母和教师不要给儿童繁重的学习压力，要适当减轻孩子的负担。父母和教师有责任和义务为孩子创建愉快的生活和活动环境。例如，在家时可与孩子一起设计属于他们自己的房间，鼓励儿童自己动手画画或折纸来布置环境；在幼儿园，教师可根据主题不同来设计不同的装饰物，认识海洋就可以和小朋友一起幻想蔚蓝的海洋是怎样的，通过发挥小朋友们的想象力，创建生动有趣的活动环境；也可运用一定的教学艺术技巧，语言要饱含感情，以声带情。教学艺术是通过语言、动作、表情、神态等形象的教学活动来表现的。在教学过程中，教师要有亲切和蔼的面容，充满期待的目光，适当的手势动作，严谨、简洁、意深、抑扬顿挫的教学语言，才能帮助幼儿调节自己的行为，并在行动上做出积极的反应，产生肯定的心理倾向，愉快地接受教师的教育。

和谐的家庭生活、良好的情绪示范、科学的教养态度也是养成儿童良好情绪的重要因素。和谐的家庭生活和亲情的给予对儿童情绪发展影响极大。事实证明，家庭不和、父母离异容易造成儿童恐惧、悲观等不良情绪，乃至形成不良个性。儿童的情绪易受感染、模仿性强，因此成人的情绪示范非常重要。日常生活中，若成人经常显示积极热情、乐于助人、关心爱护孩子的良好情绪，对儿童良好情绪的发展起着潜移默化的积极作用。父母同时也要对孩子的教育持科学的态度。例如，公正地对待孩子，满足孩子的合理需求，帮助孩子变化适应新环境，坚持正面教育，采取肯定为主、多鼓励进步的方式，耐心倾听，不要恐吓威胁孩子，也不能过分严厉对待孩子。

（三）允许儿童适当宣泄

当儿童合理要求不被满足时，可能产生一种紧张的状态，或表现在行为或言语上，家长切不可发火生气，应予以理解，在儿童适当宣泄后，再进行说服和教育。例如，孩子没有得到他喜欢的玩具，回家后把书包摔到地上以示不满，家长不可大声训斥孩子，也不要马上哄孩子，应给孩子一点时间宣泄冷静，再对其进行说服教育，没有给他买玩具是因为他已经有很多了，如果表现好的话，以后可以选择一件他没有的玩具。

面对儿童的不良情绪，家长和教师可以为儿童创设发泄情绪的环境和情境，培养儿童多样化的发泄方法并学习自我疏导。例如，给孩子设一个"情绪小屋"，让孩子有一个自由的发泄空间，在那里可以跟朋友说说自己的苦闷或者小秘密。

图8-9 成人帮助幼儿控制情绪

（四）帮助儿童控制情绪

学前儿童不会控制自己的情绪，成人可以用各种方法帮助他们控制情绪，主要有以下三种方法，如图8-9所示。

1. 转移法

3岁的儿童在超市哭闹着要玩具，大人经常会用转移注意力的方法，比如说"等一会，我给你找一个更好玩的"，他就会不闹了。该方法有时并不奏效，往往家长后来并没有兑现自己的许诺，以后孩子就不会"受骗"了。对4岁以后的儿童，当他情绪受困扰时，可以采用精神转移法。例如，孩子哭时，爸爸对他说："现在正干旱缺水呢，你这么多泪水正好可以用来灌溉。"这时爸爸真的拿来一个杯子，孩子就破涕为笑了。

2. 冷却法

当儿童情绪十分激动时，可以采取冷却法，对其置之不理。这样儿童自己就会慢慢停止哭喊，所谓"没有观众看戏，演员也没劲了"。当儿童处于激动状态时，成人切忌激动，比如对儿童大喊："你再哭，我打你！"之类的话，这样会使儿童情绪更加激动，无异火上浇油。有时候冷处理比一时冲动的处理效果要好。

3. 消退法

对儿童的消极情绪可采用消退法，即忽视其消极情绪，如图8-10所示。比如，有个孩子上床睡觉要母亲陪，否则就哭。后来母亲对他的哭闹不予理睬，孩子第一个独自睡的晚上哭了整整一个小时，哭累了也就睡了。第二天只哭了15分钟，以后哭闹的持续时间越来越少，最后不哭也安然入睡了。

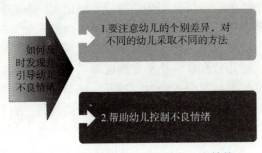

图8-10　如何发现并引导幼儿不良情绪

 知识拓展

情绪对儿童个性形成的作用

婴幼儿是个性形成的奠基时期，情绪情感对其具有重要影响。儿童在与不同的人、事物的接触中，逐渐形成了对不同人、不同事物的不同的情绪态度。儿童经常、反复受到特定环境刺激的影响，反复体验同一情绪状态，这种状态就会逐渐稳固下来，形成稳定的情绪特征。情绪特征正是个性性格结构的重要组成部分。

综上所述，可以看到学前儿童的情绪情感对其心理发展具有非常重要而广泛的意义，影响并涉及儿童心理的诸多方面的发展。

 习题

一、选择题

1. 关于情绪情感与认识过程的关系描述正确的是（　　　）。

A. 没有对事物的认识就不能产生情绪和情感

B. 当人们回忆学业和事业的成就时会产生愉快情绪体验，这是与想象相联系的情感

C. 单纯对客观事物的认识能够产生情绪和情感

D. 与认识过程相比，情绪和情感具有较强随意性

2. 从发生早晚的角度看，情绪与情感的差异是（　　　）。

A. 情绪发生早，情感产生晚

B. 情绪发生晚，情感产生早

C. 情绪情感同时产生

D. 情绪情感都是与生俱来的

3. 关于情绪和情感，下列说法不正确的是（　　　）。

A. 以需要为中介　　　　　　　　　B. 是一种主观感受

C. 与认识过程无关　　　　　　　　D. 会引起生理变化

4. 朱敏才曾是一名外交官，妻子孙丽娜曾是一名高级教师，退休后两人没有选择安逸的日子，而是奔向贵州偏远山区支教。他们被中央电视台评为"感动中国人物"之一。"感动中国"组委会给他们的颁奖词为：他们走过半个地球，最后在小山村驻足，他们要开一扇窗，让孩子发现新的世界。发愤忘食，乐以忘忧。夕阳最美，晚照情浓……他们的义举（　　）。

①是为了实现一直想去山区的梦想

②告诉我们在生活中不断创造美好的情感体验，周围的世界也会多一份美好

③体现了他们强烈的社会责任感

④传递了生命的正能量

A.①②③　　　　　B.①②④　　　　　C.②③④　　　　　D.①③④

5. 人们在解决疑难问题后的兴奋、激动和自豪等主要是（　　）的表现。

A. 道德感　　　　　B. 理智感　　　　　C. 美感　　　　　D. 激情

二、材料分析题

李老师第一次带班，她发现中班幼儿比小班幼儿更喜欢告状。教研活动时，大班教师告诉她说中班幼儿确实更喜欢告状，但到了大班告状行为就会明显减少。

1. 请分析中班幼儿喜欢告状的可能原因。

2. 请分析大班幼儿告状行为减少的可能原因。

第四节　学前儿童高级情感的发展与培养

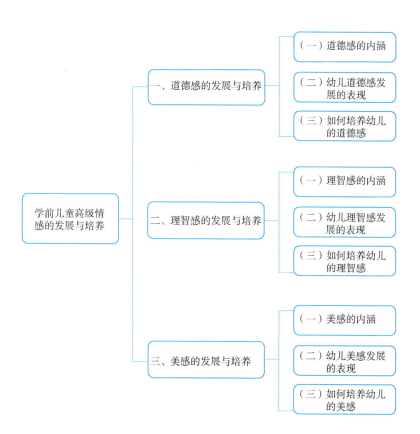

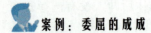
案例：委屈的成成

> 　　开学第二天上午，成成被小然不小心撞了，他大声哭着说小然不小心撞了他，老师就安慰了一下也没放在心上，接着组织幼儿学习新的早操。后来老师不经意间发现成成脸颊上青了一块，才意识到事情可能有点严重，看他很不开心地噘着嘴，就马上过去细细地询问了事情的经过，他们都说是不小心撞的，就让小然道歉，但他还是情绪低落，老师软硬兼施，又哄又骗的，他还是委屈地掉眼泪，就请他坐到边上冷静一下。慢慢地他看着不哭了，但还噘着嘴不高兴。下午老师观察他时情绪已经好了。
>
> 　　**【案例分析】**从上述案例中可以发现成成是一个较以自我为中心的幼儿，且不会管理他的情绪。但是他也有改变，从一开始他不能排解悲伤的情绪到能够平静地表达出他人对他的"伤害"并能微笑面对，这是帮助他克服以自我为中心并学会管理情绪的过程。在这一过程中，通过鼓励、放大、强化他偶尔一次的"谅解"行为，同时在他突出的地方给予表扬，帮助他建立信心。

一、道德感的发展与培养

（一）道德感的内涵

　　道德感是由自己或别人的举止行为是否符合社会道德标准而引起的情感。儿童形成道德感是比较复杂的过程。3 岁前只有某些道德感的萌芽。3 岁后，特别是在幼儿园的集体生活中，随着儿童掌握了各种行为规范，道德感逐渐发展起来。小班幼儿的道德感主要指向个别行为，往往是由成人的评价而引起。中班幼儿比较明显地掌握了一些概括化的道德标准，他们可以因为自己在行动中遵守了教师的要求而产生快感。中班幼儿不但关心自己的行为是否符合道德标准，而且开始关心别人的行为是否符合道德标准，由此产生相应的情感。例如，他们看见小朋友违反规则，会产生极大的不满。大班幼儿的道德感进一步发展和复杂化。他们对好与坏、好人与坏人，有鲜明的不同感情。在这个年龄，爱小朋友、爱集体等情感，已经有了一定的稳定性，如图 8-11 所示。

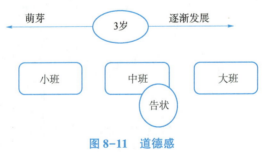

图 8-11　道德感

（二）幼儿道德感发展的表现

道德感是因自己或他人的言行举止是否符合社会道德标准引起的情绪体验。儿童的道德感主要表现在责任感、义务感、爱国主义和集体主义等方面。儿童 3 岁前只有某些道德感萌芽，如 2 岁的孩子知道评价自己是不是好孩子、乖孩子。随着幼儿园的集体生活，儿童慢慢地掌握了各种行为规范，道德感也逐步发展起来，所以说班集体在儿童道德感形成和发展中起着重要

微课 8-4
如何培养有
道德感的幼儿

的作用。例如，小班的幼儿知道咬人、打人等是不对的，道德感是指向个别行为的；中班的幼儿会对他人的行为作出评价——告状现象，他们不但关心自己的行为是否符合道德标准，也关心别人的行为；大班幼儿的道德感会得到进一步发展，他们有了好与坏的区分，在看故事书和动画片时，会对恶毒的坏人表示厌恶、对弱小的动物表示同情，有时会用画笔涂画书上坏人的图片。同时幼儿羞愧感或内疚感也开始发展起来，幼儿明显地为自己的错误行为感到羞愧，如把水杯打碎了、不小心碰到了正在写字的小朋友等，他们虽然马上会道歉但又回到自己专注的事情，不予理睬。总之，幼儿期的道德感大多是模仿成人、听从成人的"命令"，会随着日后的集体活动和在成人道德评价的影响下慢慢发展起来的。

（三）如何培养幼儿的道德感

1. 晓之以理，动之以情

在进行道德教育的过程中，教育者应该注意"晓之以理，动之以情"，以激发幼儿的情感共鸣，形成正确的集体舆论。如在幼儿园集体活动中，及时表扬幼儿做的好人好事，批评幼儿不良行为，从小就建立起对符合社会道德的行为产生愉快、自豪的情感体验，对不符合社会道德的行为表现厌恶、羞耻等，最终使幼儿正确的道德行为得到道德上的满足。

2. 树立榜样，积极学习

随着幼儿年龄的增长，道德认识也逐渐发展起来，教育者应在具体的道德情感上阐明道德理论和规范标准，使幼儿道德情感体验不断地具体、深刻。这时可根据幼儿认知学习能力的发展，树立积极正确的榜样，让幼儿模仿学习，如培养爱国主义精神可以给孩子讲述和观看"爱国小英雄"的故事；爱教师、爱小朋友，首先父母和教师要以身作则，讲礼貌、懂文明；通过讲述小朋友喜欢的故事来培养幼儿助人为乐的精神等。

二、理智感的发展与培养

（一）理智感的内涵

理智感是由是否满足认识的需要而产生的体验，是人类所特有的高级情感。儿童理智感的发生，在很大程度上取决于环境的影响和成人的培养。适时地向婴幼儿提供恰当的知识，主要发展他们的智力，鼓励和引导他们提问等教育手段，有利于促进儿童理智感的发展。一般来说，儿童 5 岁左右，这种情感明显地发展起来，突出表现在幼儿很喜欢提问题，并由于提问和得到满意的回答而感到愉快；同时，幼儿喜爱进行各种智力游戏或者动脑筋、解决问题的活动，如下棋、猜谜语、拼搭大型建筑物等，这些活动既能满足他们的求知欲和好奇

心，又有助于促进理智感的发展。

（二）幼儿理智感发展的表现

理智感是在认识客观事物的过程中所产生的情感体验，它与人的求知欲、认识兴趣和解决问题的需要等被满足与否相联系。儿童的理智感表现在对学习的兴趣、对事物的好奇和强烈的求知欲，并从中体会到获得知识的快乐。幼儿期也正是儿童理智感开始发展的时期。三四岁的幼儿会长时间专注于一些创造性活动，如搭建更加复杂的积木图形、塑造千奇百怪的橡皮泥形状、用沙子堆砌假山和大桥等；6岁多的幼儿更加喜欢益智类的游戏，如棋类、猜谜、拼图等。这些活动既给他们带来了愉悦，也促进了幼儿智力的良好发展。当然，这时期的幼儿对什么都很好奇，大多数都是"好奇好问的破坏之王"，凡是他们感兴趣的都会围着你转个不停，从"这是什么"发展到"为什么啊""怎么样"，当幼儿得到了满意的解决答案，就会感到极大的满足，否则就会不高兴。如刚买的玩具、书本，没过几天就会"七零八落"，他们还会无辜地说："我只想看看它里面是什么样子的。"这让父母和教师哭笑不得。这时家长切不可打击他的好奇心，应保持幼儿这种探求知识的热情，满足他们的好奇心。

（三）如何培养幼儿的理智感

1. 鼓励探索，培养兴趣

美国心理学家布鲁纳（J. S. Bruner）认为，婴儿生下来就有一种好奇的驱动力，只不过婴儿是先用"嘴"来探索世界的。刚出生的婴儿就开始积极地探索周围的环境，随着年龄的增长，看见吸引他的玩具就伸手来抓。幼儿时期更是好奇心不断，什么都想知道，常常问："为什么？"这时教育者可以根据日常生活的特点，耐心地解答儿童提出的千奇百怪的问题，也可以和儿童共同观察以探究问题的答案，切不可责怪"会破坏"的儿童，应恰当地教育儿童合理地探索与发现。

2. 广泛阅读，扩大视野

养成良好的阅读习惯，引导儿童知晓书中有无穷尽的知识，多多阅读开阔无限的视野。教育者可根据儿童的年龄特点，从简单的寓言、童话故事慢慢地过渡到文艺作品和通俗的科普读物等。

3. 快乐游戏，培养能力

游戏是开发幼儿智力、培养幼儿动手能力的理想途径。儿童利用各种玩具和材料进行游戏，在游戏中，儿童通过想象来模拟周围的事物，如用积木搭建楼房、捏泥人等，促进动手能力以及增强动作的协调性和灵活性。家长平时可以注意引导儿童善于观察、分析周围事物，然后通过游戏再现周围事物。当游戏失败时，切不可代替儿童完成游戏，而要及时鼓励儿童不怕困难从头做起。

4. 以趣促学，科学提问

儿童对生活中千变万化的事物和现象总是充满好奇。利用儿童对事物的兴趣，以兴趣促进学习，科学而巧妙地提问，促进儿童进一步探索，培养儿童的理智感。教师可以引导儿童对结果进行猜想，利用猜想和结果的矛盾激发儿童的探索欲。例如，在玩"球球下山"的游戏时，教师先让儿童运用材料玩一会儿在斜坡上滚球的游戏，接着拿出两个一样大的球，搭了两个一样高的斜坡，让儿童猜："这两个球同时从斜坡顶端往下滚，结果会怎么样呢?"儿童凭经验猜想："肯定是两个球一起滚至斜坡下面。"可他们惊奇地发现，结果是两个球一个快一个慢，这便激起了他们强烈的好奇心，问题也就自然而然产生了："为什么这两个球一样大，又在一样高的斜坡上滚，滚的速度会不一样呢?"激发起他们进一步探索的欲望。在日常生活中也蕴藏着科学活动的契机，家长可多观察儿童感兴趣的事物，及时提问，科学引导。

三、美感的发展与培养

（一）美感的内涵

美感是人对事物审美的体验，它是根据一定的美的评价而产生的。儿童对美的体验，也有一个逐步发展的过程。儿童从小喜好鲜艳悦目的东西和整齐清洁的环境。有研究表明，新生儿已经倾向于注视端正的人脸而不喜欢五官凌乱颠倒的人脸，他们喜欢有图案的纸板多于纯灰色的纸板。幼儿初期幼儿仍然主要是对颜色鲜明的东西、新的衣服鞋袜等产生美感；他们自发地喜欢相貌漂亮的小朋友，而不喜欢形状丑恶的任何事物。在环境和教育的影响下，幼儿逐渐形成审美的标准。比如，对拖着长鼻涕的样子感到厌恶，对于衣物、玩具摆放整齐产生快感。同时，他们也能够从音乐、舞蹈等艺术活动和美术作品中体验到美，对美的评价标准也逐渐提高，促进了美感的发展。

（二）幼儿美感发展的表现

美感是人根据一定的美的标准而产生的对事物审美的体验。人的美感体验具有两个特点：对审美对象的感性面貌特点，如线条、色彩、形状等感知，是产生美感的基础；对美的对象的感知与欣赏，能引起人的情感共鸣并给人以鼓舞和力量。例如，画家对于色彩有他自己的绘画美感；服装设计师对于线条有他自己的设计美感；儿童对于形状和色彩也有他自己的欣赏美感。如幼儿园中的幼儿有时也会根据教师的穿戴打扮来评价老师的外表。所以，幼儿一般喜欢衣服穿着鲜艳的教师。在教师的教育影响下，幼儿从音乐、绘画、舞蹈和唱歌等活动中得到美的享受，并愿意参与其中。

（三）如何培养幼儿的美感

1. 加强艺术熏陶促进美感欣赏

通过音乐、体育、绘画、舞蹈等设计艺术的活动，培养幼儿对美的欣赏与感受。在欢快的音乐背景下，幼儿跳起快乐的舞蹈；在愉悦的心情下，幼儿画出色彩缤纷的绘画；在集体欢笑的氛围下，幼儿开心地律动，积极地锻炼身体、健康成长。通过对音乐、美术和舞蹈等方面的欣赏，幼儿表达出自己内心的感受，丰富自己的美感体验。

2. 拥抱自然以体现优美

优美的大自然是幼儿培养美感的主要环境背景，把幼儿带到自然的怀抱，既能享受到大自然的柔美，又能激发幼儿热爱祖国山河的感情。家长和教师应利用节假日多带孩子到自然中去走走、看看，利用当地各民族的风俗与文化气氛，体验和享受大自然的美，这样的旅行体验会丰富幼儿无限的成长经历。

根据不同需求进行新的创新

徐艺乙，南京大学历史学系教授、国家非物质文化遗产保护工作专家委员会委员，研究传统手工艺40多年。他翻译的《工艺之道》《民艺四十年》等书籍，成为当下手工艺文化爱好者的"宝典"。过去常说"没有创造就没有创新"。创新是一种非常困难的事，创新不是嘴上说，而是需要做出来的。在手工艺中，人们要充分理解材料、充分掌握技艺、能够完全把控产品的样式。有了这样的水平，加上认真的态度和精益求精的精神，最大限度地发挥产品的作用，就是中国人的手艺精神。从某种意义上说，这种创造除了提高生活质量外，很重要的一个方面是也提高了生命的质量。这就要求手艺人一辈子去学习，这大概就是中国的工匠精神了。

一、选择题

1. 正常行驶的汽车意外地遇到了故障的时候，司机紧急刹车，在这样的情况下他所产生的一种特殊的紧张的情绪体验，这就是（   ）。

A. 激情　　　　　B. 心境　　　　　C. 应激　　　　　D. 热情

2. 一种爆发快、强烈而短暂的情绪状态是（   ）。

A. 热情　　　　　B. 心境　　　　　C. 应激　　　　　D. 激情

3. 在意外的紧急情况下所产生的适应性情绪反应是（   ）。

A. 热情　　　　　B. 心境　　　　　C. 激情　　　　　D. 应激

4. 萨马兰奇宣布承办2008年奥运会的城市是北京时，全国人民群情振奋，热情欢呼，这属于（   ）。

A. 情感　　　　　B. 心境　　　　　C. 应激　　　　　D. 激情

5. （   ）是由自己或别人的举止行为是否符合社会标准而引起的情感。

A. 依恋　　　　　B. 美感　　　　　C. 理智感　　　　　D. 道德感

二、材料分析

3岁的阳阳，从小跟奶奶生活在一起。刚上幼儿园时，奶奶每次送他到幼儿园准备离开时，阳阳总是又哭又闹。当奶奶的身影消失后，阳阳很快就平静下来，并能与小朋友们高兴地玩。由于担心奶奶每次走后又折返回来，阳阳再次看到奶奶时，又立刻抓住奶奶的手哭起来……

针对上述现象，请结合材料进行分析：

1. 阳阳的行为反映了幼儿情绪的哪些特点？

2. 阳阳奶奶的担心是否必要？教师该如何引导？

【拓展阅读】

一、案例背景

余飞，男，6 岁，幼儿园大班学生。他不喜欢上幼儿园，尤其不喜欢集体教育活动（上课），而且对集体教育活动有着强烈的厌倦和恐惧。每天早晨去幼儿园时，他总是磨磨蹭蹭、情绪低落。他有点儿自卑，在选值日生时，他也很想被选上，当最后的结果不能如愿时，他就特别失望，而且像大人似地唉声叹气："我就知道我选不上的，反正我也不想当。"

他非常爱哭，让他洗脸刷牙要哭，与他说话时声音过高也要哭，不给他买喜欢的东西更是会在地上边打滚边哭，只要哭起来，他就全然不顾场合。可以说，他生活中每件不如意的事都能让他哭个不停。

他的脾气非常暴躁，稍不顺心就打人，但有时又显得非常怯弱，如果大人骂他，他就会躲在角落里不敢出来。

除了不喜欢参加幼儿园的集体教育活动（上课）外，他对其他活动都很感兴趣，也可以做得很好。他是自家所在大院内所有小孩的滑冰"总教练"，也是组装赛车的高手，只要是他感兴趣的东西，他就学得很快。

二、案例解析

余飞的表现属于心理学临床常见的情绪障碍，这也是他自卑的深层次原因。在余飞身上，情绪障碍的两种情况都存在，他的主要表现是哭，莫名其妙地哭，几乎所有的事都可以成为他哭的理由。本来哭泣是一种自然的情绪表达方式，无所谓好与不好，但余飞哭的频率与其实际年龄不相称，所以有理由认为他有情绪障碍。通过了解，余飞产生情绪障碍的主要原因有以下几个方面：

（1）余飞 4 岁时，母亲去国外进修，把他交给奶奶照顾；爸爸也因为忙于自己的工作而忽略对他的关心，而且常常因他莫名其妙地哭而心烦。刚开始爸爸以物质刺激来满足他，当物质刺激不能满足他时，爸爸就采取简单粗暴的骂和打来解决，致使余飞的情绪障碍越来越严重。余飞正值情感生长的重要时期，因为父母不经意间给他的情感生活制造了一段空白，尽管这段空白是暂时的，可因为当时没有及时地用亲情去填补，使他的情感世界产生了不安全感。通过偶然的机会，他发现哭是一种可以引起别人注意他的有效办法，于是便将哭当成了法宝，同时通过哭来安慰自己，求得情感的安全感和平衡。

（2）有些教师开展集体教育活动时采取的教学方式"小学化"，管得过多过死，忽视孩子的年龄特征；只注重知识的灌输和技能的培养，而忽视孩子的兴趣爱好和全面发展，尤其是忽视孩子的心理健康问题；对孩子的评价更多的还是以教师计划达成结果为标准，没有给像余飞这种个性化的孩子提供更为广阔和宽松的空间，从而造成孩子的自卑心理，甚至出现厌倦、惧怕、逃避上幼儿园的情况。

三、采取的措施

为了克服孩子的情绪障碍，家长和教师应共同配合，主要采取以下措施。

（一）家长方面

（1）情感满足法。孩子最需要的是父母的关注、鼓励、支持以及分享快乐。因此，家长应该花更多的时间去陪伴孩子，用更多的爱去溢润他的心田，让他的情感得到满足。

（2）旧习革除法。在日常生活中注意观察孩子的心理变化，及时发现他好的行为反应，并注意强化，以代替他原来的不良行为，使已形成的不良行为习惯逐渐被革除。

（3）行为冷淡法。在孩子哭或发脾气时不去注意他，但在他不哭时加强与他的交流，让孩子意识到只有不哭、不发脾气时才能得到家长的注意，这个步骤最重要的是家人要协调好，步调要一致，否则是不会有效的。此法开始实施时孩子会和家长较劲，哭的声音更大、时间更长，家长一定要坚持到底。

（4）注意转移法。在日常生活中多用一些有趣的事情来转移孩子的注意力，培养孩子多方面的兴趣爱好，陶冶情操，这样可以帮助孩子恢复心理平衡，从而达到克服情绪障碍的目的，如在孩子情绪紧张或怒气冲冲时带他出去玩或做他感兴趣的事情等。

（5）后果惩戒法。在他发脾气、扔东西时，不理睬他（只要不是太贵重的东西），待他平静后，让他收拾好扔的东西；若有损坏，让他"赔偿"，如扣他的零用钱、不给他买他想要的东西等。

（6）愉快体验法。平时对孩子少批评多表扬、鼓励，以增强孩子的自尊心。只有提高了孩子的自尊心、自信心，孩子才能更善于认可自我，产生成就感，体验愉快感，从而使心情获得平静。

（二）教师方面

（1）改变评价标准。教师改变以"乖"与"不乖"、"听话"与"不听话"等标准来评价孩子，改变只注重学习结果而不注重过程的观念，注重孩子的个体差异，注重孩子的心理问题，以多元标准评价孩子。余飞其实是很有上进心的，他有很多优点和长处，教师要经常肯定他的优点和长处，让他得到成功体验，减少失败感。

（2）担负责任。教师采取轮岗或多设岗的方式，让孩子在班上担负起一定的责任，给所有的孩子尤其是像余飞这种有心理障碍的孩子提供表现的机会，调动他们的积极性以增强其自信心。

最后，值得注意的是，对于有情绪障碍的孩子，家长和教师除了要付出比常人更多的关爱以外，还必须要有极大的耐心和恒心，切不可急于求成，更不能采取简单粗暴的方法，不然会加重孩子的情绪障碍。

四、小结与启示

（一）培养结果

通过近两年的培养，余飞已基本克服了情绪障碍，遇到什么事情都能克制住自己的情绪，即使是受冤枉，也能采取正确的方式发泄，如悄悄地哭一场、听音乐、玩游戏等，再也没有打人或扔东西的现象发生。只是有时遇事还忍不住会哭，但会很快收住眼泪，再也不会大哭大闹，有时会自我安慰说："我是男子汉，我才不哭呢！"现在，他已经是一名小学生了，无论是与同班同学，还是与大院里的朋友（甚至有的比他大得多的中学生）关系都很好。他先后当上小组长、班委，并被评为校"三好学生"。

（二）启示

（1）家长为了自己的事业，为了给孩子创造更好的未来而忽略孩子的现时感受是不可取的。

（2）家长应尽量避免给孩子制造情感生活的空白。若不经意间给孩子制造了情感空白，就应及时弥补，切忌采取简单粗暴的方法来对待。

（3）教师的评价对孩子很重要。教师应更新观念，改变评价方式，防止片面性，尤其要避免只重知识和技能，忽略情感、社会性和实际能力的倾向，应承认和关注孩子的个体差异，注重儿童的心理健康，避免用划一的标准评价不同的孩子。

（4）幼儿园是培养孩子良好心理的有效场所，教师应与家长配合充分发挥幼儿园集体的作用。

【任务调查】

将儿童在家和幼儿园的基本情绪填入表8-4、表8-5中，主要内容如：问小朋友今天吃饭时是什么情绪，发生了什么事情，结果是什么样子？幼儿阶段的孩子着重在口头表达，由家长代书写。

表8-4　家庭调查

| 喜 | 怒 | 哀 | 惧 |
| 高兴 | 生气 | 伤心 | 害怕 |

吃饭		学习					
发生了什么		发生了什么		发生了什么		发生了什么	
结果		结果		结果		结果	

表8-5　幼儿园调查表

内容 姓名	记录 日期	性格		心情		对教师		对同伴		情绪	
		开朗	不开朗	高兴	不高兴	信任	不信任	亲近	不亲近	稳定	不稳定
明明											
红红											
东东											
西西											
轩轩											
琳琳											

【任务实施】

在幼儿园中，教师对幼儿情绪情感干预进行研究，如图8-12所示。

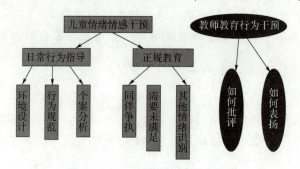

图8-12　幼儿情绪情感干预研究

幼儿教师需提升的能力见表8-6。

表8-6　幼儿教师需提升的能力

组织能力	能安排幼儿的一日活动，全面开展各类活动；能够控制整个教育过程
语言表达能力	使用标准的普通话；语言自然，语句规范，说话时注意礼貌，认真倾听幼儿讲话
教育研究能力	虚心学习他人经验，提升自己；在教研活动中完成规定的任务
才艺技能	掌握唱、弹、跳、画等基本技能；基本掌握幼儿的建构、拼插、组合玩教具的玩法
计划制订能力	能独立制订班级和个人教育工作计划；坚持按时制订计划，提交计划，执行计划
观察记录能力	在日常活动中能注意观察了解幼儿在兴趣、性格、学习方式、行为习惯的个性差异
教学反思能力	对教学活动中出现的问题善于分析；对问题的解决方法得当
与家长沟通能力	能自然大方、口齿伶俐地与家长交流；能从专业角度帮家长分析幼儿教育的问题

【任务评价】

对幼儿情绪情感干预任务完成情况的评价见表8-7。

表8-7　评价及分值

序号	评价内容	分值
1	任务整体结构的完整性	10
2	任务调查的真实性与全面性	20
3	幼儿教师的能力是否达标	20
4	任务实施是否顺利	10
5	总体架构分析合理	20
6	报告编写的规范性	20

第 九 章

学前儿童心理发展的基本规律

 教学计划

一、教学目标

（一）知识目标

1. 了解学前儿童心理发展的基本规律。

2. 了解并掌握学前儿童心理发展的趋势、影响学前儿童心理发展的因素。

3. 了解并掌握影响学前儿童心理发展的客观因素和主观因素。

（二）素质目标

1. 培养学前儿童具有良好的自我意识，增强自我调控、承受挫折、适应环境的能力，提高自信心。培养学前儿童的独立性和坚持性。

2. 培养学前儿童积极、乐观、开朗的性格。

3. 培养学前儿童的交往能力和关爱他人的品格，让他们不仅学会关心自己、爱护自己，更要同情他人，关心和帮助他人特别是父母、教师和同伴。

二、课程设置

本章共 2 节课程，课内教学总学时为 4 学时。

三、教学形式

面授，课件。

四、教学环节

1. 组织教学：在新课标中，进行备课。因材施教，了解班上每一个学生的性格、爱好、学习情况。

2. 导入新课：采用图片、音乐、游戏等形式进行课堂导入，吸引学生注意力。

3. 讲授新课：在导入后，对新知识进行讲解，并掌握课堂重难点。

4. 巩固新课：了解学生掌握情况，并按掌握情况及时调整教学。

第一节　学前儿童心理发展的趋势

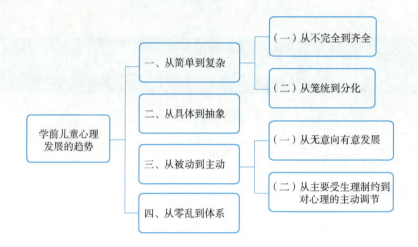

案例：过家家游戏

> 　　小班儿童画画时，刚说要画太阳，但看见旁边的小朋友画的花很好看，又转而画花朵了。中班儿童玩过家家游戏时，"爸爸"忙着做菜烧饭，"妈妈"忙着喂娃娃，这时来了一位"客人"，他们招待"客人"坐在客厅，随后就忘记了"客人"的存在，各自忙着做自己的事去了。在教师的提醒下，才想起去招待"客人"。大班儿童玩"超市"的游戏，一名儿童说："我来当售货员吧，我经常见他们是怎样工作的。"另一名儿童说："那我来运货吧，我力气大。"第三名儿童想了想说："那我来当顾客吧，我来买东西。"于是，一个游戏顺利地进行下去了。
>
> 　　教师要了解幼儿的认知和言语发展的特点和规律、幼儿的情绪、个性与社会性发展的关系及幼儿的活动心理等，依据幼儿特点帮助幼儿。

一、从简单到复杂

　　新生儿只有非常简单的反射活动。后来儿童心理发展的趋势是越来越复杂化，这种发展趋势主要表现在两个方面。

（一）从不完全到齐全

　　新生儿并不完全具备人所特有的全部心理活动，如初生时还不能集中注意、头几个月的儿童还不会认人、1岁半以前还没有想象活动，2岁左右才开始真正掌握语言，6岁左右个性才初具雏形。这就是说，人的各种心理过程和个性特征，是在出生后的发展过程中先后形成的，各种心理过程出现和形成的次序，服从由简单向复杂发展的规律：感觉和知觉属于简单的认识过程，在感知之后出现记忆，只有在记忆的基础上才发生想象和思维等比较复杂的认识过程，以及其他复杂的心理活动。待各种心理过程都已经齐全，并逐渐形成统一的个性时，儿童的心理要比最初复杂得多。

（二）从笼统到分化

儿童最初的心理活动是笼统不分化的。无论是认知活动或情绪态度，发展趋势都是从混沌或暧昧到分化和明确。也可以说，最初是简单和单一的，后来逐渐复杂和多样化。例如，幼儿只能分辨颜色的鲜明和灰暗，3 岁左右才能辨别各种基本颜色。又如，最初儿童的情绪只有笼统的喜怒之别，以后几年才逐渐分化出愉快、喜爱、惊奇、厌恶以至妒忌等各种各样的情绪。

二、从具体到抽象

儿童的心理活动最初是非常具体的，以后越来越抽象和概括化。从认识过程看，最初出现的是感觉。感觉是对物体的某个个别属性的反映。比如，看到皮球的红色，是对皮球的颜色这一个属性的反映；摸到瓶子是硬的，也只是对瓶子的软硬这一属性的反映。在感觉之后出现知觉，知觉带有概括性。知觉是对物体的各种属性综合起来的整体反映。比如对一个苹果的知觉，就不仅是看到它的红色，而且要把苹果的形状、香味等属性综合起来，知觉到那是一个苹果而不是西红柿。和思维相比，知觉只是低级的或最初的概括化。思维是对事物的本质属性的反映，是概括的、间接的反映。比如早上起来，看见屋外地上是湿的，想到昨夜一定是下过雨，没有直接看见下雨，而是通过看见地湿，通过先前多次经验的概括，推想出下过雨，这是思维过程，带有抽象概括性。儿童思维发展的过程，也遵循从具体向抽象发展的趋势。两三岁儿童的思维非常具体，比如认为"儿子"只能是儿童，"长了胡子的叔叔是老师的儿子"对他们来说是不可思议的。整个学前期儿童的思维都是处于具体阶段，学前末期也只能有抽象逻辑思维的萌芽。从情绪发展过程看，最初引起情绪活动的是非常具体的事物，抽象的语言不能触动儿童的情感。

三、从被动到主动

儿童心理活动最初是被动的。心理活动的主动性后来才发展起来并逐渐提高，直到成人所具有的极大的主观能动性。

儿童心理发展的这种趋势主要表现在两个方面。

（一）从无意向有意发展

所谓无意的或称不随意的心理活动，是指直接受外来影响支配的心理活动。例如，突然一声巨响，人们都会不由自主地把头转向声源，看看发生了什么事情，这是无意注意。有意的或称随意的心理活动，是指由自己的意识控制的心理活动。例如，儿童本想去看看窗外小朋友们在玩什么，但因正在上课而要求自己集中注意听讲，这是有意注意。新生儿原始的动作是本能的反射活动，完全是无意的，后来出现有目的方向性的活动，但是一般不能意识到自己心理活动的目的。到了儿童期，儿童出现自己能够意识到的、有自觉目的的心理活动，然后发展到不仅意识到活动目的，还能够意识到自己心理活动的过程。比如，儿童末期不仅能知道要记住什么，而且知道自己是用什么方法记住的。也就是说，儿童的注意、记忆、情绪等心理活动最初都是无意的，以后出现有意的过程，如有意注意、有意记忆等。最初，各种心理活动以无意性为主，学龄晚期发展到以有意性为主。最初没有意志活动，后来逐渐形成意志过程，心理活动的自觉性不断提高。

（二）从主要受生理制约到对心理的主动调节

儿童的心理活动，很大程度上受生理局限。比如，儿童初期儿童的思想、情感外露无遗，对自己的行为自制力很差，这都和他们的生理未发育成熟有直接关系。随着生理的成熟，生理对心理活动的限制作用渐渐减少，心理活动的主动性也渐渐增长。比如，儿童末期，儿童虽然身体稍有不适，但由于认识到演出任务的需要，能够克服困难，集中注意，努力完成任务。稍大的儿童能够在一段时间和一定场合控制住自己的激动或不愉快的心情，如在幼儿园不表现出来，等到离园回家见到亲人时才倾诉。

四、从零乱到体系

儿童的心理活动最初是零散杂乱的，心理活动之间缺乏有机联系。比如儿童一会儿哭，一会儿笑，一会儿说东，一会儿说西，都是心理活动没有形成体系的表现。正因为不成体系，心理活动非常容易变化。发展的方向是心理活动逐渐组织起来，有了系统性，形成整体，有了稳定的倾向，出现每个人特有的个性。

以上所列是儿童心理发展趋势的几个侧面。这几条发展线索并不是简单地并行的，它们之间有密切联系。心理活动的复杂化与心理活动的抽象概括化分不开，心理活动的复杂和概括化又和主动性的增长紧密相连，与此同时，逐渐形成个性体系。

 知识拓展

幼儿认识活动表现为具体性和形象性。幼儿认识活动的具体形象性，主要表现在如下几个方面：

（1）对事物的认识主要依赖于感知。幼儿事物的认识较多地依靠直接的感知，对物的认识常常停留于事物表面现象，而不能认识事物的本质特点。幼儿记住的事依赖于对事物的直接感知，幼儿的思维活动也离不开对事物的直接感知。他们对很多事物都不停地看、听、摸、尝、闻等，主要通过感知来认识周围世界。

（2）表象活跃。当人们说到"天安门"时，虽然天安门不在眼前，但在头脑中会出现天安门的形象。天安门不在眼前时，人脑中天安门的形象是天安门的表象。表象是事物的具体形象在人脑中的映像，表象虽然不是实际的事物，但它是直观的、生动的、形象的，因而表象也有具体性的特点。

（3）抽象逻辑思维开始萌芽。整个幼儿期，思维的主要特点是具体的、形象的。但5~6岁的幼儿已明显地出现了抽象思维的萌芽，这个阶段幼儿对事物因果关系的掌握等有所发展，初步的抽象能力明显地发展起来，他们回答问题时，不单从表面现象出发，还能从较抽象的方面来推断事物的因果关系。例如，5~6岁的幼儿会说"这个东西沉不下去，因为它是木头的，木头就沉不下去"，而不像4岁的孩子只能从事物表面找原因，如问："乒乓球为什么会漂起来？"4岁幼儿会回答说："因为它是白颜色的。"

 习 题

一、选择题

1. 研究学前儿童心理发展要贯彻的原则中不包括（ ）。

A. 客观性　　　　B. 启蒙性　　　　C. 发展性　　　　D. 教育性

2. 下列关于心理发展的说法错误的是（ ）。

A. 发展具有连续性和阶段性　　　　B. 发展具有方向性和顺序性

C. 发展具有平衡性　　　　　　　　D. 发展具有个别差异

3. 婴儿无意注意发生的时间是（ ）。

A. 出生后就有　　B. 出生后1~2个周　C. 出生后2~3周　D. 出生后3~4个月

4. 对于婴儿眼手协调动作发展的特点，说法错误的是（ ）。

A. 眼手配合　　　　　　　　B. 有意摆弄

C. 出现无关动作　　　　　　D. 两手分别同时抓

5. 幼儿常用的记忆策略不包括（ ）。

A. 复述背诵　　　　　　　　B. 语言中介

C. 记忆材料系统化　　　　　D. 记忆力精确

二、简答题

1. 简述学前儿童心理发展的趋势。

2. 简述学前儿童心理发展的特点。

第二节　影响学前儿童心理发展的因素

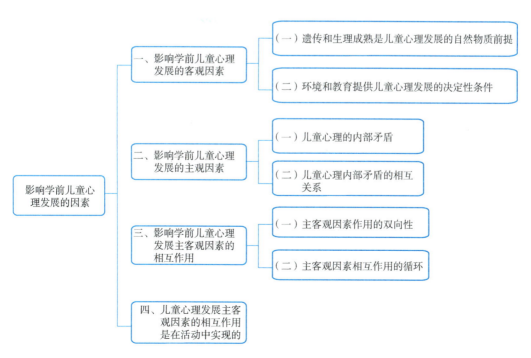

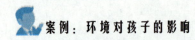

案例：环境对孩子的影响

> 一个四五岁的孩子，经常坐爸爸的车外出，每逢堵车或有人超车时，爸爸总是口出不逊，张嘴就骂，不是骂警察，就是骂其他司机。一天，放学后妈妈接他，正见他站在幼儿园门口对另一个小朋友口吐狂言："小子！你给我等着，明天老子就收拾你！小兔崽子，敢惹你大爷我！"妈妈吃惊小小的孩子竟能说出这样的话来。
>
> 由于孩子模仿性强，在幼儿园，教师的行为举止对他们会产生直接的影响，年龄越小的孩子的模仿能力越强。教师本身的语言、行为、表率等对孩子都会产生很大的影响。

一、影响学前儿童心理发展的客观因素

心理是人脑对周围世界的反映。人脑是儿童心理形成和发展的物质基础。周围世界是儿童心理所反映的客观现实。儿童心理的发展绝不能离开以下两个方面的客观条件。

（一）遗传和生理成熟是儿童心理发展的自然物质前提

1. 遗传素质

遗传是一种生物现象。通过遗传，祖先的一些生物特征可以传递给后代。遗传素质是指遗传的生物特征，即天生的解剖生理特点，如身体的构造、形态、感觉器官和神经系统的特征等，其中对心理发展有最重要意义的是神经系统的结构和机能特征。

遗传素质虽然是天生的，但不一定在出生时就有所表现。有一些出生时表现出来的生理特征，却不是遗传素质，而是胎儿在发育过程或出生过程受外界环境影响而形成的。

遗传对儿童心理发展的作用具体表现在以下两点。

第一，提供人类心理发展的最初前提。人类在进化过程中，在解剖生理上不断发展，特别是脑和神经系统高级部位的结构和机能达到高度发达的水平，具有其他一切生物所没有的特征。人类共有的遗传素质是使儿童有可能形成人类心理的前提条件，也是儿童有可能达到社会所要求的那种心理水平的最初步、最基本的条件。

由于遗传缺陷造成脑发育不全的儿童，其智力障碍往往难以克服。例如，黑猩猩即使有良好的人类生活条件和精心训练，其智力发展的高限也只能是人类儿童的水平。这些事实从反面证明了正常的遗传素质对儿童心理发展起前提作用。

第二，奠定儿童心理发展个别差异的最初基础。研究证明，血缘关系越近，智力发展越相似。同卵双生子是由一个受精卵分裂为两个而发育起来的，具有相同的遗传素质。研究表明，有血缘关系的儿童之间的智力相关比无血缘关系者高，而同卵双生子的相关则最高。又有研究指出，儿童与亲生父母的智商相关高于与养父母的相关。

儿童个体的遗传差异决定着心理活动所依据的物质基础——大脑及其活动的差异，从而影响到心理机能的差异。遗传素质对儿童心理发展不同方面的影响也不同。一般认为，特殊能力的发展受遗传影响大些。比如音乐家、运动员、画家等之所以能取得成就，不能否认遗传在其中的作用。他们充分利用和发挥了遗传素质所提供的有利条件，取得事半功倍的效果。

由此可见，遗传在儿童心理发展中的作用是客观存在的。它为儿童心理发展提供了最初的物质前提和可能性。在环境的影响下，最初的可能性能够变为最初的现实，而这个现实又将成为继续发展的前提和可能性。

2. 生理成熟

生理成熟是指身体生长发育的程度或水平，也称生理发展。生理成熟主要依赖于种系遗传的成长程序，有一定的规律性。

儿童身体生长发育的规律明显地表现在发展的方向顺序和发展速度上。儿童身体生长发育的顺序是从头到脚，从中轴到边缘，即所谓首尾方向和近远方向。儿童的头部发育最早，其次是躯干，再是上肢，然后是下肢。儿童动作发展也是按首尾规律和近远规律进行的。这种顺序就和动物不同，动物是先会爬行，后会看；儿童是先会看，后会四肢动作，如图 9-1 所示。

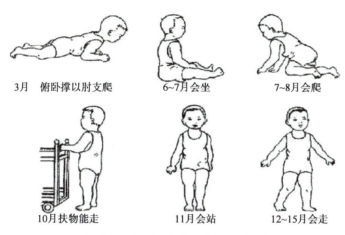

3月　俯卧撑以肘支爬　　6~7月会坐　　7~8月会爬

10月扶物能走　　11月会站　　12~15月会走

图 9-1　三翻、六坐、八爬、一岁走

儿童体内各大系统成熟的顺序是：神经系统最早成熟，骨骼肌肉系统次之，最后是生殖系统。例如，儿童 5 岁时脑重已达成人的 80%，骨骼肌肉系统的重量还只有成人的 30% 左右，生殖系统则只达成人的 10%。

儿童生长发育速度的规律，总的来说是出生后前几年速度很快，青春期再次出现一个迅速生长发育的阶段。

生理成熟对儿童心理发展的具体作用是使心理活动的出现或发展处于准备状态。若在某种生理结构达到一定成熟时，能适时地给予恰当的刺激，就会使相应的心理活动有效地出现或发展。如果生理上尚未成熟，也就是没有足够的准备，即使给予某种刺激，也难以取得预期的结果。身体各方面的成熟规律对儿童心理发展都有制约作用。美国心理学家格塞尔用双生子爬楼梯的实验，说明生理成熟对学习技能的前提作用。

儿童的心理成熟虽然受遗传素质以及遗传的发展程序制约，但不是由遗传决定一切。成熟过程始终受环境的影响。遗传在一定条件下也会发生变化。

（二）环境和教育提供儿童心理发展的决定性条件

儿童周围的客观世界，就是儿童所处的环境。环境可以分自然环境和社会环境。

自然环境提供儿童生存所需要的物质条件，如空气、阳光、水分、养料

微课 9-1
儿童心理学
流派理论

等。儿童出生前所处的胎内环境，也是一种自然环境。人的自然环境带有程度不等的社会性，是人化的自然。实际上，儿童出生在世，其周围环境主要是社会环境。

社会环境指儿童的社会生活条件，包括社会的生产发展水平、社会制度、儿童所处的社会经济地位、家庭状况、周围的社会气氛等。

教育条件是儿童的社会环境中最重要的部分，是目的性和方向性最强、最有组织地具体引导儿童发展的环境。所谓环境对儿童心理发展的作用，主要指社会生活条件和教育的作用。

1. 社会环境可以使遗传所提供的心理发展可能性变为现实

社会环境，首先是指社会生活条件，即人类生活的环境。它不同于动物生活的环境。如果人的后代不生活在社会环境里，那么即使遗传提供了发展儿童心理的可能性，这种可能性也不会变成现实。野兽哺育长大的儿童，虽然具有人类的遗传素质，却不具备儿童的心理。例如，印度狼孩卡玛拉和阿玛拉，她们不会直立行走，不能学会说话，没有人类的动作和感情。

走路和说话本来是人类的特征，但是对每一个儿童来说，遗传只提供了直立行走和说话的可能性，没有人类的社会环境，这种可能性就不能变成现实性。正常儿童似乎是自然而然地学会走路和说话，其实也离不开社会生活环境的影响。一项研究指出，在德黑兰的孤儿院里，58%的1岁以上儿童不会独立坐，85%的儿童3岁多还不会走路，开始站立和扶着栏杆走的年龄平均为5岁10个月。后来，抽出10个婴儿进行实验，给他们增加保育员。这些婴儿开始站立和扶着走的年龄提前到平均3岁5个月，即提前了两年多。这是因为儿童获得站和走的环境条件，有了练习站和走的机会。

心理（包括儿童心理）是客观现实的反映。客观现实主要指社会环境。没有被反映者就没有反映，没有社会环境就没有人的心理。

2. 环境影响遗传素质的变化和生理成熟的进程

生理成熟主要是按照遗传的程序进行的，但是环境对生理成熟的影响也相当大。从受精卵形成时开始，人的身体发育就受环境的影响。"胎教"就说明了胎内环境对胎儿生长发育的影响。而胎内环境本身又受母亲的营养、情绪和各种行为的影响。儿童出生过程及其后的一些意外因素如产伤、疾病、事故等，也都有可能影响儿童最初的生理情况，继而影响后来的发育。

由此出现了不同于"遗传因素"的"先天因素"这个概念。"先天因素"是指儿童出生时带来的，但不是遗传的因素，是在最初遗传素质的基础上发展起来的，是已经打上了胎内环境烙印的解剖生理因素。

出生后环境对儿童生理发展的影响更为明显。人体生长的加速现象便是一例。人的身高和体重一代比一代增长，成熟期一代比一代提前。这种现象19世纪已在一些发达国家出现，20世纪在许多国家也陆续出现。资本主义国家过去100多年，平均每10年身高增长1厘米左右。中华人民共和国成立后30年，平均每10年男性身高增长2.3厘米、女性身高增长2.1厘米。日本第二次世界大战后30年男童平均增长7厘米，而美国只增长2.5厘米。这种现象与生活条件有密切关系。在我国和日本的上述年代，人民生活条件迅速改善，儿童生长加速也明显。美国长期经济发达，加速已趋向平稳。另外，西方国家在世界大战和资本主义世界严重经济危机时，有些地区出现人体生长的减速现象。这些事实说明，社会经济条件的变化直接影响人体的生长发育。

3. 社会生活条件和教育是制约儿童心理发展水平和方向的最重要的客观因素

动物心理发展靠本能、成熟、个体的直接经验。儿童心理的发展则主要靠学习、文化传递、群体的经验、社会生活和教育的影响。儿童既是一个生物实体，也是一个社会实体，因此儿童心理从一开始就是社会的产物。

社会生产力的发展水平，影响国民经济生活、科学文化水平和教育水平，从而影响到儿童心理发展的水平。近百年来，特别是近几十年来人类在改变自然界方面的极大发展，即生产力的飞速发展，使儿童的生活环境越来越多样化和复杂化，其智力发展也超过前辈人童年期的智力。

社会环境中很重要的是人与人之间的关系。社会生产关系、社会制度以及儿童所处的社会地位，对儿童心理的发展有极大影响。被剥夺了学习机会的儿童，其心理发展水平显然较低。社会制度、社会风气不但制约着儿童心理的发展水平，而且影响儿童个性形成的方向。在同一社会中，儿童所处的环境是千差万别的。具体的社会生活条件和教育条件是形成儿童个别差异的最重要因素。如果说，没有任何两个儿童具有绝对相同的遗传模式，那么，可以毫不夸张地说，环境的多样化远远超过遗传模式的多样化。即使是在一个家庭中长大的同卵双生子，各自的环境也有所不同，如在胎内所处的位置不同、出生的先后不同。不同的胎内位置导致出生时生理发育不同，出生先后导致有兄弟或姐妹之别。由此又引起外界环境对他们要求的不同，身体较健壮的或当兄姐的，从小就被要求多承担责任，照顾别人，而双生子中的另一个人则从小处于被照顾的环境中。

在儿童生活环境多种多样的客观因素中，那些经常而又系统地影响儿童心理发展的因素往往对儿童心理的发展起较大作用。对儿童来说，家庭环境是最重要的因素。

家庭环境，一般指家庭的物质生活条件、家长的职业和文化水平、家庭人口和社会关系以及儿童在家庭中的天然地位等。这些因素，大多是家长一时难以改变或难以控制的，相对来说比较稳定，变化缓慢。家庭环境中对儿童心理发展起最大作用的是家庭教育，包括家长的教育观点、教育内容、教育态度和方法，这一类因素是家长能够并且应该自觉控制的。后者因素还制约着前者因素对儿童心理的作用。比如，同是丰富的物质条件，可以使儿童形成良好的个性品质，也可能形成过分追求生活享受或能力上不求进取的不良个性品质；同是独生子女，可能偏于孤独，也可以养成渴望交际并善于交际的性格。这主要决定于家长如何运用家庭中的各种条件进行教育。

对于进入托幼机构的儿童，托儿所或幼儿园的环境和教育对其心理发展也起重要作用。

儿童生活环境中的各种因素是互相联系的。自然环境、社会生产力发展水平、社会制度、社会风气等制约着家庭环境，在一定程度上影响着家庭教育和幼儿园的教育。但是，教育又可以在一定程度上控制各种客观因素对儿童心理发展的作用，即微环境的作用。

二、影响学前儿童心理发展的主观因素

所谓影响儿童心理发展的主观因素，是指儿童心理内部的因素。这里用"主观因素"一词是对"客观因素"而言的。客观因素是指儿童心理以外的因素，主观因素是指儿童心理本身内部的因素。

影响儿童心理发展的客观因素和主观因素都是儿童心理发展的条件，遗传和生理成熟是自然条件，环境和教育是社会条件。前者为儿童心理发展提供可能性，后者可以使可能性变为现实性。这两个方面的条件都是儿童心理发展所不可缺少的。但是，发展的条件还不是发展的根本原因。儿童从出生开始就不是消极被动地接受环境的影响，随着心理的发展和个性的形成，儿童的积极能动性越来越大。虽说环境和发展是在各种客观因素中起决定作用的，但绝不能机械地决定儿童心理的发展，只能通过儿童心理发展的内部因素来实现。

（一）儿童心理的内部矛盾

人的全部心理活动包括许多成分，这些成分之间是相互联系的，比如个性倾向性和心理过程，心理过程和心理状态，能力和性格，智力和非智力因素等。这些心理成分或因素之间又经常是对立统一的，比如有完成任务的动机却缺乏坚持到底的意志力。儿童心理的内部因素之间的矛盾，是推动儿童心理发展的根本原因。

儿童心理的内部矛盾可以概括为两个方面，即新的需要和旧的心理水平或状态。需要总是表现为对某种事物的追求和倾向，它是矛盾中比较积极活跃的一面。需要是由外界环境和教育引起的。随着儿童的成长和生活条件的变化，外界对儿童的要求也不断变化。客观要求如果被儿童接受，它就变成儿童的主观需要。需要是新的心理反应，旧的心理水平或状态是过去的心理反应。这两种心理反应之间总是不一致的。不一致即差异，差异就是矛盾。两者构成心理内部不断发生的矛盾，它们总是处于相互否定、相互斗争中。有了新的需要就不能满足于已有水平，新需要与旧水平发生矛盾，新需要否定旧水平。当水平提高后满足了需要，这种需要又被否定。新需要和旧水平的斗争，就是矛盾运动，儿童心理正是在这样不断的内部矛盾运动中发展。举个例子来说，1岁左右的儿童在和成人接触中，产生了说话的需要，那时他们还不会说话，这种矛盾促使他学说话。当他学会了一些单词句时，就是发展到新水平。这时又产生了要讲清楚自己意思的需要，他们的一个词代表各种意思的水平往往使人不理解，不能满足需要，对这种新需要使得单词句又成了旧水平，于是又出现新的矛盾。如此不断地产生、解决、再产生的矛盾运动，使儿童的语言活动得到发展。

（二）儿童心理内部矛盾的相互关系

儿童心理内部矛盾的两个方面又是互相依存的。一方面，儿童的需要依存于儿童原有的心理水平或状态。因为需要总是在一定的心理发展水平或状态的基础上产生的。如果外界的要求脱离儿童心理发展的已有水平或状态，就不可能被儿童所接受，也就不能形成儿童的需要。过难的教材不能引起儿童的学习积极性，毫无熟悉之处的事物不能引起儿童的兴趣，原因都在这里。另一方面，一定的心理水平的形成，又依存于相应的需要。没有需要，儿童就不去学习任何知识技能，心理水平不能提高。在包办、代替过多的家庭里，儿童的生活能力发展不起来，就是因为他缺乏这方面的需要。同样，当儿童打架之后还感到委屈时，不可能作出自我批评，因为他还没有这种需要；只有当儿童平静下来，认识到自己的不足，才可能产生自我批评的需要，改变原来和小朋友对立的心理状态。教育的任务就是根据已有的心理水平和心理状态，提出恰当的要求，帮助儿童产生新的矛盾运动，促进其心理发展。

三、影响学前儿童心理发展主客观因素的相互作用

（一）主客观因素作用的双向性

影响儿童心理发展的客观因素和主观因素是相互联系、相互影响的。

不能只看到客观因素对儿童心理发展的影响，而忽视儿童心理发展主观因素对客观因素的反作用。它们之间的作用是双向的。只有正确认识它们之间的相互作用，才能弄清儿童心理发展的全部原因。

1. 充分肯定客观因素对儿童心理发展的作用

首先，儿童心理发展过程离不开客观因素或客观条件的影响。这是唯物主义的基本原理。虽然认识到儿童心理的内部因素之间的矛盾，是推动儿童心理发展的动力，但不能由此而忽视了遗传和生理成熟因素以及环境和教育因素对儿童心理发展的作用。不论儿童心理的内部矛盾如何变化发展，矛盾的双方都是在儿童大脑发育的基础上所形成的对周围环境和教育的反映。但是，环境和教育只有在充分调动儿童心理内部积极性、因势利导时，才能起作用。

2. 不可忽视儿童心理的主观因素对客观因素的反作用

儿童心理本身不但不是消极接受外界的影响，而且还反过来对它们发生影响。

这种影响或反作用表现在以下两个方面。

（1）儿童心理对生理成熟的反作用。儿童心理在一定范围内对其生理活动及成熟发生影响。比如，情绪紧张和长期不愉快的儿童健康水平下降，甚至生理发育延滞；活动积极性较高的儿童身体发育较好；由心理原因造成的偏食会导致营养不良；过分任性的儿童饮食起居不规律也使健康受损，影响正常发育。

（2）儿童心理对环境的影响。儿童的心理活动自觉不自觉地影响周围事物。比如，儿童在观察物体过程中，不断地摆弄物体，使之改变原有状态。儿童在游戏过程中，也不断地改变玩具和游戏材料的状态。

（二）主客观因素相互作用的循环

客观因素影响儿童心理的发展，儿童心理的发展反过来影响客观因素的变化，这种主客观相互作用的循环过程，始终伴随着儿童心理的发展过程。

从身心发展的相互作用看，出生时比较健康的儿童情绪比较愉快，情绪愉快又有利于身体健康。神经过程较强的儿童能够承受外界较强刺激或刺激的较大变化，接受较多的刺激又使儿童的身心更好发展。身高体壮的儿童往往认为自己是"哥哥""姐姐"，良好的身体素质使他们产生对自己要求较高的心理，而要求较高又使他们的身心更好发展。较好的歌喉使某些儿童唱歌较好，唱得好使他们喜爱唱歌，努力学唱又使他的唱歌能力得到发展。

从环境和心理的相互作用看，不同的环境带来不同的心理反应，不同的心理又使环境对心理产生不同作用。有研究指出，同在某个慈善机构里的婴儿，成人照顾同样很少，其中活泼的婴儿，智商分数高于安静的婴儿，因为他们主动地"改造环境"寻求"自我刺激"。如较多移动身体位置，使身体受到较多的触觉和本体觉、动觉刺激，从而增加了发展智力的"营养"。

成人心理和儿童心理相互作用的情况更为突出。父母亲对子女的态度和养育方式对儿童心理发展有很大作用。然而，父母亲的态度和养育方式又从一开始就受儿童的影响。在父母塑造儿童心理的过程中，儿童也塑造父母的心理。因为心理是客观现实的反映，儿童心理受外界环境的影响，特别是成人的影响，成人心理同样受外界环境的影响，其中包括儿童心理的影响，可以说是"你中有我，我中有你"。

儿童遗传和生理素质对成人心理也发生影响，由此形成的成人心理又反过来对儿童心理发生影响。在幼儿园里常常发现容貌漂亮的儿童有骄傲心理。漂亮不可能是骄傲的生理基础。只是因为漂亮的儿童容易引起成人的喜爱和夸赞，成人的喜爱和夸赞反映到儿童心里，使他们感到自己比小朋友强，渐渐产生骄傲心理。

从教育工作的角度看，儿童和成人心理相互影响的循环过程，可能是良性循环，也可能是恶性循环。比如，教师对新入园的儿童本来一无所知，但是聪明伶俐的儿童很快就引起教师的好感，从此教师对他们注意较多，交给他们的任务也较多；教师的态度使儿童对教师产生亲切的感情，从而产生较高的学习积极性，加以受教育和锻炼的机会较多，这种儿童就会比别人聪明。这样就构成了一种良性循环。相反，有的儿童刚到班上显得怯懦迟钝，既不能干，也不淘气，这种心理特点使教师对他们较少注意，因而他们较少得到教师的帮助，长此下去他们的智力发展比别人相对落后，就构成了恶性循环。在儿童的行为方面常有这种情况，儿童缺点越多，教师越不喜欢；教师越讨厌，儿童越反感，越是故意和教师作对。优秀教师的成功就在于清醒地认识并控制住成人和儿童之间的相互作用，加强和巩固良性循环，切断恶性循环，如较多关心怯懦的儿童、尽量发现顽皮儿童的优点等。

四、儿童心理发展主客观因素的相互作用是在活动中实现的

儿童心理发展主客观因素的相互作用，是在儿童的活动中发生的。只有通过活动，外界环境和教育的要求才能成为儿童心理的反映对象，才能转化为儿童的主观心理成分。只有在活动中，儿童的需要才可能产生，新需要和旧水平的内部矛盾运动才能形成。同时，也只有通过活动，儿童才有可能反作用于客观世界。

学前儿童的活动，主要包括对物的活动和与人交往的活动，其中交往活动更占重要地位。与人交往的需要是人所特有的需要。

儿童不同于成人的特点是他的独立生活能力形成过程比较长。这种特点使儿童出生后有相当长的时期要依赖成人才能生活。学前儿童、特别是出生后的前几年，儿童要通过成人才能与周围世界接触，换句话说，儿童与周围环境的实际联系总是以成人为中心才能实现。出生前几个月，如果不是成人把他们放在某个房间、某个特定环境，儿童就不可能到达那个环境；如果不是成人向他提供某种玩具或其他物体，他就不可能接触到这些物体，各种视觉、听觉、动觉等刺激物，都是以成人为中介才对婴儿起作用的。学前儿童最初交往的人也是成人——照料他们生活的人，他们和其他人的接触也是通过这些成人实现的。学前儿童通过与人的交往、特别是与成人的交往，本能学会人类特有的行为方式，如使用工具和语言等。学前儿童的认知发展和个性的形成，也是在交往中实现的。

交往在学前儿童发展的不同时期，起着不同的作用，具体表现如下。

6个月前，交往的作用主要在提高生活紧张度，激活全部身心活动功能，促进视觉、听

觉、动觉等各分析器活动的发展。

6个月~3岁，儿童的一切活动都必须和成人一起进行。由成人带领着，从学会个别动作到进行实物活动，学会简单的游戏并掌握语言。

2~5岁，儿童能初步独立进行活动，迅速扩大认识范围，从认识物体发展到开始认识社会生活，但整个过程都离不开成人的指导。

5~7岁，儿童能了解人与人之间的关系，意识到自己和别人的地位，如儿童与老师的地位和关系、年长儿童与年幼儿童的地位和关系等。这一切都是在教师起主导作用的儿童与成人和儿童与儿童交往的活动中形成的。

近年来，人们特别注重交往对学前儿童心理发展的作用。

各种主客观因素在学前儿童心理发展中起作用的情况，也是随着儿童年龄的增长而有差异的。整体来说，生理因素和环境因素在学前期都起较大作用，而心理的内部主观因素所起作用相对小些。发展的趋势，则是生理因素的作用相对地逐渐减弱，主观能动性则越来越大，但环境和教育的因素始终是很大的。

总之，儿童心理发展是有客观规律的，但在每个儿童身上的表现又是错综复杂的，为了更好地对儿童进行培养教育，应该具体分析和对待。

知识拓展

　　心理发展关键期是指个体的某些行为与能力的发展有一定的时间，如在恰当的时间给以适当的良性刺激，会促使其行为与能力得到更好的发展；反之则会阻碍发展甚至导致行为与能力的缺失。其只发生在生命中一个固定的短暂时期，缺失了关键期内的有效刺激，往往会导致认知能力、语言能力、社会交往能力的低下，并且难以通过教育与训练得到改进。20世纪20年代，发现于印度加尔各答的狼孩就是关键期缺失的典型事例。狼孩卡玛那由于从小离开人类社会，在狼群中生活了8年，深深打上了狼群的烙印。后来虽然回到人类社会并接受了教育与训练，但在智力发展的水平上，她根本不能与同年龄的正常孩子相比。直至其17岁逝去，其智力仅相当于4岁小孩的水平。

　　学前儿童的各个发展领域都有相应的心理发展关键期：出生至2岁是亲子依恋形成关键期；1岁半左右是儿童有意识注意发展关键期；2岁左右是分解性观察能力发展关键期；3岁左右是儿童独立性和规则意识建立关键期；5岁之前是儿童语言、数的概念和音乐学习关键期；5岁半左右是儿童悟性萌芽、学习心态及习惯、学习成功感形成关键期；6岁左右是儿童社会组织能力和创造性发展关键期。

一、选择题

1. 幼儿想象发生的时间是（　　）。

A. 1~1.5岁　　　　B. 1.5~2岁　　　　C. 2~2.5岁　　　　D. 0~1岁

2. 幼儿想象的基本特点说法不正确的是（　　）。

A. 幼儿以再造性想象为主

B. 想象的主题稳定

C. 有意想象和创造性想象刚开始发展

D. 想象常常脱离现实与现实相混

3. 思维的种类不包括（　　）。

A. 直观行动思维　　　　　　　　　B. 具体形象思维

C. 感知形象思维　　　　　　　　　D. 抽象逻辑思维

4. 思维发展的时间是（　　）。

A. 出生~1 岁　　　　B. 1.5~2 岁　　　　C. 2.5~3 岁　　　　D. 3~3.5 岁

5. 幼儿掌握概念的方法，不正确的有（　　）。

A. 排除法　　　　　　B. 分类法　　　　　C. 观察法　　　　　D. 守恒法

二、材料分析

基尼是美国加利福尼亚州的一个小女孩。她母亲双目失明，丧失了哺育孩子的基本能力；父亲讨厌她，虐待她。基尼自婴儿期起就几乎没听到过说话，更不用说有人教她说话了。除了哥哥匆匆地、沉默地给她送些食物外，可以说，基尼生活在一间被完全隔离的小房里。她严重营养不良，胳臂和腿都不能伸直，不知道如何咀嚼，安静得令人害怕，没有明显的喜怒表情。基尼 3 岁被发现后，被送到了医院。最初几个月，基尼的智商得分只相当于 1 岁正常儿童。多方面的重视使她受到了特殊的精心照顾。尽管如此，直到 13 岁，她都没有学会人类语言的语法规则，不能进行最基本的语言交流。据调查分析，基尼的缺陷不是天生的。

根据以上案例，运用学前儿童心理学知识回答下列问题：

1. 基尼的缺陷说明了什么？

2. 基尼在精心教育下，仍不能学会人类语言的语法规则，这说明了什么的影响作用？

第　十　章

学前儿童个性与社会性发展

 **教学计划**

一、教学目标

（一）知识目标

1. 了解学前儿童个性的形成与发展及其意义、学前儿童自我意识的发展。
2. 了解并掌握学前儿童自我意识的发展、学前儿童个性倾向性的发展。
3. 了解并掌握自我意识的概念、学前儿童需要的发展。

（二）素质目标

1. 主动地参与各项活动，有自信心。
2. 乐意与人交往，学习互助、合作和分享，有同情心。
3. 理解并遵守日常生活中基本的社会行为规则。
4. 认真倾听并理解任务性的语言，能做好力所能及的事，不怕困难，有初步的责任感。
5. 爱父母长辈、爱集体、爱家乡、爱祖国。

二、课程设置

本章共 5 节课程，课内教学总学时为 10 学时。

三、教学形式

面授，课件。

四、教学环节

1. 组织教学：在新课标中，进行备课。因材施教，了解班上每一个学生的性格、爱好、学习情况。
2. 导入新课：采用图片、音乐、游戏等形式进行课堂导入，吸引学生注意力。
3. 讲授新课：在导入后，对新知识进行讲解，并掌握课堂重难点。
4. 巩固新课：了解学生掌握情况，并按掌握情况及时调整教学。

第一节 学前儿童个性的形成与发展

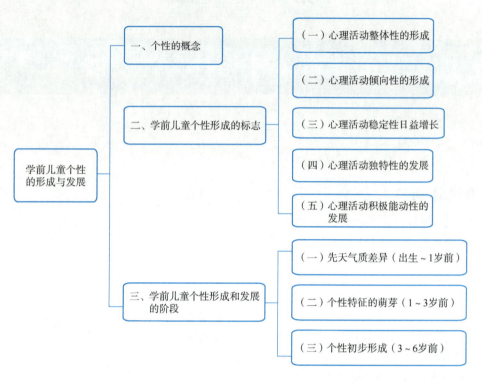

 案例：不一样的丽丽

中一班的丽丽和班里的其他小朋友不太一样。她不太爱和别人讲话，也不太爱主动和别人玩。她在幼儿园里，最爱做的事就是坐在座位上安静地画画。她在画画时，不管其他小朋友怎么去逗她，她都可以无动于衷。她还有个十分突出的特点，就是她午睡起来都会把小被子叠得整整齐齐的，为此班里的小朋友可崇拜她呢！

一、个性的概念

如果留意观察周围的人就会发现：有的人经常是愉快活泼的，有的人则经常是多愁善感的；有的人善于交际，有的人则安然沉静；有的人勇敢顽强，有的人则怯懦软弱；有的人性情刚烈、易于激动，有的人则性情温和、不易发脾气……这就是各具特色的个性特征。所谓"人心不同，各如其面"就是这个意思。心理学中的个性强调的是一个人与他人的不同，即差异性。不管是合群的还是不合群的人，都是有个性的。所谓个性就是一个人比较稳定的、具有一定倾向性的各种心理特点或品质的独特组合，又称为人格。人与人之间个性的差异主要体现在一个人待人接物的态度和言行举止中。它无时无刻不在发生作用，使得一个人的各种行为都带有个性的色彩。

个性不是一个单一的特质，而具有复杂的结构，是一个具有多层次、多侧面的心理动力系统。一般来说，个性可以分为个性的动力系统（即个性倾向性）、个性的特征系统（即个性心理特征）、个性的调控系统（即自我意识系统）三个部分，如图10-1所示。

个性的结构 ┬── 个性的动力系统——需要、动机、兴趣、理想、信念、价值观
　　　　　　├── 个性的特征系统——能力、气质、性格
　　　　　　└── 个性的调控系统——自我认知、自我体验、自我控制

图10-1 个性的结构

个性作为一种区别于他人的稳定的心理品质，具有稳定性、整体性、独特性、功能性以及社会性的特征。

个性作为一种稳定的心理特征系统，包含着人的心理现象的整体特性。整体性包含两层含义。第一层含义：人格结构中的任何一个成分的变化都会引起系统内的其他成分的变化。例如，人的兴趣的转换，必然引起活动性质的改变，从而导致能力的改变。第二层含义：个性形成后，不可避免地影响着人的心理过程。如一个人的认知特点、交往风格、情感色彩、意志品质都受到人格的影响。

个性决定着一个人的生活方式，甚至有时会决定一个人的命运。当面对挫折与失败时，坚强的人发奋拼搏，懦弱的人一蹶不振。当个性发挥正向功能时表现为健康而有力，当个性功能失调时就会表现出软弱、无力、失控甚至变态，所以个性具有功能性。

个性还具有社会性，个性是在社会生活实践中对各种社会关系的反映而形成的。正如马克思所指出的那样："人格的本质不是人的胡子、血液、抽象的肉体的本性，而是人的社会特质。"虽然人的各种自然属性、生理构造和机能是心理发展的重要前提，但它们在个性系统中并不能形成一个单独的结构。个性所体现出的最本质特点是社会性而不是生物性。

二、学前儿童个性形成的标志

个性是在个体的各种心理过程、各种心理成分发生发展的基础上形成的。2岁左右，幼儿的各种心理过程都已出现，并已开始表现出初步的个性特点，这就是个性的萌芽。3岁以后，幼儿的个性逐渐开始形成，出现比较稳定的个性特征。一般认为3~6岁是个性开始形成的时期，这表现在以下五方面。

（一）心理活动整体性的形成

婴儿的心理活动还是零散的、混乱的，这与其心理过程没有完全发展起来有关。当婴儿的记忆没有充分发展起来时，感知的东西不能长时间保存在头脑中，因而先前的感知活动不可能成为后来感知活动的基础。比如，经常会看到婴儿刚才还在哇哇大哭，脸上挂着泪珠，现在又在咯咯地笑起来。这是婴儿心理活动没有组织成整体的典型表现。

微课 10-1
个性的初步形成

3岁以后，幼儿的各种心理过程逐渐组织起来。随感知觉的发生发展，幼儿记忆也发展起来，以后又出现了动作思维，有了想象、意志的萌芽。这些心理过程的产生和发展，逐渐推动幼儿在低级心理机能的基础上产生了语言、思维等高级心理机能。当各种心理活动在幼儿身上出现齐全的时候，幼儿心理活动的整体性便日益表现出来。3~6岁是心理活动整体性

或系统性迅速形成的时期。

（二）心理活动倾向性的形成

个性倾向性的形成是个性形成的另一重要标志，因为个性倾向性表现为人的心理活动的方向，决定一个人心理活动经常出现的特点。个性倾向性的形成与需要、动机有关。婴儿的心理活动之所以零散，是因为他们活动的动机水平很低，只是为了满足生理需要。如婴儿饿了会哭，渴了也会哭，这是婴儿的活动没有内部动机，完全处于外界控制之下。如果看见玩具，就表现出渴望得到玩具的动机；看见糖果，就要拿来吃。而当这些东西从视野范围消失之后，相应的动机也消失了。到了幼儿期，各种活动动机逐渐形成了内部联系，既有需要又有动机、兴趣，幼儿形成了明显的活动倾向。

（三）心理活动稳定性日益增长

稳定性是个性的基本特征，没有心理活动的稳定性，就不能组成个体的整体。婴儿心理活动变化多端，随着年龄的增长，心理活动的稳定性逐渐增长。如婴儿的注意保持时间非常短；而两三岁后的幼儿的注意时间日益增长，注意的稳定性逐步提高，其他心理机能也逐步成熟稳定下来。这为幼儿性格的形成奠定了基础。

（四）心理活动独特性的发展

在新生儿期，婴儿的气质差异就已十分明显。到幼儿期，幼儿的能力、性格差异开始出现，这种差异成为儿童日后发展的基础。俗话说的"三岁看大，七岁看老"，虽然有些绝对化，但它肯定了幼儿期个性的特点及基础作用。

（五）心理活动积极能动性的发展

婴儿心理活动的主动性不高。随着幼儿自我意识的萌芽与发展，幼儿心理活动的积极能动性也随之发展。幼儿对自己的评价及相应的自信心已经表现出了差异。例如，有的幼儿对自己充满信心，有的退缩；有的幼儿能够控制自己，有的则自制力差。自我意识水平的高低直接影响着幼儿的学习、生活、兴趣爱好方面。幼儿自我意识的发展是幼儿心理活动积极能动性表现的内在因素。

三、学前儿童个性形成和发展的阶段

学前儿童个性的形成是一个较为缓慢的过程，由不完整到完整、不稳定到稳定的过程。学前儿童个性的形成与发展可分为三个阶段。

（一）先天气质差异（出生~1岁前）

婴儿从出生开始，就显示出个性特点的差异，如在医院的产房里从婴儿的哭声中就可以明显地看出。对新生儿的研究发现，新生儿对个别刺激的行为反应有差别，如把金属盘放到新生儿的大腿内侧，有的新生儿反应强烈，有的则没什么反应，有的悄悄往回缩等。这就是与生理联系密切的气质类型的差异。这种先天气质类型的差异作为儿童的差别而存在，同时又影响着父母对孩子的抚养方式，并在与父母的日常交往中越来越明显地成为孩子的个性特点。

（二）个性特征的萌芽（1~3岁前）

在此阶段，随着儿童的各种心理过程包括想象、思维等逐渐齐全，儿童的气质、性格、能力等个性特征也开始萌芽，差异性开始表现出来。到3岁左右，在先天气质类型差异的基础上，在与父母及周围人的相互作用中，儿童间出现比较明显的个性特征的差异。成人可以从儿童的言行举止中看到这一特点。

（三）个性初步形成（3~6岁前）

幼儿期，儿童的心理水平逐渐向高级发展，特别是随着儿童心理活动和行为的有意性的发展，儿童个性的完整性、稳定性、独特性及倾向性各方面都得到了迅速发展，标志着学前儿童个性的初步形成。

 **知识拓展**

游戏是学前儿童个性全面发展的主要教育手段之一

为了实现学前儿童教育任务，要合理地组织教育过程。苏联杰出教育家克鲁普斯卡娅认为，学前教育过程的基本组成部分是游戏、劳动和学习，要将这三者合理地组织起来进行。其中，她特别强调游戏在学前教育过程中的重要作用和地位。她主张，游戏应该成为学前教育的主要活动形式和教育手段。她说，"对儿童来说，游戏是学习，游戏是劳动，游戏是重要的教育方式。"她论述了游戏对发展儿童的体力，提高儿童认识能力，培养儿童道德品质的作用。游戏能使儿童"认识颜色、形状、物质的特征，空间关系，数量关系，认识植物、动物"，这些都有利于儿童认识客观现实，形成正确的生活态度，对儿童认识能力发展有重要意义。她认为游戏能培养儿童的道德品质，形成集体生活习惯和组织能力。

 **习题**

一、选择题

1. 下列关于幼儿兴趣发展的特点的说法，不正确的是（　　）。

A. 幼儿兴趣比较广泛　　　　　　　　B. 幼儿兴趣比较肤浅、容易变化

C. 幼儿以间接兴趣为主　　　　　　　D. 幼儿兴趣可能表现出不良的指向性

2. 有许多孪生兄弟、姐妹，虽然外貌非常相像，但只要细心观察他们的言谈举止就可以看出他们的不同，这反映了个性具有（　　）。

A. 独特性　　　　B. 整体性　　　　C. 稳定性　　　　D. 社会性

3. 好奇好问、活泼好动是幼儿（　　）。

A. 气质特征的表现　　　　　　　　　B. 能力特征的表现

C. 性格特征的表现　　　　　　　　　D. 思维特征的表现

4. 独立性的出现是（　　）心理现象开始产生的明显表现。

A. 社会性　　　　　B. 自我意识　　　　C. 情绪　　　　　D. 意志

5. 孩子能知道"我"和他人的区别是（　　）。

A. 产生自我意识的表现　　　　　B. 辨别能力发展的表现

C. 思维真正产生的表现　　　　　D. 智力发展进入新阶段的标志

二、简答题

1. 简述前学儿童个性的基本特征。

2. 简述学前儿童个性的结构特点。

第二节　学前儿童自我意识的发展

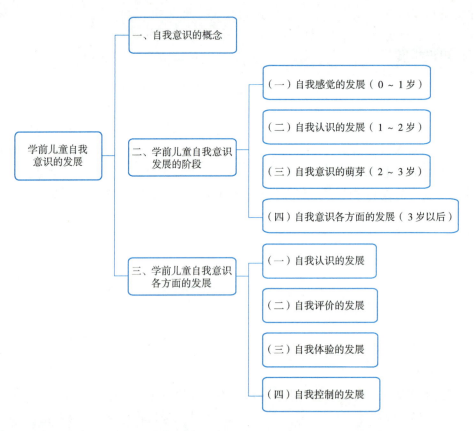

 **案例：赖皮的小宝**

　　四岁的小宝专心地玩着他的小汽车，在屋子里跑来跑去，妈妈大声喊："小宝，快点儿，别玩儿了，要上幼儿园了，我们要迟到了。"只听小宝赖皮地说："你不给我买奥特曼，我就不上幼儿园。"妈妈说："走吧，妈妈这就给你买，之后我们再去上幼儿园。"小宝的要求得逞了。

一、自我意识的概念

自我意识是主体对其自身作为客体存在的各方面的意识，它是个性的重要组成部分，是个性发展水平的标志。自我意识是一个多维度结构，可以从形式和内容两方面来认识。从形式上，自我意识的结构分为认知成分、情感成分和意志成分。其中，认知成分表现为自我认识，它是个体对自己身心特征和活动状态的认知和评价，包括自我观察、自我觉知、自我概念和自我评价等，其中自我概念和自我评价是自我认识最主要的方面。自我意识的情感成分是自我体验，是个体对自己所持有的一种态度，包括自尊、自信、自卑、自豪感、内疚感和自我欣慰等，其中自尊是自我体验的重要体现。自我意识的意志成分是自我调控，是指个体对自己思想、情感和行为的调节和控制，包括自立、自主、自我监督和自我控制等。

从内容上看，自我意识包括物质自我、心理自我和社会自我。

二、学前儿童自我意识发展的阶段

微课 10-2
学前儿童自
我意识的发展

学前儿童自我意识的发展是一个渐进的过程，通常将其分为四个阶段。

（一）自我感觉的发展（0~1 岁）

1 岁前的婴儿还不能把自己与客体分开，常常咬自己的手指或脚趾，到 1 岁末时才能慢慢意识到手脚是自己的，这就是自我感觉阶段。

（二）自我认识的发展（1~2 岁）

1 岁以后，随着婴儿会叫"妈妈"，就表明婴儿自己作为一个独立的客体看待，15 个月以后，婴儿根据面部特征区分自己与他人。

（三）自我意识的萌芽（2~3 岁）

2~3 岁时，儿童会用代名词"我"，表明儿童自我意识开始萌芽。

（四）自我意识各方面的发展（3 岁以后）

3 岁以后，学前儿童自我意识包括自我认识、自我评价、自我体验、自我控制等方面都开始逐步发展。

三、学前儿童自我意识各方面的发展

（一）自我认识的发展

自我认识的对象包括自己的身体、自己的动作、自己的心理活动等。学前儿童自我认识的发展表现在对这几方面的认识和发展。学前儿童对自己身体的认识需要经过一个长久的过程，一般认为需经历以下五个阶段。

（1）不能意识到自己的存在。几个月大的婴儿不能意识到自己，不能把自己当作主体与周围的客体区分开，甚至不能意识到自己身体的存在，不知道自己身体的各个部分是属于自己的。

（2）认识自己身体各部分。儿童到1岁后逐渐认识到自己身体的各个部分。比如，当婴儿在学说话时，成人指着他身体的某部位教他说"鼻子""耳朵""嘴巴"等。婴儿通过自己的触摸和动作，逐渐形成了对自己身体各个部分的认识。

（3）能认识自己的整体形象。心理学家用"点红测验"证实：9~10个月的婴儿只是对镜子感兴趣，而对镜中的自我映象并不感兴趣；12~14个月的婴儿对镜中的自我映象比较感兴趣；15~18个月的婴儿特别注意镜子里的映象与镜子外面的东西的对应关系，对镜中映象的动作伴随着自己的动作更是显得好奇；18~24个月的婴儿会借助镜子去摸自己嘴巴或耳朵等部位。

（4）意识到身体内部状态。对于自己身体内部状态的认识，到2岁左右才开始发生，比如儿童会说"宝宝痛"或"宝宝痒"，这是最开始的发现。

（5）能将名字与身体联系在一起。2~3岁的婴儿能用名字称呼自己，把自己和名字联系在一起。

学前儿童对自己动作的意识也是逐步的，他们通过自己的动作将动作与动作对象区分开来，并逐渐形成动作意识。学前儿童对动作的意识表现在以下两个方面。

（1）区分动作和动作的对象。1岁左右，婴儿通过偶然性的动作逐渐能够把自己的动作与动作的对象区分开来，如婴儿踢球，球向前滚，婴儿从这里似乎感受到自己的存在和力量。以后，婴儿便会主动去踢球，用手去拍打东西，或用手去推车等。

（2）出现了最初的独立性。在许多场合下，他们拒绝成人的直接帮助，而要"自己来"，如他要抢着自己吃饭。这就表明儿童已经开始意识到由自己发出的某种动作。

（二）自我评价的发展

学前儿童自我评价的发展表现为以下趋势。

（1）从依从性评价发展到自己的独立评价。婴儿还没有自我评价。他们往往依赖成人对他们的评价，如他们常说："奶奶说我是好孩子。"4~5岁以后，幼儿才慢慢学会评价自己，犯了错误知道是自己不对。

（2）从对个别方面的评价发展到对多方面的评价。4~5岁的幼儿还多是从个别方面评价自己，6岁以后的幼儿能够从多方面评价自己。

（3）从对外部行为的评价向对内在品质的评价过渡。4~5岁的幼儿还只能从外部评价自己，6岁以后才出现向对内在品质的评价过渡。但是总体来说，在整个幼儿阶段都还不能对内心品质进行深入评价。

（4）从具有情绪色彩的评价发展到根据行为规则的理智评价。4岁以前的幼儿对事物的评价往往根据自己的喜好，而不是根据具体事实，4岁以后的幼儿，才开始初步运用规则进行评价，并且能根据具体的、简单的规则进行评价。

（三）自我体验的发展

学前儿童的自我体验表现出从生理性体验向社会性体验、从暗示性体验到独立体验方向发展的特点。儿童的愉快和愤怒的体验往往是生理需要的表现，而委屈、自尊、羞愧则是社会性体验的表现。儿童自我意识中的各个因素的发生和发展并不是同步的。比如，愉快和愤怒体验发展较早，而委屈、自尊和羞愧感发生比较晚。

（四）自我控制的发展

学前儿童自我控制的发展包括对动作和运动的控制、对认知活动的控制和对情绪情感的控制等方面。学前儿童对自身动作和运动的控制是自我控制发展的第一步。一般认为，学前儿童自我控制发展的转折年龄在 4~5 岁，5~6 岁已具有一定的自控能力。但总体来说，学前儿童的自控能力还是较弱的。普莱尔通过实验认为儿童对动作有意抑制的发展与表象和观念的发展有关。儿童首先要学会按要求停止某些行为，然后才能学会自己控制自己的行为，这对幼儿来讲并非易事。学前儿童对自己认知活动和情绪的控制更难。在认知活动中，学前儿童是属于冲动型的；在情绪活动中，学前儿童也是缺乏自我控制的。

 **知识拓展**

儿童自我意识的发展

人的个性的初步形成，是从学前期开始的。在学前儿童个性形成中，自我意识的发展起着重要的作用。

1. 从轻信成人的评价到自己独立的评价

学前初期儿童对自己或别人的评价往往只是成人评价的简单再现，而且对成人的评价，有一种不加考虑的轻信态度。例如，他们评价自己是（或不是）好孩子，是因为"老师说我是（或不是）好孩子"。到学前晚期，儿童开始出现独立的评价，逐渐对成人的评价持有批判的态度。如果成人对儿童的评价不客观、不正确，儿童往往会提出疑问，申辩，甚至表示反感。

2. 从对外部行为的评价到对内心品质的评价

学前初期儿童一般只能评价一些外部的行为表现，还不能评价内心状态和道德品质等。例如，问他"为什么说你自己是好孩子?"4 岁儿童回答"我不打架"或"我不抢玩具"；而 6 岁的儿童则可以说一些抽象的、内在的品质特点，如"我听话，遵守纪律"或"我谦让，对小朋友友好"。

3. 从比较笼统的评价到比较细致的评价

学前初期儿童对自己的评价是比较简单、笼统的，往往只根据一两个方面或局部进行自我评价，如"我会唱歌""我会画画"。学前晚期儿童的评价就比较细致、比较全面些，如他会说"我会唱歌，也会跳舞，可是就是画画不好"。

 习 题

一、选择题

1. 自我意识中情感成分是（   ）。

A. 自我认识   B. 自我体验   C. 自我控制   D. 自我调节

2. 自我意识中最原始的形态是（　　）。

A. 生理自我　　　B. 心理自我　　　C. 社会自我　　　D. 道德自我

3. 对自己在人际关系、社会关系中角色意识的自我评价和体验是（　　）。

A. 生理自我　　　B. 心理自我　　　C. 社会自我　　　D. 道德自我

4. 自我意识的认知成分是（　　）。

A. 自我认识　　　B. 自我体验　　　C. 自我调节　　　D. 自尊心

5. （　　）的发生发展加快了自我意识发生的进程。

A. 动作　　　　　B. 语言　　　　　C. 思维　　　　　D. 感知

二、简答题

1. 简述幼儿自我意识发展的一般趋势。

2. 简述自我意识对幼儿发展的作用。

第三节　学前儿童个性倾向性的发展

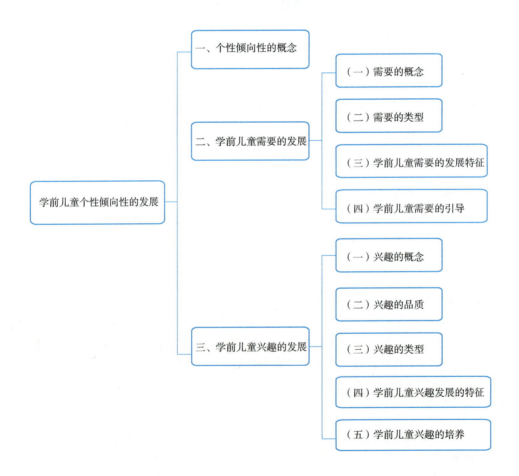

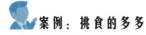 案例：挑食的多多

多多有挑食的不良习惯。一天吃饭的时候，奶奶夹了一块鸡蛋，放在他的碗里说："蛋蛋最好吃了，我们小时候都吃不到，看到别人吃，我们馋得直流口水。"多多却厌恶地说："你们喜欢吃就自己吃呗，为什么放到我的碗里，我不喜欢！非常不喜欢！"

幼儿园一日生活的各个环节（如入园、盥洗、进餐、入厕、睡眠、活动、游戏、教学、离园等）都可能出现对幼儿进行教育的机会。其实这里面也渗透着教师对孩子的爱和对事业的责任心。教师要培养这种意识，理解"看似在教育，其实没教育；看似无教育，其实在教育"的真正含义。

一、个性倾向性的概念

个人在与周围现实相互作用的过程中，由于经历不同的生活、参加不同的实践活动、接受不同的教育，而对周围现实形成了不同的态度、观点和行为趋向。这些态度、观点、趋向如果经常表现，逐步稳固，就会形成活动的基本动力，即个性倾向性。个性倾向性主要包括需要、动机、兴趣、理想、信念、世界观等。其中，需要是基础，对其他成分起调节、支配作用；信念、世界观居最高层次，决定一个人总的思想倾向。个性倾向性是决定人们对事物的态度，是行为的动力系统，决定了人的心理活动的动力和积极性。

学前儿童期是儿童个性开始形成的时期。对于儿童来说，影响他们活动积极性的主要因素是需要和兴趣。需要是基础，儿童年龄越小，其生理的需要越强烈；兴趣对学前期儿童来说也很重要，主要表现为对游戏的兴趣，它们直接影响着学前儿童的行为。比如，对游戏的需要是学前儿童的普遍特点，满足了学前儿童的这个需要，他们的情绪就愉快，活动积极性就高。喜欢游戏的儿童会经常和同伴一起游戏。

二、学前儿童需要的发展

（一）需要的概念

需要是机体内部的一种不平衡状态，它反映人的某种客观需求，并成为人活动积极性的源泉。首先，需要是有机体内部的一种不平衡状态。这种不平衡状态包括生理上的和心理上的不平衡。如血液中水分的缺乏会产生喝水的需要，血糖成分下降会产生饥饿求食的需要，失去亲人的孩子会产生爱的需要，社会秩序不好会产生安全的需要等。需要得到满足，这种不平衡状态暂时得到消除，当出现新的不平衡时，新的需要又会产生。需要是人对某种客观要求的反映。这种要求可以来自机体的内部（内环境），也可以来自个体周围的环境。如人渴了需要喝水，这种需要是由机体内部的要求引起的；儿童没有人陪伴，就有寻求同伴一起玩的需求，这种需求在头脑中的反映就是交往的需要。需要永远带有动力性，人的活动总是受某种需要所驱使，当需要一旦被意识到并驱使人去行动时，就以活动动机的形式表现出来。需要激发人去行动，并使人朝着一定的方向去追求，以求得到自身的满足。

通过以上分析可知，需要具有对象性、紧张性、动力性的特征。需要具有对象性，如口渴了就有解渴的需要，其对象是水；需要具有紧张性，当个体的缺失需要不能得到满足时，

就会产生一种内部的紧张状态；需要具有动力性，需要一旦出现，就会成为一种支配行为的动机推动人去从事各种活动。

（二）需要的类型

人类的需要是多种多样的，其分类方式也是多种多样的。以下介绍几种常用的分类方式。

1. 根据需要的起源，可以把需要分为生理性需要和社会性需要

生理性需要是与个体的生命安全和种族繁衍相联系的，是指所有有机体为维持生命和种族延续所必需的。这类需要包括如下四个方面。

（1）内部稳定性的需要。生活着的有机体内部要有一定稳定性的需求，当维持这种内部稳定性的物质不足时就需要补给物质，当它们过剩时就需要排除多余的物质。这种恢复平衡的需要（如饥、渴、呼吸、排泄、休息、睡眠等）机制称作内部稳定性需要。

（2）回避危险的需要。有机体对有害的，或不愉快刺激的回避或排除的需要。

（3）性的需要。为了种族的保存，需要"性"的荷尔蒙的分泌，这是生理的需要。但是维持个体的生存，并不一定要有充分的"性"需求，从这种意义上说，"性"的需求很大程度接近社会的需要。

（4）内发性需要。这是一种生来就有的，是为了满足愉快而引起行动的内在原因。它与外界刺激没有直接关系，如好奇、愉快等都属于这种需要。

社会性需要是在与生俱得的生理性需要的基础上派生的，是人们在一定社会成长过程中，通过种种经验习得的需要，是人类所特有的高级需要。社会性需要比较复杂，如认识的需要、学习的需要、劳动的需要、交往的需要、成就的需要、爱的需要、尊重与荣誉的需要、恭顺与支配的需要、攻击与防御的需要、法律的需要、美的需要、道德的需要等，都属于社会性需要。

2. 根据需要对象的性质，可以把需要分为物质需要和精神需要

物质需要是指为维持个体和社会的生存和发展对物质产品的需要，它既包括衣食住行等所需的物品，也包括生产劳动、学习、研究等所需的各种工具。精神需要是指个体参与社会精神文化生活的需要，包括对交往的需要、认识的需要、审美的需要、道德的需要、创造的需要、劳动的需要、求知欲等。

物质需要和精神需要与生理性需要和社会性需要的划分是相对的，两者是相互交叉的。物质性需要既有生理性需要，也有社会性需要；精神需要既有生理性需要，也有社会性需要。两者只是从不同的角度划分而已。

3. 马斯洛的需要层次理论

美国著名的人本主义心理学家亚伯拉罕·马斯洛（Abraham H. Maslow）在 1943 年他的著作《人类动机的理论》中，提出了需要层次理论。马斯洛认为，人的一切行为都是由于需要引起的，而需要又是分层次的。他把人的需要归为五类，从低到高排列，如图 10-2 所示。

第一，生理需要。人为了生存，首先需要饮食、空气、配偶、排泄、睡眠等。这是人类最原始、最基本的需要。这些需要得不到满足就会影响人的生存延续。

图 10-2　马斯洛需要层次图

第二，安全需要。这种需要表现为人们要求稳定、安全、受到保护、有秩序、能免除恐惧和焦虑等，其目的是降低生活中的不确定性，保障个体生活在一个免遭危险的环境中。例如，人们要求有安身之处、有稳定的工作和社交场所、人际关系可靠等。

微课 10-3
马斯洛的需要
层次理论

第三，归属与爱的需要。这种需要指人们希望得到家庭、朋友、同事的关心与爱护，希望归属于一定的群体，为群体所接纳和认同，否则就会感到失落、空虚。

第四，尊重的需要。这种需要包括自尊和受到他人的尊重两个方面。自尊得到满足会使人相信自己的力量和价值，从而有利于发挥自己的潜能，否则会使人自卑，使人丧失信心去处理面临的问题；受到他人尊重是指需要他人给予名誉、地位、权力、赞赏，希望得到他人的赏识。

第五，自我实现的需要。这种需要表现为个人充分发挥自己的潜力，不断充实自己，不断完善自己，使自己达到完美的境地。这种需要是人生追求的最高境界。马斯洛在他的著作《动机与人格》一书中写道："音乐家必须演奏音乐，画家必须绘画，诗人必须写诗，这样才会使他们感到最大的满足。是什么样的角色就应该干什么样的事情，这一需要就称为自我实现。"事实上，自我实现对于大多数人来说是一种人生的奋斗目标。

马斯洛认为这五种需要不是并列的，是按层次逐级上升的。生理需要与安全需要是最基本的。当它们得到一定程度的满足之后，归属与爱的需要、尊重的需要以及自我实现的需要才可能依次出现并得到满足。

马斯洛在他的后期研究中，对人的基本需要理论进行新的扩张，发现了更高层次的全新需要，他在尊重的需要与自我实现的需要之间增加求知的需要和审美的需要两个，这样马斯洛的需要层次理论包括七种需要。

马斯洛的需要层次理论对幼儿教育工作具有一定的参考价值。只有满足幼儿合理的可以实现的最基本的需要，幼儿才会有更高层次的新需要。幼儿教师在教学中只有满足幼儿认知需要，才能调动他们的学习积极性。在行为习惯的训练中，只有满足幼儿自尊的需要、爱的需要和美的需要，丰富他们的精神生活，才能养成他们良好的习惯。

马斯洛的需要层次理论也有其局限性。首先，它只强调了个人的需要、个人意识自由、个人的自我实现，而没有提到社会现实对个人需要的制约作用。其次，马斯洛的需要层次理论认为只有低层次的需要获得满足后，才可能产生高层次的需要，这带有机械论色彩。马斯洛在后期也承认，人有可能在低层次需要没有获得满足时就产生高层次需要。最后，该理论缺乏科学实验的依据和客观的测量指标，还有待在社会实践中进一步检验。

（三）学前儿童需要的发展特征

1. 以生理性需要为主，社会性需要逐渐增强

对于学前儿童来说，需要的发展遵循一个规律，即年龄越小生理需要越占主导地位。对于新生儿来说，生理需要占绝对主导地位。社会性需要随着年龄的增加、与成人交往的增多而逐渐增强，并表现出多种社会性需要。

2. 不同年龄阶段其优势需要不同

学前儿童占主导地位的优势需要由几种强度较大的需要组成。同时，每种需要在整体中所占的地位也在发生变化。如 3~4 岁时，幼儿的优势需要是生理需要、安全需要、母爱的

需要、玩游戏和听故事的需要；从 5 岁开始，儿童的社会需要迅速发展，求知需要、劳动和求成需要开始出现；6 岁时，儿童希望得到尊重的需要比较强烈，同时对友情的需要开始出现。

3. 开始形成多层次、多维度的需要结构

在学前儿童的需要中，既有生理与安全需要，也有交往、游戏、尊重、学习等社会性需要，并且各种需要的水平都在提高，学前儿童的需要中，比较突出的有以下几种。

（1）生理的需要。如对饮食、睡眠、休息等的需要。

（2）安全的需要。学前儿童具有强烈的安全需要。

（3）活动的需要。学前儿童具有强烈的游戏、娱乐的需要。

（4）交往的需要。学前儿童一般都喜欢与别人交往，不喜欢一个人独处。

（5）受人尊重的需要。学前儿童自我意识有了发展，他们希望受到成人或其他学前儿童的赞扬和尊重。

（6）求知的需要。学前儿童好奇喜问，常向成人提出诸如"为什么鸟能飞""山那边有什么"等问题，要求成人解释。

（7）欣赏美的需要。学前儿童喜爱美丽的图画、优美的歌曲、漂亮的衣服。

（四）学前儿童需要的引导

教师和家长要关注和正确处理学前儿童的需要，从而引导和促进儿童个性积极性的正确发展。

1. 满足学前儿童合理的需要，引导他们把个性积极性指向自身发展方面

需要总是指向某种具体事物，总是对一定对象的需求。对于学前儿童的各种需要，成人首先应对它的合理性作出判定。对于合理的需要，成人应尽量加以满足。例如，针对学前儿童的生理需要，成人应制订合理的作息制度，按时定量地准备富于营养的食物，指导他们安静地就寝，养成良好的卫生习惯，使他们健康成长；针对学前儿童的尊重需要，教师和家长应和儿童建立民主、平等的关系，要尊重关心儿童，不嘲笑儿童，更不要在众人面前呵斥、责骂或者体罚儿童。为了满足儿童的认识需要和欣赏美的需要，要组织学习音乐、图画、表演等。在满足儿童各种合理的需要的基础上，注意引导儿童把个性积极性投入到有利于自身发展上面来，如音乐、绘画、表演等都有利于他们的身心发展。

2. 纠正学前儿童的不合理需要，引导其个性积极性朝向正确的方向

学前儿童在外界环境的不良影响下，如父母的娇纵溺爱以及其他儿童的不良"榜样"等，可能会产生一些不合理的需要。例如，有的学前儿童以自我为中心，常要独占一切；有的不愿意独立活动，事事需要教师和家长的照料等。这些不合理的需要往往使他们的个性积极性偏离正确的方向，做出一些不良的行为。因此，教师和家长对于这些不合理的需要要及时纠正，引导其个性积极性朝向正确的方向发展，如学习兴趣的培养、良好的行为习惯的养成等。

3. 引导学前儿童形成新的需要，促进个性积极性继续发展

学前儿童新的需要的丰富和发展，可以推动他们个性积极性的进一步发展。教师和家长要丰富儿童的精神生活或向儿童不断提出新的要求，以激起他们新的需要。如教师对于初入幼儿园的儿童，要求他们自己吃饭、自己穿衣服等；对于中班的儿童，不仅要求他们自己能做的事情自己做，而且还要求他们能为同伴做些好事；对于大班的儿童要求他们认真地、有

始有终地做自己能做的事，且为同伴、集体服务。这些要求能促使儿童产生新的需要，不断激发儿童的个性积极性。

4. 鼓励学前儿童对的交往需要，引导学前儿童学会交往

婴儿一出生就爱看人脸，喜欢对父母、对亲人牙牙学语、微笑，能够行走时就会追随、依恋家长。3 岁儿童尤其喜欢与家长一起做游戏，要求家长给他讲故事、看图书。4 岁以后，儿童明显地表现出对同伴交往的兴趣。在与成人交往的过程中，儿童逐步学会了待人接物的礼貌行为，学会表达自己的情感和意见，学会调节自己与他人的关系。在正确的引导下，大多数孩子活泼开朗，乐于交往；但也有少数儿童胆小、退缩，在人多场合常常表现出紧张不安；有的儿童想交往却不会与别的孩子相处。因此，教师和家长要引导这些儿童主动与同伴交往，学会与人相处。

总之，教师和家长应当正确对待儿童的各种需要，满足其合理的需要，预防和纠正儿童的不合理需要，积极地培养良好的需要。

三、学前儿童兴趣的发展

兴趣是最好的老师。学前儿童的兴趣在个体很早的时候就已表现出来，最初表现为个体对环境的探究活动，并在此基础上逐渐形成了对事物和活动的兴趣与爱好。

（一）兴趣的概念

兴趣是人积极地接近、认识和探究某种事物并与肯定情绪相联系的心理倾向。它反映了人对客观事物的选择性态度。例如，学前儿童对游戏感兴趣，当他看到其他儿童在一起玩游戏时，就会接近他们，希望和他们一起玩；喜欢看动画片的儿童看到电视里放动画片对他的吸引力就很大。兴趣的进一步发展就是爱好，表现为经常从事这项活动，如对音乐的爱好，就会经常听音乐、演奏音乐等。兴趣与爱好是与人的积极的情绪体验联系在一起的。当人们对某种事物带有兴趣时，他们常常体验到快慰和满意等积极情绪。

（二）兴趣的品质

一个人兴趣的好与不好取决于兴趣的对象、范围、作用等多方面，所以并不是兴趣广泛就是好，兴趣狭窄就是不好。兴趣的品质有以下四个方面。

1. 兴趣的倾向性

兴趣的倾向性是指一个人的兴趣所指向的是什么事物。由于每个人的兴趣倾向性的不同，人与人之间出现很大的差异。例如，有的儿童对音乐感兴趣，有的儿童对运动感兴趣，这就是兴趣倾向性不同。兴趣的倾向性不是天生的，其差异性主要是由于人在后天所体验到的不同的生活实践所造成的。

2. 兴趣的广度

兴趣的广度是指一个人兴趣范围的大小或丰富性程度。兴趣的广度也存在明显的个别差异。有的人兴趣十分狭窄，对什么都不感兴趣；而有的人兴趣十分广泛，对什么事都有兴趣。如果一个人拥有广泛的兴趣，那么他的生活就会丰富多彩，如爱因斯坦是个伟大的物理学家，同时又非常喜欢音乐，小提琴拉得好，钢琴弹得也很出色，甚至能撰写文学评论。如果一个人兴趣狭窄，就难免会知识贫乏、生活单调。

3. 兴趣的稳定性

兴趣的稳定性是指兴趣保持在某一或某些对象时间上的久暂性。从这一品质考察，有的人兴趣是比较持久的，稳定性比较大，一旦对某种事物或活动产生兴趣，往往会保持很长的时间不会变；而有的人兴趣极不稳定，今天对这个产生兴趣，明天对那个产生兴趣，往往朝秦暮楚、见异思迁，这类人是很难在某个领域做出些成就的。因此，兴趣的广泛性要与稳定性相结合。

4. 兴趣的效能性

兴趣效能性是指兴趣对活动产生的作用的大小。有的人兴趣只停留在浅层的感知水平上，偶尔弹弹琴、打打球等就能感到很满足，没有表现出进一步地认识和掌握它，对活动的促进作用不明显，兴趣的效能较低；而有的人兴趣表现出强烈地要求进一步探索、掌握它，这种兴趣的效能就高。

（三）兴趣的类型

（1）根据兴趣的内容，可以把兴趣分为物质兴趣和精神兴趣。

物质兴趣是指人们对物质方面的兴趣，如对食物、衣服和玩具等的兴趣。对学前儿童的物质兴趣必须加以正确指导和适当控制，否则会发展成贪婪的兴趣。

精神兴趣是指人们对精神生活的兴趣，如学前儿童对音乐的兴趣、交往的兴趣等。

（2）根据兴趣所指向的目标，可以把兴趣分为直接兴趣和间接兴趣。

直接兴趣是指对活动本身的兴趣，如对游戏过程本身的兴趣、对跳舞过程的兴趣等。

间接兴趣是指向活动结果的兴趣，如对为了得到小星星而表现出对某项活动的兴趣。

（四）学前儿童兴趣发展的特征

1. 兴趣较广泛，但缺乏中心兴趣

学前儿童对这个世界充满好奇，对他们来说一切都是新鲜的，他们渴望认识这个五彩缤纷的世界，喜欢和周围的人们交流，对周围的一切事物和活动都表现出同样广泛的兴趣。例如，他们对儿歌、绘画、音乐、跳舞、游戏、小动物和花草树木等方面都感兴趣，这是由于儿童各方面发展还不成熟，这时的儿童还没有形成一个比较稳固的中心兴趣。

2. 多为直接兴趣

学前儿童的兴趣绝大多数是直接兴趣，即直接对当前的事物或活动过程感兴趣。只有年龄较大的儿童才会产生某些间接兴趣。例如，幼儿对老师的活动课感兴趣，只是因为他们喜欢这个活动或喜欢该活动的方式，而并不了解该活动的意义；他们对游戏感兴趣，只是他们喜欢游戏的方式能给他们带来快乐，一般不会想到这样做会对他们的发展有什么影响。

3. 兴趣存在年龄和性别差异

由于各方面的原因，学前儿童的兴趣已经表现出明显的年龄差异和性别差异。例如，年龄小的儿童对简单的活动、重复性的动作感兴趣，而年龄较大的儿童对较复杂的活动、变化的活动感兴趣。就性别差异来说，一般女孩喜欢毛绒娃娃之类的玩具，男孩则喜欢枪、汽车之类的玩具；女孩一般喜欢跳橡皮筋、捉迷藏之类的游戏，男孩则更喜欢打斗之类的游戏。

4. 兴趣比较肤浅，容易变化

学前儿童由于知识经验和心理能力的限制，不会深入了解事物的本质，他们主要为事物的表面特点所吸引。他们的兴趣往往是由于事物的颜色、形状等引起，因而比较肤浅。经过几次接触之后，这些事物的外在特点逐渐失去新鲜感和吸引力，儿童的兴趣开始慢慢低落甚至完全消失。总之，学前儿童的兴趣容易变化，很难在一个领域保持长久的稳定性。比如，很多儿童刚得到一个新玩具时，非常喜欢，爱不释手，充满兴趣，但是玩了一阵之后，他们可能渐渐失去兴趣。

5. 兴趣也可能表现出不良倾向性

由于儿童对一切事物都抱有同样的兴趣，再加上儿童缺乏对事物良好的辨别是非的能力，这使儿童很容易产生不良的兴趣。例如，看到其他孩子对物质享乐方面的兴趣，他们也表现出需要和攀比。

（五）学前儿童兴趣的培养

心理学研究表明，孩子从一出生，就对环境抱有浓厚的兴趣，并会积极地探索它。因此，要运用多种方法和措施以引导和激发儿童的兴趣。

1. 提高幼教工作水平，引发学前儿童的兴趣

学前儿童兴趣形成的一个重要条件便是幼教工作水平，教师要认真学习有关幼教工作的知识和技能，努力提高自身教育幼儿的能力。例如，教师可以利用学前期儿童兴趣广泛性的特点，尽量给儿童提供形式多样的活动，使他们踊跃参与其中；教师在与儿童的交往过程中应该尊重儿童的独立性与个性，鼓励他们在活动中发挥自身的创造性，以此引发儿童的兴趣。

2. 组织多种活动，发展学前儿童的兴趣

实践证明，学前儿童的兴趣往往是通过活动得到发展的，也只有在活动中才能发挥他对活动的推动作用。在幼教工作中，教师应该组织游戏、比赛、表演、参观等各种有趣的活动，引导学前儿童积极参与这些活动，并帮助他们在活动中取得成功。

3. 通过肯定性的评价，强化学前儿童的兴趣

肯定性的评价是指当学前儿童取得成功或进步时，教师要及时给予表扬与鼓励，使儿童体验到成功的喜悦。表扬和鼓励能为儿童提供及时反馈信息，使他们对自己的能力及个人价值有一个比较清楚的了解，从而使他们原来的兴趣得到进一步加强。但这种持肯定的评价要做到恰当和及时，使之发挥最大效能。同时对儿童的评价不能千篇一律，针对不同个性的儿童应该采取不同的表扬与鼓励方式。当然，对他们的肯定性评价应该与严格要求结合起来。

4. 激发和保护有益兴趣，纠正不良的兴趣

在学前儿童兴趣发展的过程中，有些兴趣对身心健康是有益的。对于这些兴趣教师要善于激发和保护，把相关有益兴趣纳入培养目标并加以培养。而对于那些对学前儿童的身心健康不利的兴趣，教师要讲清道理，并用有益的兴趣替代这些不良的兴趣。另外，教师本人的兴趣对学前儿童也有直接的影响，为了培养和引导学前儿童的兴趣，教师自己也应该发展多方面的、对健康有益的兴趣。

5. 利用兴趣迁移，培养新的兴趣

兴趣的迁移是指学前儿童将已有的兴趣延伸到相关的事物上，并对该事物也产生兴趣。一般来说，兴趣的迁移要满足以下几个条件：首先，教师要善于发现儿童感兴趣的事物；其次，教师应寻找到使学前儿童感兴趣的新事物与原有兴趣的相同点；最后，教师要通过各种方法使学前儿童产生对新事物的认识需要,并把这种需要转化成强烈的动机。满足这三个条件,就可以使学前儿童对某一事物的兴趣迁移到相关的事物上来。教师要善于运用兴趣迁移方法,以培养学前儿童对更多新鲜事物的兴趣。

 **知识拓展**

兴趣在幼儿学习和能力发展中的作用

兴趣是学习一切知识的主要动力。我国著名心理学家林崇德先生说:"天才的秘密在于强烈的兴趣和爱好。"法国昆虫学家法布尔说:"兴趣能把精力集中到一点,其力量好比炸药,立即可以把障碍物炸得干干净净。"同样,兴趣可以使英国生物学家达尔文把昆虫放进嘴里,可以使俄国科学家罗蒙诺索夫为换来一本书而替别人干40天的活。兴趣是一种内部动力,一个人如果对他所学的东西感兴趣,学起来就会精神愉快,不知疲倦,越学越爱学。如果没兴趣,就会感到学习是一种负担,不但不能开发幼儿的智力,反而会使幼儿对学习产生厌恶情绪,甚至会把这种厌恶情绪迁移到其他的学习活动中去。如在孩子写字的过程中,有的家长在全神贯注地挑孩子的毛病,幼儿每写一笔,家长就气愤地指责:"又错了!"再写一笔,家长又迫不及待地吼道:"耳朵和眼睛长到哪里去了!"这种痛斥一直伴随着幼儿书写的过程,孩子怎能对书写感兴趣。学习兴趣是无价之宝,对孩子来说它胜过任何学习成绩。

保护孩子的兴趣可以扩展他们的眼界,丰富孩子的心理生活内容,推动孩子去积极活动,表现出孩子的个性积极性,兴趣对丰富知识、开发智力有重要意义。

 **习 题**

一、选择题

1. 下列关于个性的说法,不正确的一项是 (　　)。

A. 它属于心理现象

B. 个性是相对稳定的

C. 个性心理特征包括能力、气质和性格三方面

D. 个性形成的基础是人的内在需要

2. 一个人在不同的时间、地点、场合的行为都会有很相似的表现,这是个性 (　　)。

A. 整体性 　　　　B. 独特性 　　　　C. 稳定性 　　　　D. 社会性

3. 个性倾向性的基本特征是 (　　)。

A. 独特性和自主性 　　　　　　　B. 稳定性和独特性

C. 积极性和选择性 　　　　　　　D. 独特性和社会性

4. 以下对需要的描述错误的是 (　　)。

A. 需要是有机体内部不平衡状态的反应,表现为有机体对内外环境条件的反应

B. 需要不一定具有对象

C. 人的需要是不断发展的,人的需要永远不会停留在一个水平上

D. 需要是推动有机体活动的动力和源泉

5. 个性倾向性是以人的 (　　) 为基础的动机系统,它是推动个体行动的动力。

A. 理想 　　　　B. 兴趣 　　　　C. 动机 　　　　D. 需要

二、简答题

简述学前儿童个性的基本特征。

第四节 学前儿童个性心理特征的发展

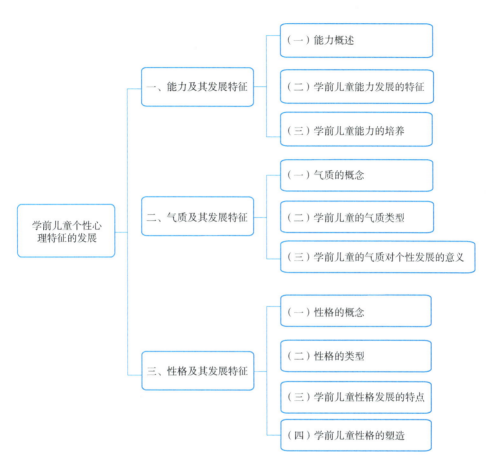

个性心理特征是一个人身上经常表现出来的本质的、稳定的心理特点，主要包括能力、气质和性格。

案例：读懂《小红帽》

童话故事《小红帽》中有这样一个情节，大灰狼吃了小红帽的外婆，然后假扮成她，小红帽没有认出是大灰狼，把她当作了自己的外婆。学前儿童阅读到这里时都知道大灰狼在欺骗小红帽，而且大多数学前儿童都能够理解小红帽不知道大灰狼扮演外婆的状态，从而完整地理解故事。

教师应树立正确的人才观，重视发展幼儿的个性，开发幼儿的潜能，注重幼儿实践及动手能力的培养。

一、能力及其发展特征

（一）能力概述

能力是人成功地完成某种活动所必备的直接影响活动效率的个性心理特征。与其他心理特征相比，能力具有以下三个特点。

（1）能力和活动密切联系。一方面，能力的形成和发展离不开活动，通常在活动中表现出来；另一方面，能力是活动的基础，能力的高低会影响活动完成的效率，某种活动所具备的能力的缺乏可能会导致该活动难以完成。能力与活动有着相辅相成的关系。

（2）能力直接影响活动效率。能力能影响活动完成的效率。它是完成某种活动所必备的心理特征，活动效率的高低与能力的大小、强弱之间存在紧密的联系。对于同一种活动，能力强的人会很顺利地完成，能力弱的人就很费劲，而无能力的人往往难以完成任务。

（3）完成一种活动需要多种能力的结合。某种活动的顺利完成，往往需要多种能力的结合与相互作用。保证某种活动顺利进行的多种能力的结合称为才能。

能力从不同的角度可以有不同的划分：按照能力使用范围可把能力分为一般能力和特殊能力；按照能力的功能可把能力分为认识能力、操作能力和社交能力；根据能力的创造性大小可把能力分为模仿能力和创造能力。

（二）学前儿童能力发展的特征

1. 学前儿童多种能力的初步形成

学前儿童在幼儿园跟着老师学习和大家一起做游戏的过程中，积累了知识，形成了一些技能，同时也发展了多种能力。

操作能力在婴儿出生后很早就表现出来了。如婴儿从无意识抓握动作到有意识的抓握动作，再到双手协调能力的发展等，婴儿的操作能力得到不断发展。1岁左右，婴儿开始进行各种游戏活动，走、跑、跳等能力逐渐完善。幼儿期，游戏在学前儿童的生活中占据主要地位，这使儿童的操作能力进一步发展。学前儿童的言语能力是从婴儿期开始，口语发展的关键期是幼儿期。到幼儿晚期，儿童的口语表达能力已经很强了，特别是言语的连贯性、完整性和逻辑性迅速发展，为儿童的学习和交往创造了良好的条件。

学前儿童的模仿能力也在不断地发展。18~21个月，婴儿表现出延迟模仿能力。儿童从出生到幼儿末期，认识能力迅速发展，主要表现为记忆、注意能力、想象能力、直觉思维能力和认识活动的有意性等方面的发展，这为儿童的学习、个性发展提供了必要的前提。

同时某些特殊能力也已有所表现，如音乐、绘画、运动能力等。儿童的创造能力发展较晚，在幼儿晚期才出现创造力的萌芽。

2. 学前儿童的能力表现出个体差异

学前儿童所形成的能力不是每个人都一样的，具有个体差异。例如，有的儿童交流能力较强，与大家的关系相处得很融洽；有的儿童运动能力较强，能够积极且活跃地参与到游戏中来；有的儿童动手能力较强，搭积木、剪纸等时比较灵活；有的儿童绘画能力较强，能够画出美丽、逼真的画像。即使是音乐能力，不同的人也有差异。有人对音乐成绩最好的三个幼儿进行分析，发现有一个孩子有强烈的曲调感和很好的听觉表象能力，但节奏感差一些；另一个孩子有很好的听觉表象能力和强烈的节奏感，但曲调感比较弱；还有一个孩子有强烈的曲调感和音乐节奏感，但听觉表象能力较弱。可见，三个孩子在音乐活动中表现出了各自不同的特点。这些差异是教育的前提。

3. 学前儿童的智力发展迅速

大量研究表明，学前期是智力发展的重要时期。美国著名教育家和心理学家本杰明·布卢姆（B. S. Bloom）的研究表明，如果以 17 岁智力发展为标准（即假定其智力发展水平为 100%），那么其各年龄智力发展的百分比分别为：1 岁为 20%，4 岁为 50%，8 岁为 80%，13 岁为 92%，17 岁为 100%。该研究说明 0~4 岁儿童的智力发展最快，已经发展到 50%；4~8 岁，又发展了 30%，其发展速度显然缓慢；13~17 岁发展 20%，发展速度更慢。

（三）学前儿童能力的培养

学前儿童能力的形成与发展受遗传等先天因素和教育与实践活动等后天因素的影响，其中后天因素所起的作用更大，教师和父母应重视对学前儿童能力的培养。

1. 对学前儿童能力的培养要及早进行

根据布卢姆的研究，出生后头 4 年儿童的智力发展最快，已经发展到 50%，到 6 岁时，大约发展了 70%。从儿童脑的发育也可以找到相应的证据，7 岁儿童的脑重已达到 1 280 克，达到成人脑重的 90% 以上，可见学前期是儿童智力发展的关键期。因此，对学期儿童的能力培养要及早进行，抓住在关键期充分发展儿童的能力。

2. 根据学前儿童能力的发展水平进行培养，适当照顾特殊才能的儿童

要培养儿童能力，首先要正确了解儿童现在的实际能力发展水平。在日常生活中，成人通过对儿童的观察，可以粗略地评定一个儿童能力发展的特点和水平，如果某个儿童具有绘画能力、某个儿童有音乐才能、某个儿童具有较强的交际能力等。但这种评定往往是初步的，不够精确，而且评定者的主观因素往往影响对儿童能力的评定，不够客观。心理学研究者编制的特殊能力测验和智力测验，可以比较客观地测定儿童能力的发展水平。

3. 组织儿童参加各种活动

实践出真知，实践长才干。学前儿童的能力是在相应的实践活动中形成和发展的。学前儿童的实践活动是他们能力发展的基础。成人要根据学前儿童应具备的能力，为他们安排相应的活动，并引导他们积极参加。比如，为了发展幼儿的语言能力，教师可以安排一些促进语言发展的游戏或者讲故事、复述故事等。

4. 丰富学前儿童知识，培养学前儿童的兴趣和爱好

能力与知识、技能有着密切的联系。掌握与能力有关的知识和技能，有助于相应能力的发展。例如，了解学前儿童掌握词汇和说话时应该注意的要点以及正确的发音技能，可以促进学前儿童口头表达能力的发展。

能力和兴趣有着密切联系。儿童如果对某项活动具有浓厚兴趣，就会积极持久地参加这一活动，逐渐获得相关知识技能，逐步改进活动的方法。兴趣与爱好是促使人们探索实践进而发展各种能力的重要条件。当人们迷恋于自己感兴趣的工作时，就会给能力的发展提供巨大的内部力量。

5. 家园合作，共同促进学前儿童能力的发展

培养儿童能力是教师的一项重要任务，同时也是儿童家长的一项重要任务。一个人能力

发展的方向、快慢和水平，主要取决于后天的教育条件。家庭环境、生活方式、家庭成员的职业、文化修养、兴趣、爱好以及家长对孩子的教育方法与态度，对儿童能力的形成与发展有极大的影响。若家长和教师密切配合、共同培养，儿童的能力将得到更好的发展。

二、气质及其发展特征

学前儿童个体差异最早表现的是气质差异。气质是一个人所特有的心理活动的动力特征，是一个人个性和社会性发展的生物基础。气质与社会性发展之间相互影响，气质还能影响智力活动的方式。

(一) 气质的概念

心理学中的气质与日常生活中所说的"脾气""秉性""性情"等词意义近似。现代心理学把气质定义为：气质是个体表现在心理活动的强度、速度、灵活性与指向性等方面的一种稳定的心理特征。气质具有以下三方面的特点：

（1）先天性。气质是一出生就有的，在新生儿期就有表现。

（2）遗传性。气质与人的神经系统密切联系，因此，和其他心理现象相比，气质和遗传的关系更为密切。

（3）稳定性。气质与性格、能力等其他心理特征相比，更具有稳定性。俗话说的"禀性难移"指的就是气质稳定的特点。

(二) 学前儿童的气质类型

气质类型是指表现在某个人身上的共同的或相似的心理活动特征的典型结合。由于在气质定义、内容和生理基础等问题上存着各种不同的理论或流派，对气质的类型划分也各不相同。

1. 典型的四种气质类型

传统的气质类型是古希腊医生希波克拉底（Hippocrates）提出的气质体液说。他认为人体中存在四种体液：黄胆汁、黑胆汁、血液、黏液。根据这四种体液在人体内的比例不同，将人的气质分为四种类型：胆汁质、抑郁质、多血质、黏液质。然而现今的四种气质类型只是沿用希波克拉底给气质的命名，内涵已经不同了。下面阐述的是四种典型的气质类型的含义及心理表象。

（1）胆汁质。感受性低，反应性和主动性很强，兴奋比抑制占优势。刻板，外倾。情绪兴奋性强，反应速度很快，不灵活。

（2）抑郁质。感受性很强，反应性和主动性弱。刻板，内倾。兴奋性强，精力旺盛，表里如一，刚强。易感情用事，情绪抑郁，反应速度缓慢，但有耐性，不灵活。

（3）多血质。感受性高，反应性、兴奋性、平衡性很强。可塑性大，外倾，爱交际。灵活性高，反应速度快。

（4）黏液质。感受性低，反应性很弱，主动性很强。不灵活，内倾。情绪兴奋性弱，反应速度缓慢。

气质类型见表10-1。

表 10-1　气质类型

神经系统的特性及类型					主要心理特征
强度	平衡性	灵活性	特性组合的四种类型	气质类型	
强	不平衡（兴奋占优势）	灵活	兴奋型	胆汁质	精力旺盛、易于冲动、反应迅猛、难以自制、鲁莽、急躁
	平衡	灵活	活泼型	多血质	活泼好动、敏捷善感、灵活多变、情绪外显、粗枝大叶
		不灵活	安静型	黏液质	安静稳重、忍耐沉着、反应迟缓、内心少外露、冷静、坚韧
弱	不平衡（抑制占优势）	不灵活	抑郁型	抑郁质	柔弱易倦、体验深刻、细致敏感、缄默迟疑、谨慎、孤僻

2. 巴甫洛夫的高级神经活动类型说

俄国生理学家巴甫洛夫（Pavlov）划分的四种高级神经活动类型，与传统的类型相吻合。他根据高级神经活动的三种基本特性（神经过程的强度、平衡性、灵活性）把气质划分为四种类型，见表 10-2。

微课 10-4
气质类型

表 10-2　巴甫洛夫的四种气质类型

神经类型	气质类型	心理表象
弱	抑郁质	敏感、退缩、孤僻
强、不平衡	胆汁质	反应快、易冲动、难约束
强、平衡、惰性	黏液质	安静、迟缓、有耐性
强、平衡、灵活	多血质	活泼、灵活、好交际

3. 托马斯和切斯的气质类型

目前对婴幼儿气质的划分中，美国著名心理学家亚历山大·托马斯（Alexander Thomas）和史黛拉·切斯（Stella Chess）的划分方法是比较有代表性的，他根据婴幼儿是否容易抚养，将婴幼儿的气质分为容易型、困难型、迟缓型。

（1）容易型。许多婴幼儿属于这一类。这类婴幼儿吃、喝、睡、大小便等生理机能活动有规律。节奏明显，容易适应新环境，也容易接受新事物和不熟悉的人。他们情绪一般积极、愉快，对成人的交流行为反应适度。这类婴儿占儿童总数的 40%。

（2）困难型。这一类婴幼儿的人数较少，在托马斯、切斯的研究对象中大概占 10%。

他们的情绪很不稳定，经常大声哭闹、烦躁易怒、爱发脾气、不宜安抚。在饮食、睡眠等生理机能活动方面缺乏规律性，很难快速接受新事物和新环境，需要很长的时间去适应新的安排和活动，成人需要费很大力气才能使他们接受抚爱，很难得到他们的正面反应。

（3）迟缓型。约有15%的婴幼儿属于这一类型。他们的活动水平很低，行为反应强度很弱。情绪总是消极而不愉快，但也不像困难型儿童那样总是大哭大闹难以安抚，而是常常安静地退缩、畏缩、情绪低落，逃避新刺激、新事物。对外界环境与事物的变化适应缓慢，在没有压力的情况下，他们会对新刺激慢慢地产生兴趣，在新情境中能逐渐活跃起来。这类儿童随着年龄的增长以及成人抚爱和教育情况不同而朝不同的方向发展。

以上三种类型只涵盖了65%的研究被试，另外35%的儿童不能简单地划归为上述任何一种气质类型，他们往往具有上述两种或三种气质类型混合的特点。

4. 巴斯的气质活动特性说

美国心理学家巴斯（A. H. Buss）和普罗敏（Plomin）根据儿童在各种类型活动中的不同倾向性，将儿童划分为情绪性、活动性、社交性和冲动性四种气质类型。

（1）情绪性儿童。这类儿童常通过行为或心理、生理变化而表现出悲伤、恐惧或愤怒的反应。与其他儿童相比，他们可能会对更细微的厌恶性刺激作出反应并且不易被安抚。

（2）活动性儿童。这类儿童一天中总是忙忙碌碌的，对外在世界充满好奇，并想去探个究竟，喜欢并经常从事一些运动性游戏。其中，有一些活动性儿童会显得很霸道，经常与人争吵；而另一些儿童则常从事一些有益而富有刺激性、启发性但不带攻击性的活动。活动性儿童经常会与他人产生冲突，因而成人有时会对他们采取限制、干预或强制性行为。

（3）社交性儿童。这类儿童常愿意与不同的人接触，不愿独处。在社会交往中反应积极，在追求家庭成员或不相关人员的接纳上都同样积极。但是他们这种强烈的社交要求常受到挫折或伤害，有时甚至被当作神经过敏而遭拒绝。

（4）冲动性儿童。这类儿童突出表现在各种场合或活动中极易冲动，情绪和行为缺乏控制，行为反应的产生、转换和消失都很快。这类儿童的情绪不稳定、多变化，冲动性强。

（三）学前儿童的气质对个性发展的意义

1. 学前儿童气质是个性发展的基础

学前儿童气质对其能力、性格的发展都有一定影响。气质不能影响他们的智力发展水平，但影响智力活动的方式。气质对性格的影响包括两个方面：一方面是在性格的表现上带有各自的气质特点；另一方面是某种气质可以促进某些性格特征的发展。

2. 学前儿童气质通过影响父母的教养方式，从而影响个性的发展

学前儿童的气质类型对父母的教养方式有较大影响，所谓"好哭的孩子有奶吃"，父母以不同的行为方式对待不同类型的孩子。如果孩子的适应性强、乐观开朗、注意持久，则父母的民主性表现突出，这最有利于孩子心理发展。而诸如较高的反应强度（如平时大哭大闹）、高活动水平（如爱动、淘气）、适应性差及注意力不集中等消极的气质因素会诱导父母不良的教养方式。可见，幼儿自身的气质类型，通过影响父母教养方式而间接影响自身的发展。因此，父母和教师要避免幼儿气质中的消极因素对自己教养方式的影响。

3. 学前儿童的气质特点是因材施教的基础

了解了学前儿童的气质特点，可以采取有针对性的教育措施。如对胆汁质的儿童，要培

养勇于进取，豪放的品质；对多血质的儿童，要培养热情开朗的习惯及稳定的兴趣，防止粗枝大叶，虎头蛇尾；对黏液质的儿童，要培养其灵活性，避免死板；对于抑郁质的儿童，要培养机智敏锐和自信，防止疑虑和孤独。

三、性格及其发展特征

学前期是儿童性格形成和稳定的时期，了解儿童的性格特点，采取适当的方式对学前儿童的性格加以塑造，将会使儿童受益无穷。

（一）性格的概念

性格是个性中最重要的心理特征。它表现在人对现实的态度和惯常的行为方式中比较稳定的心理特征。有的人把性格归纳为两个方面，即"做什么"和"怎样做"。前者表明一个人追求什么，拒绝什么，反映人对现实的态度；后者表明一个人如何去追求他所要得到的东西，如何去拒绝他所唾弃的东西，反映人的行为方式。性格和气质有密切联系。二者相互渗透、相互制约。不同气质类型可以形成相同的性格特征，相同气质类型也可以形成不同的性格特征。

（二）性格的类型

1. 按照个体心理机能分类

按照个体心理机能可以把性格分为理智型、情感型和意志型。这是英国心理学家培因（A. Bain）和法国心理学家李波（T. Ribot）提出的分类观点。他们认为，依据智力、情绪和意志这三种心理机能在具体人身上占优势的比例，可将性格划分为理智型、情绪型和意志型。理智型的人常以理智衡量一切，并支配自己的行为，做事能三思而后行，很少受情绪影响；情绪型的人不善于思考，行为易受情绪左右，常感情用事；意志型的人行动目标明确，富有主动性和自制力，行为不易受外界因素干扰。在现实生活中只有少数人是这三种典型类型的代表，大多数人都属于中间类型。

2. 按照心理活动的倾向性分类

按照心理活动的倾向性可以把性格分为内倾型和外倾型。这是一种最有影响力的观点，起初是由瑞士心理学家荣格（Carl G. Jung）提出来的。外倾型的人活泼开朗，情感外露，热情大方，不拘小节，善于交际，独立性强，领导能力强，易适应环境的变化，不介意别人的评价，有时易轻率、散漫、感情用事；内倾型的人深沉稳重，办事谨慎，不善于交往，反应迟缓，较难适应环境的变化，很注重别人的评价，有时显得拘谨、冷漠和孤僻。现实生活中，大多数人属于中间类型。

3. 按照个体独立性程度分类

按照个体独立性程度可以把性格分为独立型和顺从型。这种观点源自美国心理学家赫尔曼·威特金（Herman A. Witkin）的场理论。独立型的人具有坚定的个人信念，善于独立思考，自信心强，不易受暗示和干扰，喜欢将自己的意见强加于人。顺从型的人遇事缺乏主见，易受暗示和干扰，不加分析地执行一切指示，屈服于他人的权势，不能适应紧急情况。

（三）学前儿童性格发展的特点

随着年龄的增长，学前儿童不断受周围环境的影响和教育的熏陶，加上亲身的实践活动，使得性格不断地发展。学前儿童性格发展的特点主要表现在以下几方面。

1. 活泼好动

活泼好动是儿童的天性，也是儿童性格的最明显特征之一。即使那些很内向，比较羞怯的儿童，在家里或和小伙伴们一起玩时，也会自然而然地表现出活泼好动的天性。

2. 喜欢交往

幼儿期的儿童在行为方面最明显的特征之一是喜欢与同龄或年龄相近的小伙伴们交往。不管在什么地方，大多数孩子都会很快、自然而然地融入大家，不需要他人刻意地做介绍，并一起做游戏。研究发现，那些被拒绝、被忽视的儿童，虽然他们表面上很少和伙伴们交往，但他们会因为没有小伙伴一起玩耍而倍感孤独。换而言之，对所有儿童来说，他们都希望有小伙伴一起做游戏，并被别人接纳。

3. 好奇好问

学前儿童有着强烈的好奇心和求知欲，主要表现在探索行为和好奇好问两方面。好奇，表现在儿童对客观事物非常感兴趣，特别是未见过的、新鲜的事物，什么都想看看、摸摸。好问，是学前儿童好奇心的一种突出表现。学前儿童天真幼稚，对于提问毫无顾忌，他们经常要问"是什么""怎么样"和"为什么"的问题。

4. 模仿性强

模仿性强是学前儿童的典型特点，对于小班幼儿来说尤为如此。成人或同伴都可能是幼儿模仿的对象。对成人的模仿主要是对教师或父母行为的模仿，这些人是幼儿心目中的"偶像"，幼儿希望通过对成人的模仿而尽快长大，从而能够进入成人世界。幼儿之间的模仿更多。模仿的内容多是社会性行为，还有一部分是学习知识方面的模仿。

5. 好冲动

学前儿童性格在情绪方面的突出表现就是情绪不稳定、好冲动。与小学生相比，学前儿童的性格发展中明显地表现出外露性、冲动性。他们不会掩饰自己的表情、心中的喜怒哀乐，对于高兴和气愤的事都会叫起来。

（四）学前儿童性格的塑造

学前儿童的性格还未定型，学前期正是富于可塑性的时期，因而要特别重视学前儿童的性格教育。

1. 注意培养学前儿童对生活的积极态度

性格是对现实的稳定的态度中表现出来的特征。在日常生活中，要注意培养幼儿乐观、向上、开朗、热情等积极的生活态度，以及对大自然的热爱、对动植物的热爱、对生活的热爱，还要培养他们从小爱探索、爱动脑、自己动手等习惯，逐步形成良好的性格。这些积极的态度慢慢会成为人格的一部分，成为人格中积极向上的品质。

2. 引导幼儿参加集体生活和集体游戏活动

集体生活是塑造性格的重要条件，对学前儿童性格的发展具有积极意义。集体的意见和要求制约着学前期儿童对待周围事物的态度和行为方式。同时，集体生活也能遏止或纠正儿童已经形成的畏怯、自负或自私等不良的性格特征，使性格趋于完善。在集体游戏中，学前儿童慢慢学会合作、分享、竞争等精神，这有利于其性格的成熟。

3. 给学前儿童树立良好的榜样

教师和家长要重视榜样在学前儿童性格塑造中的作用。学前儿童好模仿，容易模仿别人的态度和行为方式。现实生活中的家长和教师本身就是学前儿童模仿的榜样。电视、电影及故事中所呈现的人物的高尚品德和英勇行为也是学前儿童性格塑造的榜样。表现良好的同伴也是儿童的榜样。因此，教师和家长要机智地给他们提供榜样，并指导和鼓励他们向榜样学习。

4. 注重良好行为习惯的培养

性格表现为一种习惯化的行为方式。良好行为习惯的培养不仅是品德塑造所强调的，也是性格塑造所重视的。家长和教师要重视培养儿童独立自主、乐于助人、勤快等行为习惯。在日常生活中，当幼儿表现出良好的行为时就给予强化，表现出不良的行为时就给予纠正，让儿童明白什么是好的行为、什么是不好的行为，慢慢地儿童就会形成良好的行为习惯。这种行为习惯会成为儿童人格的一部分，对儿童以后的学习、生活、交往等都产生重要影响。

 **知识拓展**

幼儿气质的发展表现出的特点

从年龄段上说，3~5岁是幼儿气质发展的关键年龄。从总体上看，气质各维度的发展速度并不均衡，其中活动性为最稳定因素，各年龄段的差别并不显著。情绪性总体来看差异显著，6~9岁之间差异显著；反应性维度关键年龄在3~4岁、8~9岁；社会抑制性的发展转变年龄在8~9岁；专注性发展转变年龄在3~4岁、8~9岁。从性别上看，3~9岁幼儿的气质存在着差异。其中，情绪性维度上男女生差别明显，男生比女生情绪更为冲动；活动性也同样差别明显，男生比女生更好动，女生的专注性要好于男生；反应性和社会抑制性上男女生差别不明显。对幼儿的气质进行横向研究和纵向研究的结果表明：幼儿气质的活动性是气质结构中较稳定的维度，可以通过早期研究预测幼儿未来的气质特征。

 习 题

一、选择题

1. 在人的各种个性心理特征中，（ ）是最早出现的，也是变化最缓慢的。

A. 个性   B. 气质   C. 能力   D. 性格

2. "江山易改，本性难移"，说明的是人格的（ ）。

A. 独特性   B. 稳定性   C. 综合性   D. 复杂性

3. 能够集中反映人的心理面貌的独特性的是（ ）。

A. 个性的调节系统   B. 个性的倾向性

C. 个性的心理特征   D. 个性的能动性

4. （ ）不是幼儿期儿童性格的典型特点。

A. 活泼好动   B. 喜欢交往   C. 好奇好问   D. 稳定性较强

5. 点点爱发脾气，经常大哭大闹，这种现象体现的是（ ）。

A. 性格的态度特征   B. 性格的意志特征

C. 性格的情绪特征   D. 性格的理智特征

二、材料分析

小明在家里能说会道，想要干什么表达得一清二楚，还能把一家人指挥得团团转，甚至

稍不顺心就大喊大叫、不达目的决不罢休。但一出家门，到了陌生的环境，面对陌生人时，就像霜打的茄子，不敢当众说话，见人直往爸妈身后躲，要是爸妈不在身旁，还会害怕得大哭……

问题：分析小明的这种心理并提出教育措施。

第五节　学前儿童社会性的发展

社会性发展是学前儿童心理发展的重要组成部分。它与体格发展、认知发展共同构成儿童发展的三大方面，对儿童的心理健康、学习、智力发展等具有重要影响。现代社会所需要的人才，不仅应当具有智慧、健康的身体和丰富的社会经验，更应当具有良好的人格、个性品质和社会适应能力。

 案例：油画棒

> 幼儿园里的小朋友正在画画，佳佳发现邻座的小小停住了画笔，似乎在想什么，他看了看小小的桌子，没有发现油画棒。过了一会儿，佳佳的作品快要涂完颜色了，可是小小的作品还没有涂颜色。佳佳想了想，问道："你的油画棒呢？"
>
> "忘带了。"小小回答。
>
> "那我们一起用我的吧，但不要把我的油画棒弄坏了。"佳佳说。
>
> "好的，谢谢你。"小小说。
>
> 小小和佳佳一起用佳佳的油画棒，可小小一不小心把佳佳的油画棒弄断了，他不好意思地看着佳佳。佳佳有点生气，不过想起老师说要互相帮助就原谅了他。
>
> 回到家，佳佳告诉妈妈，小小把他的油画棒弄坏了，妈妈说："没有关系，还有一半可以用。"佳佳说："我还以为把东西借给小朋友，你会表扬我呢。"妈妈这才明白，于是又表扬了佳佳乐于助人的精神，并告诉他小小不是故意弄折油画棒的。佳佳很开心，他觉得如果再有小朋友忘带油画棒，他还是会借的。
>
> 幼儿教师应热爱幼教事业，热爱幼儿园，尽职尽责，注意培养幼儿具有良好的思想品德，认真备课、上课，不敷衍塞责，不传播有害幼儿身心健康的思想。全面贯彻国家教育方针，自觉遵守《中华人民共和国教师法》等法律法规。在教育教学中同党和国家保持一致，不得有违背党和国家方针、政策的言行。

一、社会性发展的概念

社会性是社会成员为适应社会生活所表现出的心理和行为特征，也就是人们为了适应社会生活所形成的符合社会传统习俗的行为方式。人的社会性不是一成不变的，随着人们交往范围的逐渐扩大，交往能力和认识水平的不断发展，社会性也在不断变化，越来越适应周围的环境，越来越能够满足新的交往需要，这一过程就是社会性发展的过程。

二、社会性发展的主要内容

学前儿童的社会性发展主要包括社会认知能力、人际关系、性别角色、亲社会行为和攻击性行为等方面的发展。

（一）社会认知能力的发展

社会认知是社会心理学、发展心理学和认知心理学共同研究的课题。发展心理学家关于社会认知的研究主要包括三个方面：对个体的认知、对人与人关系的认知和对群体与社会系统的认知。关于社会认知的概念，这里采用美国心理学家尚茨（Shantz）对社会认知的界定：社会认知是指对关于人、自我、人际关系、社会群体、角色和规则的认知，以及这些认知与社会行为的关系的认识和推论。

（二）人际关系的发展

人际关系既是学前儿童社会性发展的重要内容，又是影响学前儿童社会性发展的重要影响因素。学前儿童的人际关系主要包括三个方面：亲子关系、同伴关系和师幼关系。亲子关系是指父母与子女的关系，也可包含隔代亲人的关系。同伴关系是指儿童与其他孩子之间的关系，是年龄相同或相近的儿童之间的一种共同活动并相互协作的关系，具有平等、互惠的特点。师幼关系是指进入幼儿园的儿童与幼儿园保教人员之间的关系，是与父母之外的成人建立的密切关系，是一种教养关系。

（三）性别角色的发展

性别角色是由于人们的性别不同而产生的符合于一定社会期望的品质特征，包括对两性所持的不同态度、人格特征和社会行为模式。性别角色是作为一个有特定性别的人在社会中的适当行为的总和，是社会性的主要方面。性别角色的发展是人们依据自己的性别特征获得特定文化中性别角色特征的过程，它构成了人的社会化过程的一个十分重要并延续终身的内容。

（四）亲社会行为的发展

亲社会行为是指个体帮助或打算帮助他人的行为及倾向，包括同情、分享、合作、谦让、援助等。一般来说，亲社会行为与侵犯行为相对应，它的最大的特征是使他人或群体受益。亲社会行为对人类文明与社会进步具有至关重要的意义。亲社会行为的发展状况是个体社会性发展过程成败的最重要的一个指标。儿童亲社会行为的发展与他们的道德发展有着密不可分的关系，是学前儿童道德发展的核心问题。

微课 10-5
亲社会行为

（五）攻击性行为的发展

攻击性行为也称侵犯行为，就是任何形式的以伤害他人为目的的活动，如打人、咬人、故意损坏东西等。攻击性行为是一种不受欢迎却经常发生的行为，是一种不为社会提倡和鼓励的行为。攻击性行为发展状况会影响一个人的人格和品德的发展，故可以看成是一个人社会性发展的一个重要指标。

三、学前儿童社会认知能力的发展

（一）学前儿童心理理论的发展

心理理论是指个体对自己或他人的心理状态（如意图、愿望、信念等）的认知和理解，并以此对他人的心理状态和行为进行解释和推理的能力。心理理论有两个成分：一是社会知觉系统，是指从他人的面部表情、声音和行为中迅速判断其意图、愿望、情绪等心理活动的能力，这是一种快速的、内隐的加工能力；二是认知加工系统，是指在头脑中对他人的意图、愿望、信念、情绪等心理状态进行表征、推理、解释的能力，这是一种外显的加工能力。

（二）学前儿童观点采择能力的发展

观点采择能力是一种重要的社会认知能力，是指儿童推断别人内部心理活动的能力，即能设身处地地理解他人的思想、愿望、情感等。简单地说，观点采择能力是指从他人的眼光看世界，或站在他人的角度看问题的能力。观点采择能力要求个体能够抑制自己的想法，从他人的角度思考问题，对他人的观点、情感和动机进行理解。在皮亚杰的"三山实验"中，具有自我中心的儿童认为自己看到的"三座山"就是别人看到的"三座山"，他不能够区分自己观点与他人观点的不同，即自我中心的儿童不具有观点采择能力。

四、学前儿童人际关系的发展

（一）亲子关系的发展

亲子关系是一种血缘关系，指父母与子女的关系，也可以包含隔代亲人的关系。亲子关系有狭义和广义之分，狭义的亲子关系是指儿童早期与父母的情感联系；而广义的亲子关系是指父母与子女的相互作用方式。

1. 亲子关系的实现途径

儿童与父母的交往对其各方面心理发展均有着重要影响，这些影响都是通过父母示范、行为强化和直接教导等途径实现。

（1）父母示范。儿童社会化形成和发展的首要途径是父母示范，儿童大多数行为的习得都是通过对父母行为的模仿完成的。美国心理学家、社会学习理论创始人班杜拉的一系列研究给这一观点提供了充分的证据。班杜拉用"观察学习"来解释模仿过程。他认为在社会情境中，儿童直接观察别人的行为就能获得并仿造出一连串新的行为，并且观察到他人行为产生的后果，也就受到了一种"替代强化"。

（2）行为强化。行为强化是指父母在与幼儿的交往过程中，通过对其行为的不同反应采取不同的行为方式和态度习惯来巩固或改变儿童的行为。斯金纳认为，无论是人还是动物，都会为了达到某种目的而采取某种行为，当行为的结果对他有利时，儿童就会重复这种行为；当行为的结果不利时，儿童就会渐渐地不再出现这种行为。在亲子交往中，父母经常对儿童进行行为强化来控制儿童的行为表现，促使其完成社会化发展。

（3）直接教导。直接教导是以一种或多种方式，对目标进行某些知识或经验的教育，导向其能正确地理解或应用所传授知识或经验的一种行为。在亲子关系中，通常父母对孩子掌握着权利和限制，儿童的合作就意味着其对父母权威的顺从和尊重。父母直接向孩子传授行为规范以改变儿童的态度，促进儿童社会化进步。

2. 学前儿童亲子关系的特点

学前儿童的亲子关系是其人际关系中最主要的方面，是居于主导作用的方面，它具有独有的特点：母子关系比父子关系对早期儿童依恋发展更具有影响力；父子关系的交往有助于儿童安全依恋的形成和社会性的发展。

3. 影响学前儿童亲子关系的自身因素

影响学前儿童亲子交往的因素有很多，这里主要探讨父母与学前儿童自身的因素的影响。

（1）父母的因素。首先父母的性格、爱好、教育观念及对儿童发展的期望对儿童教养行为有直接影响。

（2）儿童自身的发育水平和发展特点。每个孩子从新生儿期起就开始表现出其独特的个性，有的安静，有的活跃；有的强壮，有的弱小等。这些气质、体质上的差异往往引起父母不同的教养方式。

（二）同伴关系的发展

同伴关系是指年龄相同或相近的儿童之间的一种共同活动并相互协作的关系，或者主要是指同龄人之间或心理发展水平相当的个体间在交往过程中建立和发展起来的一种人际关系。儿童在与同伴的交往中可以形成两种关系，分别称之为同伴群体关系和友谊关系。同伴群体关系表明儿童在群体中彼此喜欢或接纳的程度；友谊关系是指儿童与朋友之间的相互的、一对一的关系。学前儿童尚不能形成稳定的、相互的、一对一的友谊关系，因此在这里的同伴关系主要是指同伴群体关系。

1. 学前儿童同伴交往的类型

学前儿童的同伴交往有多种类型，根据儿童被同伴接纳的程度，可以把学前儿童的同伴交往分为四种类型：受欢迎型；被拒绝型；被忽视型；一般型。从发展的角度看，在4~6岁期间，随着儿童年龄增长，受欢迎儿童人数呈增多趋势，而被拒绝儿童、被忽视儿童人数呈减少趋势。在性别维度上，在受欢迎儿童中，女孩明显多于男孩；在被拒绝儿童中，男孩显著多于女孩；而在被忽视儿童中，女孩多于男孩。

2. 影响学前儿童同伴交往的因素

影响学前儿童同伴交往的因素有很多，主要有儿童自身的因素和外在因素两大方面。

（1）学前儿童自身的因素。学前儿童的行为特征影响同伴交往。研究发现，影响儿童同伴交往的主要性格的特点有：是否友好、帮助、分享、合作、谦让、性子急慢、脾气大小、活泼程度、爱说话程度、胆子大小等。例如，受欢迎的男孩亲社会行为较多，而攻击性行为较少；被排斥的男孩是攻击性比较强、过度活跃等。学前儿童的外表也会影响同伴交往。在婴儿时期，儿童就开始显示出对身体外部特征的偏好。对于幼儿来说，外表是影响同伴交往的一个明显因素。幼儿园的孩子更喜欢和那些长得漂亮、穿得漂亮、干净整齐的孩子一起玩。还有研究发现，漂亮在对于女孩的同伴接纳比对于男孩占有更重要的地位。

（2）外在因素。外在因素包括教师方面因素和家庭因素。学前儿童在教师心目中的地位如何，会间接影响到同伴对他的评价。在同伴中的评价标准出现之前，教师是影响儿童最强有力的人物。此外，家庭教养方式、排行、性别、年龄等也会影响同伴关系。

（三）师幼关系的发展

师幼关系是教师和幼儿在教育教学和交往过程中形成的比较稳定的人际关系，其特殊之处在于它蕴涵着教育的因素，是一种特殊的"教育关系"。然而，从根本上来说，师幼关系仍是一种具有情感色彩的人际关系。

师幼关系不但影响教育教学活动的进程与效果，对幼儿的学习和幼儿园适应造成影响，还会通过教师与幼儿之间的情感交流和行为交流对幼儿自我意识、情绪情感等身心各方面的发展产生重大影响。

五、学前儿童性别角色的发展

性别是学前儿童最早掌握并用于对他人进行分类的社会范畴之一。儿童要成为合格的社会成员，首先必须明确自己的性别角色。性别角色是社会对男性和女性在行为方式和态度上期望的总和。

（一）学前儿童性别角色发展的阶段

学前期儿童性别角色的发展一般要经历三个发展阶段。

1. 第一阶段（2~3岁）：知道自己的性别，初步掌握性别角色知识

儿童的性别概念包括两个部分：对自己性别的认识和对他人性别的认识。儿童对他人的性别认识是从2岁左右开始的，但这时还不能准确地说出自己是男孩还是女孩。到2岁半至3岁左右，绝大多数儿童能准确说出自己的性别。同时，这个年龄的儿童已经有了一些关于性别角色的初步知识，如女孩要玩娃娃、男孩要玩汽车等。

2. 第二阶段（3~4岁）：自我中心地认识性别角色

这个阶段的儿童不仅能明确分辨出自己的性别，并且对性别角色的知识逐渐增多，如男孩和女孩在穿衣服和游戏、玩具等方面的不同。但这个时期的儿童能接受与性别习惯不符的行为偏差，如认为男孩穿裙子也很好看。

3. 第三阶段（5~7岁）：刻板地认识性别角色

这个阶段的儿童由于思维逐步发展，不仅对男孩和女孩在行为方面的区别认识得越来越清楚，同时开始认识到一些与性别有关的心理因素，如女孩应该温柔等。这一阶段儿童思维表现出刻板的特点，对性别角色的认识也表现出刻板性，他们认为违反性别角色习惯是错误的，如一个女孩子经常和男孩子混在一起，像个假小子，会遭到同性别孩子的反对等。

（二）影响学前儿童性别角色获得的因素

影响学前儿童性别角色获得的因素有生物因素和社会因素。生物因素主要是指受性激素和大脑功能分化的影响；社会因素包括父母、教师及社会舆论等因素。

1. 生物因素

生物因素是性别角色获得与发展的基础。雄性激素和雌性激素虽然同时存在于男女两性的体内，但是二者在男女两性的体内分布是不均等的。性激素会对性行为和攻击行为产生影响。研究发现，在胎儿期雄性激素过多的女孩，在抚养过程中虽然按女孩来养，但仍然具有典型的"假小子"的特征，她们喜欢消耗较多精力的体育活动，在学前期也不喜欢玩娃娃。

2. 社会因素

在承认生物因素对学前儿童性别行为的影响的同时，人们普遍认为，社会因素特别是家庭因素对儿童的性别角色及相应的性别行为的形成起着更重要的作用。在家庭因素中，父母

的行为对学前儿童性别角色和行为起着引导、被模仿和强化的作用。这是因为父母是儿童性别行为的引导者，也是儿童性别行为的模仿对象。在儿童还不知道自己的性别及应该具有什么样的行为之前，父母就已经开始对儿童性别行为进行引导了。例如，儿童出生后，父母从儿童的名字、衣着、玩具等方面进一步区分了男女角色。在日常生活中，当儿童表现出正确的性别角色时家长就给予强化，而当儿童表现出不正确的性别角色时就及时纠正，所以说父母的强化对儿童性别角色的塑造产生重要影响。在幼儿园，教师也同时扮演着家长的角色，给予儿童正确的角色引导，当儿童表现出不当的角色行为时，就立即指出来："（对小男孩）你怎么像个小女孩？"或"（对小女孩）你怎么像个小男孩？"并且在幼儿园里可以通过组织角色扮演游戏的方式进行有意识的性别角色引导。此外，父母还要注意通过儿童看动画片、玩游戏等形式引导他们对性别角色的认同和接纳。

六、学前儿童社会性行为的发展

社会性行为是指人们在交往活动中对他人或某一事件表现出的态度、语言和行为反应。社会性行为在交往中产生并指向交往中的另一方，根据其动机和目的的不同，可以分为亲社会行为和反社会行为两大类。亲社会行为又称积极的社会行为，指一个人帮助或打算帮助他人，做有益于他人的事的行为和倾向。儿童的亲社会行为主要有同情、关心、分享、合作、谦让、帮助、抚慰等。反社会行为也称消极的社会行为，是指可能对他人或群体造成损害的行为和倾向。其中，最具代表性、在学前儿童中最突出的是攻击性行为。

（一）学前儿童亲社会行为的发展

儿童在很小的时候就能够通过多种方式表现出亲社会行为。1岁之前的儿童当看到别人处于困境，如摔倒、哭泣时，他们会加以关注，并出现皱眉、伤心的表情。1岁左右的儿童还会做出积极的抚慰动作，如轻拍或抚摸等。2岁的儿童越来越明显地表现出同情、分享和助人等利他行为。尽管这个年龄的孩子很难弄清别人遭受困境的原因，但是他们却明显地表现出对处于困境的人的关注。2岁以后，随着生活范围和交往经验的增多，儿童的亲社会行为进一步发展，他们渐渐能够根据一些不太明显的细微变化来识别他人的情绪体验，推断他人的处境，并做出相应的抚慰或帮助行为。近年来，一些研究表明，儿童的亲社会行为并非一定随着儿童年龄的增长而增多，有时可能出现减少的情况。儿童亲社会行为的发展需要教育的参与，儿童不可能离开教育而自发地形成亲社会行为。

1. 学前儿童亲社会行为的发展特点

学前儿童亲社会行为是在成人的引领下不断发展的，表现出以下特点。

（1）2岁左右的婴儿就已经表现出亲社会行为的萌芽。15~18个月的婴儿就有分享、助人、合作等亲社会行为的表现，虽然有的是模仿性的，但也有的是自己主动的。

（2）合作、分享等亲社会行为发展迅速。学前儿童亲社会行为发生频率最高的是合作行为。有研究表明，在学前期儿童的亲社会行为中，合作行为的发生频率最高，占一半以上，并且可以从儿童同伴交往的发展中看出。分享行为也是学前儿童亲社会行为发展的主要方面。分享行为随物品的特点、数量、分享的对象的不同而变化。

（3）出现明显的个性差异。有人观察3~7岁儿童对同伴困境的反应，记录一个儿童大哭引起他附近儿童的反应。结果发现，毫无反应的儿童极少；目睹事件的儿童有一半呈现面部表情；有17%的儿童直接去安慰大哭者；其他同情行为包括10%儿童去寻找成人帮助，5%的儿童去威胁肇事者，但有12%的儿童回避，2%的儿童表现出明显的非同情性反应，表明儿童的亲社会行为存在个别差异。

2. 影响学前儿童亲社会行为的因素

（1）家庭环境的影响。家庭是儿童形成亲社会行为的主要影响因素。家庭对孩子亲社会行为的影响通过父母的教养方式实现，民主型家庭有利于培养孩子的亲社会行为。

（2）社会文化环境。社会文化环境包括社会文化传统及大众传播媒介等。社会文化属于宏观的社会环境，对儿童的亲社会行为有重要作用。如东方文化强调团结、和谐、分享、谦让等，这使得在儿童早期，父母和教师就鼓励儿童形成这类亲社会行为，成为社会所赞许的人，也可以说，亲社会行为是社会文化的产物。

（3）同伴关系。同伴关系对儿童的亲社会行为具有非常重要的影响。有调查表明，对儿童亲社会行为的影响有60%来自同龄人，40%来自成人。同伴的作用在于模仿和强化两个方面。

（4）儿童自身的内在因素。儿童对他人亲社会行为的认同、理解和模仿能力会影响他自己亲社会行为的形成和表现，尤其是儿童的移情能力对于其亲社会行为的形成具有重要作用。

（二）学前儿童的攻击性行为

攻击性行为是一种以伤害他人或他物为目的的行为，是一种不受欢迎但却经常发生的行为。攻击性行为泛指违背、破坏、触犯、损坏等行为的性质，但攻击性行为未必是反社会行为的。但是有些学前儿童由于在交往中常常有攻击性行为，或与其他儿童关系处理不好，常会受到别人的排挤。长此以往，就会影响儿童身心健康发展以及人格和良好品德的发展。

1. 学前儿童攻击性行为发展的特点

学前儿童攻击性行为的发展具有其自身的特点。1岁左右儿童开始出现工具性攻击行为，到2岁左右儿童之间表现出一些明显的敌意攻击，如打、推、咬等，即从工具性攻击向敌意性攻击转化。小班儿童的工具性攻击行为多于敌意性攻击行为，而大班儿童的敌意性攻击显著多于工具性攻击。到幼儿期，其攻击性行为在频率、表现形式和性质上发生了很大的变化。从频率上看，4岁之前，攻击性行为的数量逐渐增多，到4岁时最多，之后数量就逐渐减少。总体来说，学前期儿童发生攻击性行为的频率较高，如争抢玩具、争游戏角色、无意攻击、报复性攻击和为吸引老师注意而进行的攻击等。从具体表现上看，多数儿童采用身体动作的方式，如推、拉、踢等而不是言语攻击的方式，尤其是年龄小的儿童。随着语言的发展，从中班开始逐渐增加了语言的攻击。语言攻击在人际冲突中表现得越来越多，而身体动作的攻击反应逐渐减少。同时，学前儿童的攻击性行为存在明显的性别差异。男孩比女孩更容易在受到攻击以后发动报复行为，碰到对方是男孩比对方是女孩时更容易发生攻击性行为。

2. 影响学前儿童产生攻击性行为的因素

学前儿童攻击性行为的产生既有外在因素，又有内在因素。外在因素如父母的惩罚、父母的强化等，内在因素包括儿童的模仿、对所遭受到挫折的反应等。

（1）父母的惩罚。研究表明，惩罚对非攻击性的儿童能抑制其攻击性，但对于攻击性的儿童不能抑制其攻击性，反而会加重其攻击性行为，那些具有攻击性而时常受到家长惩罚的儿童具有更大的攻击性。

（2）父母的强化。在孩子出现攻击行为时，父母或教师不加以制止或听之任之，就等于强化了孩子的侵犯行为。同伴之间的替代性强化也会使儿童学会攻击性行为。

（3）儿童的模仿。模仿是学前儿童攻击性行为产生的一个原因。看过攻击性行为的儿童更容易产生攻击性。班杜拉曾经做过一个实验：一组儿童观看成人对充气塑料娃娃的攻击行为，而另一组儿童观看成人平静地玩同样的充气娃娃。然后让两组儿童单独玩这些娃娃，观察其行为表现。结果发现，前者攻击性行为是后者的 12 倍以上。实验研究表明，经常观看暴力电视节目的儿童表现出更多的攻击性行为。

（4）对挫折的反应。攻击性行为产生的直接原因主要是挫折。一个受挫折的孩子可能比一个心满意足的孩子更具攻击性。

3. 学前儿童攻击性行为的矫正

由于攻击性行为是一种不受欢迎的行为，是受同伴以及社会排斥的行为。因此，要对儿童的攻击性行为进行预防和矫正，以下方法可供参考。

（1）要给儿童创设一个尽量避免冲突的空间。

（2）允许儿童合理宣泄。

（3）培养儿童的助人、合作、分享等亲社会行为。

（4）通过游戏等方式提高儿童的社会认知能力。

（5）培养儿童的社交技能。

（6）培养儿童的意志力。

（7）有效运用惩罚手段。

 知识拓展

学前儿童社会性发展的影响因素

1. 儿童自身因素对学前儿童社会性发展的影响

（1）生理成熟对社会性发展的影响。

（2）气质对儿童社会性发展的影响。

（3）认知发展水平对儿童社会性发展的影响：主要是儿童的自我中心思维。

2. 幼儿园对学前儿童社会性发展的影响

（1）有计划、有目的的教育活动的影响。

（2）幼儿园教育环境的影响。

（3）教师对幼儿社会化的影响：教师良好的行为示范、积极的期望与恰当的强化方式都会影响儿童的社会学习态度与行为；皮格马利翁效应。

（4）幼儿园的同伴交往对幼儿社会化的影响。

3. 家庭、社区与大众媒体对学前儿童社会性发展的影响

（1）父母是儿童行为的榜样。

（2）人们的信仰、价值观念、归属感、生活方式及风俗习惯对儿童社会性发展的影响。

（3）儿童通过看电视开阔了视野，但也有一些负面影响。

 习　题

一、选择题

1. 下列不属于幼儿社会性教育的主要途径的是（　　）。

A. 幼儿园的专门教育　　　　　　　　B. 环境教育

C. 家庭与幼儿园合作　　　　　　　　D. 家庭的专门教育

2. 幼儿社会性评价中最普遍的方法是（　　）。

A. 谈话法　　　　　B. 观察法　　　　　C. 问卷法　　　　　D. 社会测量法

3. （　　）创立了发生认识论并提出了儿童认知发展阶段论。

A. 班杜拉　　　　B. 布朗芬布伦纳　　　　C. 皮亚杰　　　　D. 柯尔伯格

4. 下列选项中不属于个性结构的子系统的是（　　）。

A. 自我调控系统　　　　　　　　　　B. 自我认知系统

C. 个性心理特征系统　　　　　　　　D. 个性倾向系统

5. 安斯沃思将婴幼儿的依恋分为安全性、回避性和反抗性三种类型，下面对这三种类型评价正确的是（　　）。

A. 安全性依恋为良好、积极的依恋，回避性和反抗性依恋为消极、不良的依恋

B. 回避性和安全性依恋为良好、积极的依恋，而反抗性依恋为消极、不良的依恋

C. 反抗性依恋为良好、积极的依恋，回避性和安全性依恋为消极、不良的依恋

D. 回避性依恋为良好、积极的依恋，安全性和反抗性依恋为消极、不良的依恋

二、材料分析

齐齐是幼儿园的学生，胆子很小，上课从来都不主动回答问题。老师点名让他回答，他就脸红，声音很小。他也不愿意和同伴交往，老师和同学让他一起玩，他的头摇得跟拨浪鼓一样。

问题：（1）造成齐齐性格胆小的可能原因有哪些？

（2）你认为该怎样帮助齐齐？

参考文献

［1］［美］戴维·谢弗. 发展心理学——儿童与青少年［M］. 邹滋，张秋凌，侯珂，等译. 第6版. 北京：中国轻工业出版社，2004.

［2］郑慧英. 幼儿教育学［M］. 福州：福建教育出版社，1996.

［3］徐捷. 师范院校儿童心理学教学改革的探索［J］. 桂林师范高等专科学校学报，2012（04）：145-147.

［4］王惠萍，王祖莉，柯洪霞. 简论师范院校儿童发展心理学的教学改革［J］. 课程·教材·教法，2007（07）：80-82.

［5］陈红梅，孙英荟. 3~6岁幼儿问题行为状况与教育指导［J］. 中国校外教育，2014（15）.

［6］何淑华，陈昂，邓成，等. 家庭精神环境对3~6岁儿童行为问题影响的通径分析［J］. 中国妇幼保健，2012（26）：4064-4067.

［7］郭茹，毛定安，李介民，等. 3~5岁儿童行为问题调查及中美Conners常模的比较［J］. 中国当代儿科杂志，2011（11）：900-903.

［8］何守森，关春荣，吴茂萍，等. 学龄前儿童行为问题有关影响因素的研究［J］. 中国儿童保健杂志，2011（11）：992-995.

［9］张光珍，梁宗保，陈会昌，等. 2~11岁儿童问题行为的稳定性与变化［J］. 心理发展与教育，2008（02）.

［10］刘芳，马立吉，衣明纪. 母乳喂养与4~5岁儿童气质及行为发育关系研究［J］. 中国当代儿科杂志，2006（04）.

［11］全国22个城市协作调查组. 儿童行为问题影响因素分析：22城市协作调查24013名儿童少年报告［J］. 中国心理卫生杂志，1993（01）.